U0287443

改訂スイッチング・レギュレータ設計ノウハウ

長谷川 彰 CQ出版株式会社 2005

著 者 简 介

长谷川 彰

1939 年　生于新　县

1963 年　毕业于武藏工业大学电气通信工程专业

1963 年　获得一级无线电工程师资格

1963 年　进入株式会社高砂制作所
　　　　　从事稳定直流电源、CVCC 电源、频率变换器、开关稳压器、计算机自
　　　　　动测量装置等开发工作

现　在　高砂制作所常务董事
　　　　　E-mail：hasegawa@msb. biglobe. ne. jp

图解实用电子技术丛书

开关稳压电源的设计与应用

开关稳压电源的基本原理与设计方法及应用

〔日〕 长谷川 彰 著

何希才 译

科 学 出 版 社

北 京

图字：01-2006-0588 号

内 容 简 介

本书是"图解实用电子技术丛书"之一。本书分两部分对开关稳压电源进行介绍，第一部分主要介绍开关稳压电源的基本原理、电路构成及特征；第二部分从应用的角度对开关稳压电源进行了论述，具体内容包括：开关稳压电源的设计方法与应用实例、脉宽调制电路与保护电路、开关稳压电源效率的改善措施、谐振变换器以及仿真软件在开关电源中的应用。

本书最大的特点是简明易懂、实用性强，使读者能够较为轻松地学会并掌握开关稳压电源的设计方法。

本书可作为电子技术领域的工程技术人员的参考用书，也可供电子相关专业的大学生以及广大的电子爱好者参考阅读。

图书在版编目(CIP)数据

开关稳压电源的设计与应用/(日)长谷川彰著；何希才译. —北京：科学出版社，2006（2023.7重印）

（图解实用电子技术丛书）

ISBN 978-7-03-017496-3

Ⅰ.开…　Ⅱ.①长…②何…　Ⅲ.①开关稳压电源–设计　Ⅳ.TN86-64

中国版本图书馆 CIP 数据核字(2006)第 069772 号

责任编辑：赵方青　崔炳哲／责任制作：魏　谨
责任印制：张　伟／封面设计：李　力
北京东方科龙图文有限公司　制作
http://www.okbook.com.cn

科学出版社 出版

北京东黄城根北街 16 号
邮政编码：100717

http://www.sciencep.com

北京建宏印刷有限公司 印刷

科学出版社发行　各地新华书店经销

*

2006 年 8 月第 一 版　　　开本：B5(720×1000)
2023 年 7 月第十六次印刷　　印张：17
字数：253 000

定　价：39.00 元

（如有印装质量问题，我社负责调换）

前　言

本书初版的编写目的是使初学者能够轻松地掌握开关稳压电源的设计,但出乎作者意料的是初版一经出版就受到广泛读者的欢迎。与开关稳压电源有关的读者有这么多,令本人也感到吃惊。同时,作者也非常敬佩 CQ 出版株式会社明智的选题策划。

然而,这初版已出版了 6 年,其中一部分内容已经陈旧,有必要做些修改以适应现代需要。初版书出版后最重要的变化是,开关元件的 FET 技术迅速发展。初版书出版时,由于开关元件主要是双极型晶体管,大的半导体厂家也将其作为开关元件,投资资金制造双极型晶体管,其实这是判断上的失误。

作者对于 FET 应用,从结型功率 FET 的年代开始就积累了经验,在日本也最早积累了应用日立制功率 MOS FET 的经验,后来从事比成本重视性能的通信设备电源研发工作时,就开始致力于功率 FET 应用方面的实用化工作。出版本书初版是,将 FET 技术与利用非晶质磁芯的磁放大器的开关电源作为有力手段,在渡过 OEM 开关电源事业艰难期不久的事情了。

若开关元件使用 FET,则在双极型晶体管年代的复杂驱动电路也就变得很简单,而且驱动电路的功率也降低了。因此,驱动电路的辅助电源也可以简单化,现在的开关电源几乎都朝着这个方向发展。

最新开关稳压电源的集成控制器也变成用于驱动 FET,考虑使用这种控制器多的原因是容易得到辅助电源。另外,电流型集成控制器、谐振型专用集成控制器等也有出售,也推出了很多内置功率部分的混合式集成电路等。

另一个潮流的变化是谐振开关电源的登场。在本书的初版出版时,作为纯粹的谐振模式电源,在日本作为使用光缆的海底中继器的馈电电源,以 NTT 为中心,从 20 世纪 70 年代后期开始开发了大功率用谐振电源,这也是比较早期实用化的谐振电源,而美国等一部分厂家也使用了这种电源,但这部分内容在本书的初版中省略了。虽然遗留了几个问题,但近几年来随着高频化的推进这些问题都解决了,高频化作为减少开关损耗的最可靠方法加快了开关电源应用的进展。

从元件方面看,内设损坏时间或带定时器的元件性能的改善,以及铝电解电容寿命的延长,还有有机高分子电容与固态铝质电容等的推出,使得电源的寿命与高频特性均得到了大幅度改善。

从设计方法看,当时主要是 8 位计算机,现在主要是 32 位计算机了,这种计算机完全能胜任电路仿真工作,设计与评价方法也从根本上进行了改变。例如,若使用 SPICE 的典型电路仿真软件,在电子技术工作者缺乏过渡过程理论等知识的情况下,技术人员也能像在示波器上观察波形一样对电路进行评价。所不同的是关于分析时间的问题,在开关电路的设计中也可能使用到这种分析时间。对于理论计算较难的整流电路那样非线性电路也能简单仿真。修订初版时,考虑到这种现状并做了修改。本书中数学式很多,电路仿真软件对其错误也进行了纠正。

修订时,对第 1 章和第 2 章的基础部分基本上没有修改。但考虑到企业等教学用书,减少了数学式等一些部分的推导过程,改为初学者容易理解的内容。在第 3 章的具体设计中,列表给出初版中省略的整流电路的正确设计方法。关于变压器与扼流圈的设计,表面看来没有太大的改变,但增添了新型磁芯对应的设计程序,以求使用方便。

第 7 章介绍谐振变换器,其说明的方式尽量便于读者理解。第 8 章是对 PSPICE 的介绍,这种软件被限定用于开关稳压电源的场合,对介绍书中难以理解、可能忽略的内容进行了特别的说明。在开关稳压电源的过渡过程的分析中讲解了一种方法,用这种方法可求出短时间内对负载的过渡过程响应的大概值。挑战难解的计算,这在不求出实用的稳定条件下也非常有效。

最后,对担任本书策划与编辑的 CQ 出版株式会社的渡边哲良科长深表谢意。另外,对本书编写所参考与引用资料的有关厂家和作者表示感谢。

目　录

第1章
开关稳压电源的基本原理

1.1 特　征

　　开关稳压电源与线性稳压电源相比,其优点是小型轻量、效率高。开关稳压电源的这种优点适应电子设备的轻、薄、短、小与节能等的要求,其应用范围迅速扩大。

　　表1.1示出了开关稳压电源与线性稳压电源性能的比较。开关稳压电源的优点不仅是小型轻量,而且容易对应较宽的输入电

表 1.1　开关稳压电源与线性稳压电源性能的比较

项　目	线性稳压电源	开关稳压电源
功率	低(30％～60％)	高(70％～85％)
尺寸	大型(变压器和散热器的空间)	小型(为线性稳压电源的 1/4～1/10)
重量	重(变压器和散热器的质量)	轻(为线性稳压电源的 1/4～1/10)
电路	简单(变压、整流与稳压电路)	复杂(整流、开关脉冲调制、变压和整流电路)
稳定度	高(0.001％～0.1％)	一般(0.1％～3％)
纹波(p.p 值)	小(0.1～10mV)	大(10～200mV)
过渡过程响应速度	快(50μs～1ms)	一般(500μs～10ms)
对应的输入电压	输入电压范围宽时效率低 直流输入电压不能调节	输入电压范围宽也能与直流输入电压相对应,100V/200V 可共用
成本[1]	低	一般(性能/价格比在迅速降低)
可靠性	元器件少,可靠性高,温升较低	温升较低,有可能与线性稳压电源一样
不需要的辐射	无	有(可以用滤波与屏蔽方式防止辐射)
用途	高精度电源,高速可编程电源,10W以下电源,实验用可调电源	机内所用电源,直流输入设备的电源,要求小型高效率的电源
实装难易程度	由于变压器较重,不能实装在印制电路板上	由于采用小型轻量的元器件,几百瓦以下的电源可以实装在印制电路板上

　　1)每瓦的成本随功率与电路数量不同大幅度地改变。
　　注:( )内的数字为一般的情况,但例外也很多。

压范围,通过改变变压器的抽头与电路元器件常数来设计的开关稳压电源,也可以在输入电压不同的国家中使用。

另外,电信机房中很多通信设备的电源经常采用直流电源,移动或可搬运型设备的电源采用干电池与蓄电池等直流电源,对于这些电源中的直流-直流(DC-DC)变换器,开关稳压电源是其不可缺少的部分。

开关稳压电源的缺点是开关晶体管、整流二极管、变压器与扼流圈等产生噪声,这些噪声影响了其他电子设备的正常工作。然而,通过电路方式的改进、滤波与屏蔽措施的采用,开关稳压电源的这种缺点有可能被克服。

理论上,开关稳压电源的稳定性有可能与线性稳压电源相同,但纹波与噪声影响了开关稳压电源的稳定性,为了提高其稳定性,有必要采取措施消除这些影响。然而,对于一般的使用方法其稳定性不会有问题。

开关稳压电源的元器件较多,因此,可靠性也比线性稳压电源低。然而,对于通常设计的开关稳压电源,电解电容器的寿命极大地影响了它的可靠性,温度越高,电解电容器的寿命越短。因此,对于同样尺寸的开关稳压电源,效率高的开关稳压电源其温升较低,可以提高可靠性。但由于开关稳压电源的元器件更小而使其过于小型化,为了平衡内部损耗其温升会较高,有可能制作一个可靠性低的开关稳压电源,因此,要注意这一点。尤其是最近,不仅是开关元器件等性能得到改善,而且开关频率也在高频化,这样,较容易实现开关稳压电源的小型化。然而,降低损耗比小型化的困难要多,因此,在进行最佳散热设计的同时,选择在高温下可靠性也不会降低的元器件非常重要。

开关稳压电源的固定元器件中寿命非常短的电解电容器,最近其寿命也有所延长;由于高频化的原因,滤波电容器的容量也有可能减小,于是可以选用叠层陶瓷电容器。这样,有可能制作出不用电解电容器的高可靠性的开关稳压电源。另外,对于交流输入的开关稳压电源,因电压与容量关系,难以除掉电解电容器的输入滤波部分,通过采用以全波整流的脉动电流工作的升压型开关稳压电源,可以除掉电解电容器的同时,还可以改善输入功率因数。

线性稳压电源有串联与并联方式,但多数采用串联方式,因此,本书所介绍的线性稳压电源指的是串联线性稳压电源。图1.1示出了串联线性稳压电源与开关稳压电源的原理图。图1.1

(a)是串联线性稳压电源的原理图,由于串联晶体管(Tr)将无用功率以热量的形式散发掉,因此,效率低,还需要较大的散热器,而且产生的损耗还随输入电压与输出电压值的不同发生较大变化。另外还需要接入如图1.1所示的工频变压器,这样,就提高电源的重量并增大了其尺寸,同时,也降低了电源的效率。

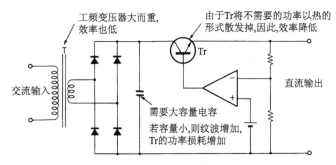

(a) 串联线性稳压电源的原理图

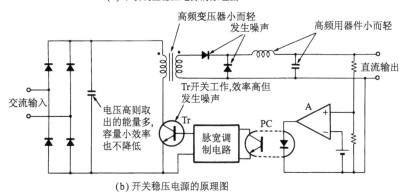

(b) 开关稳压电源的原理图

图 1.1 串联线性稳压电源与开关稳压电源的原理图

图 1.1(b)是开关稳压电源的原理图,开关晶体管(Tr)为开关工作方式。因此,功率损耗小;变压器也采用高频变压器,可实现小型化;同时绕组匝数也可大幅度地减少,相应降低了铜损,这样,可以设计出制作损耗较低的稳压电源。另外,开关稳压电源是通过开关元件的通-断比来控制输出电压,因此,损耗受输入、输出电压的影响较小,且电源的效率也不会降低。

在图 1.1(b)所示的开关稳压电源的典型构成中,电路中开关晶体管 Tr 由脉宽调制电路的电压进行驱动,将直流电压变为交流脉冲电压加到高频变压器上。该脉冲电压经变压器变压,再经过二次电路的整流器与平滑电路变换为直流电压,作为开关稳压电源的输出电压。这时,平滑电路将变压器正向期间时的二次电压平均化,通过这种作用得到输出电压,该电压与 1 个周期内电压积分的平均值成比例,因此,可以得到与脉冲宽度成比例的输出电压。

反馈放大器 A 将输出电压与基准电压进行比较,其输出加到光耦合器中的光电二极管上。反馈放大器 A 的输出通过光耦合器(PC)的隔离被脉宽调制电路所接收,输出电压高时,脉宽调制电路的脉宽变窄;反之,脉宽变宽。这样,由被控制的脉宽驱动开关晶体管(Tr),再将与该脉宽成比例的脉冲加到高频变压器上,控制输出电压使其保持稳定。

1.2　稳定度

开关稳压电源的稳定度比线性稳压电源低,对于输入电压的变化,线性稳压电源的输出电压几乎不变,而开关稳压电源输出电压的变化比线性稳压电源大 10^3 倍左右。

图 1.2 是线性稳压电源稳定度的说明,电路中不接入反馈放大器时,输入电压变化 ΔV_{I} 与输出电压变化 ΔV_{O} 之比约为 h_{rb} 倍(这里,h_{rb} 为共基电路方式的输入反馈系数,为 10^{-3} 以下)。因此,若接入反馈放大器进行负反馈,则这种变化变为 $1/(1+A)$,这里,A 为反馈放大器的电压放大倍数,其中包含电阻 R_1 和 R_2 分压器引起的衰减。因此,输出电压与输入电压变化之比为输入变化率,即

$$\frac{\Delta V_{\mathrm{O}}}{V_{\mathrm{I}}} \approx \frac{h_{\mathrm{rb}}}{1+A} \tag{1.1}$$

式中,若 h_{rb} 为 10^{-3},A 为 10^3,根据式(1.1)得到 $\Delta V_{\mathrm{O}}/\Delta V_{\mathrm{I}}$ 为 10^{-6},即可得到输入电压变化 10V,输出电压只变化 $10\mu\mathrm{V}$ 的高稳定度稳压电源。

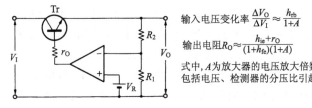

输入电压变化率 $\frac{\Delta V_{\mathrm{O}}}{\Delta V_{\mathrm{I}}} \approx \frac{h_{\mathrm{rb}}}{1+A}$

输出电阻 $R_{\mathrm{O}} \approx \frac{h_{\mathrm{ie}}+r_{\mathrm{O}}}{(1+h_{\mathrm{fe}})(1+A)}$

式中,A 为放大器的电压放大倍数,
包括电压、检测器的分压比引起的衰减

图 1.2　线性稳压电源稳定度的说明

若晶体管(Tr)共射电路方式的输入电阻为 h_{ie},电流放大系数为 h_{fe},反馈放大器的输出电阻为 r_O,则稳压电源的输出电阻 R_O 为:

$$R_O \approx \frac{h_{ie}+r_O}{(1+h_{fe})(1+A)} \tag{1.2}$$

若 $h_{ie}=100\Omega,r_O=100\Omega,h_{fe}=200,A=1000$,则 $R_O=1m\Omega$。

图 1.3 是开关稳压电源稳定度的说明。在电路中,当输入电压与输出电压相同时,若忽略反馈放大器的作用,则输入变化原样呈现在输出中。输出电阻等于扼流圈 L 的直流电阻 r_L 与整流器等效直流电阻 r_D 之和。因此,由于反馈放大器的作用,则有

$$\frac{\Delta V_O}{\Delta V_I} \approx \frac{1}{1+A} \tag{1.3}$$

$$R_O \approx \frac{r_D+r_L}{1+A} \tag{1.4}$$

式中,A 为放大器的增益,包含分压器 R_1 和 R_2 引起的衰减。若 A 为 1000,则 $\Delta V_O / \Delta V_I \approx 10^{-3}$。这就意味着,输入变化 10V 时输出变化 10mV。该变化值比线性电源大 10^3 倍。对于线性稳压电源,串联晶体管不仅有反馈放大器的作用,还可以将输入变化改善 h_{rb} 倍(10^{-3} 以下),再由于反馈放大器使电压稳定的作用,因此,可容易得到高稳定度的稳压电源。

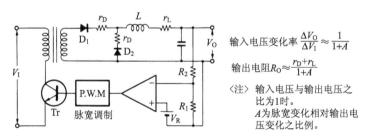

输入电压变化率 $\frac{\Delta V_O}{\Delta V_I} \approx \frac{1}{1+A}$

输出电阻 $R_O \approx \frac{r_D+r_L}{1+A}$

〈注〉输入电压与输出电压之比为1时。
A 为脉宽变化相对输出电压变化之比例。

图 1.3 开关稳压电源稳定度的说明

开关稳压电源的输出电阻随二极管额定电流不同而异,但二极管的等效串联电阻 r_D 为几十毫欧,扼流圈的串联电阻 r_L 有可能为相同值。若 $r_D=20m\Omega,r_L=30m\Omega,A=1000$,则输出电阻 $R_O=50\mu\Omega$,对于同等的反馈放大器的增益其输出电阻也比线性稳压电源低。

另外,若将开关稳压电源与线性稳压电源的过渡过程响应进行比较,线性稳压电源的过渡过程响应几乎由晶体管 h_{rb} 的频率特性决定,实用上此值可以忽略。然而,开关稳压电源的输入过渡过

程的变化不衰减,而以原来的比例出现在输出中。为了要降低这种变化,反馈放大器的增益与频率特性的受到很大影响,这种变化的时间一般为几毫秒数量级。在提高开关频率的同时,改进反馈放大器的频率特性,这个问题也有可能得到解决。对于负载变化的过渡过程响应,线性稳压电源由反馈放大器的频率特性与输出电容量及特性决定,而开关稳压电源主要由输出 LC 滤波器的特性决定,因此,提高开关频率,降低输出滤波器中 L 与 C 乘积的方法有可能改善其过渡过程响应特性。

1.3 反电动势

说明电感作用的术语有——反电动势。"所谓反电动势就是阻止电感中电流发生变化而感应的电压。"若在学生时代除了电压与功率同在的情况下,这种认识概念是正确的。然而,反电动势作为说明电感作用的术语是不确切的。电子技术工作者一般对电容理解较深,但对变压器与电感的理解较少,不经考虑发表见解的人多是这种情况。若将电流换成电压,则对电容考虑的方法有可能与电感完全相同(图 1.4)。

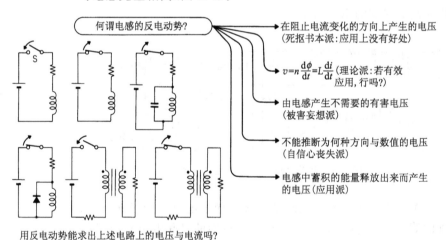

用反电动势能求出上述电路上的电压与电流吗?

图 1.4 反电动势的说明

说明电感的作用时,考虑以下原则非常方便。

(1)电感中蓄积的能量为 $LI^2/2$。

(2)由于电感中蓄积的能量不能瞬时变化,因此,瞬时切断自

耦电感中的电流 i,其电流方向不能瞬时改变。

（3）对于有 2 次回路的电感,若切断 1 次回路中的电流时,对于同等安匝数,2 次回路中电流产生的磁场保持同等。

（4）若电感两端电压为 V,则电感 L 中电流的变化率为 V/L（图 1.5）。

理解了上述原则,即使不使用反电动势的术语,也能充分理解电感的性质。关键是,电感中的能量是以磁通的形式蓄积的,这种磁通量与方向不能瞬时改变。因此,为了维持电感中的磁通,安匝数与方向也同样不能瞬时改变。按照这种原则,就能如图 1.5(c) 所示那样,正确判断 2 次绕组中电流的方向与大小。

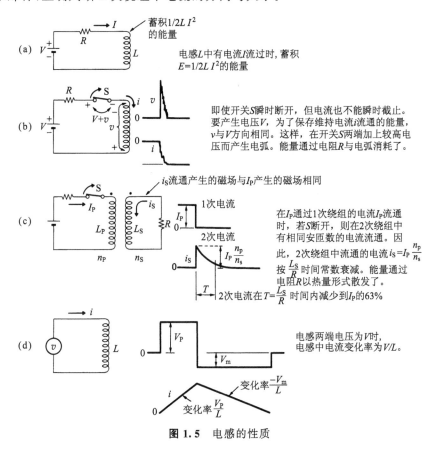

图 1.5 电感的性质

反电动势是电压理解电感时所使用的术语,然而,若电容以电压方式蓄积能量,这就相当于电感以电流方式蓄积能量。因此,对电感使用反电动势的术语,若采用同等表现形式,对电容就使用反电流的术语。对于电容的放电电流称为反电流,这种说法不太自然,然而,若认为这种说法难以理解,则认识电感产生的电动势称为反电动势的说法不确切也是可以理解的。

1.4　电容 C 的充放电电流与电感 L 的充放电电压

对电容进行充电时,它以电压的形式蓄积能量,若将被充电的电容从电路中卸下来,测量其两端电压,则很容易感觉到短路瞬间产生的火花与声响。然而,对于电感来说,电感中有电流流通时,它以电流的形式蓄积能量,若将电感从电路中卸下来,能量瞬间以电弧等形式消耗了,不像电容那样,简单地感觉到电感中蓄积的能量。

由于以上原因,电子技术工作者不能实际感觉到电感中蓄积的能量,其结果是对电感的性质理解不深,产生很多的误解。为了进一步理解开关稳压电源,不要忘记考虑电感中蓄积的能量。因此,若像电容中有充放电电流那样,考虑电感中也有充放电电压,则就能容易理解电感的工作原理。

如图 1.6(a)所示,若电容中电流为 i,电容两端电压为 v,时间为 t,则有

$$v = \int \frac{i}{C} \mathrm{d}t \tag{1.5}$$

若式(1.5)中电流 i 为恒流源 I,则有

$$v = \frac{I}{c}t \tag{1.6}$$

由此可知,电容两端电压 v 与电流和时间成比例,其波形如图 1.6(a)所示。

若在电感两端加上电压 v,则电流 i 为:

$$i = \int \frac{v}{L} \mathrm{d}t \tag{1.7}$$

若电压 v 为恒压源 V,由于 V 为常数,则有

$$i = \frac{V}{L}t \tag{1.8}$$

由此可知,电感中电流 i 与电压和时间成比例,其波形如图 1.6(b)所示。

这里,电感和电容的内阻为零,可忽略不计。对于内阻 R 不能忽略的电容或电感,若电流增加,则电阻 R 引起的电压降也增加,

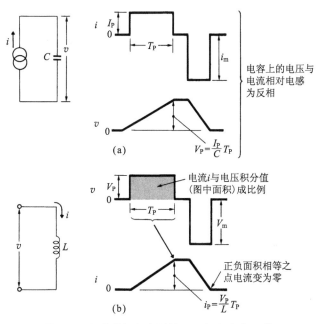

图 1.6 电感器与电容器的电压与电流之比较

加在电感器上的电压迅速降低,电流也同时减小。结果,电感器上电压与流经的电流按照指数函数变化。

当考虑开关稳压电源的工作原理时,即使忽略其内阻,在实用上很多情况下可以进行十分精确的设计。其原因是开关稳压电源为了提高变换效率,内阻 *R* 要足够低,因此,即使忽略内阻的影响,实用上也能得到足够高的精度。

如式(1.5)和式(1.7)所示,电容两端电压与其电流的积分值成比例,电感中电流与其电压的积分值成比例。电容 *C* 两端的电压为 *V* 时,其蓄积的能量 E_C 为:

$$E_C = \frac{1}{2}CV^2 \tag{1.9}$$

另外,电感 *L* 中电流为 *I* 时,其蓄积的能量 E_L 为:

$$E_L = \frac{1}{2}LI^2 \tag{1.10}$$

因此,与电容充放电电流的术语类似,对于电感则称为充放电电压,像理解电容的工作原理一样,据此可以理解电感的工作原理。

作为一例,如图 1.7 所示的整流电路,可计算这时开关 S 断开时的过渡过程响应。为了正确地求出过渡过程响应,需要求解二次微分方程式,或者需要求出同等解的运算。然而,可按照以下方

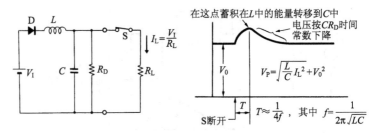

图 1.7 整流电路的过渡过程响应

法简单求出近似值,该值完全能够作为实用值。

首先,开关 S 闭合时,若 C 的电压为 V_0,L 中电流为 I_L,则 L 和 C 中蓄积的能量分别为 $LI_L^2/2$ 和 $CV_0^2/2$。这里,若假电阻 R_D 足够大于负载电阻 R_L,则开关 S 断开的瞬间,负载电流 I_L 截止,这时,作为负载电流变为流经 L 中电流 I_L,该电流变为电容 C 的充电电流对 C 充电。因此,电感 L 中蓄积的能量变为电压能量转移到电容 C 中。若忽略电路的损耗,电感 L 中蓄积的能量全部转移到电容 C 中,则电容两端的电压变为最大,即峰值电压 V_P。若开关断开之前的电压 V_0 增加到 V_P 时,电容 C 中能量变化等于电感中蓄积的能量,则有

$$\frac{1}{2}C(V_P-V_0)^2=\frac{1}{2}LI_L^2 \tag{1.11}$$

因此,根据式(1.11)求出 V_P,则有

$$V_P=\sqrt{\frac{L}{C}I_L^2}+V_0 \tag{1.12}$$

电容 C 的电压变为最大值后,由于整流二极管 D 的作用,C 中能量不返回到 L 中,而是由假电阻 R_D 消耗了。其结果是,在 L 与 C 谐振周期的 1/4 处左右,C 的电压变为最大后按照指数函数下降,其时间常数由电容 C 和假电阻 R_D 决定,即为 CR_D。

例如,若 $L=30\text{mH}$,$C=3000\mu\text{F}$,稳定时输出电压为 50V,电流从 10A 到空载时,根据式(1.12)计算出峰值电压 V_P 为 81.6V,上升到峰值电压的时间为 L 与 C 谐振周期的 1/4,即为 14.9ms,计算值与实测值几乎相等(与该电路相同,只不过输入部分变为全波整流电路,用电路仿真软件对这种状态分析的结果请参照第 8 章的说明)。

若将开关稳压电源与线性稳压电源进行比较,其电路方式种类很多,也很难对其进行分类。对于开关稳压电源的电路方式,最简单的是无变压器的非隔离开关稳压电源。这种方式的输入与输出的一部分是共用的,输入输出间不能进行隔离,其应用范围有限,但由于不带变压器,因此,这是一种工作原理容易理解的电路。图1.8～图1.10示出了电路图以及各部分电压与电流波形。若能理解电压与电流的波形,则电路说明也变得很容易(在以下的说明中,忽略二极管与开关晶体管的电压降,而且输出电容也足够大,输出电压的纹波相对输出电压可忽略不计)。

1.5.1　降压型开关稳压电源

降压型开关稳压电源的核心电路直流-直流变换器如图1.8所示,由于没有使用变压器,因此,输入输出部分的直流是共用的,这种电路用于输入输出不需要隔离的场合。图1.8是输入输出负极共用的电路,但使用反极性的晶体管,可以构成正极共用的电路。由于这些电路不使用变压器,因此,也不会有变压器漏感引起的故障,可以构成小型的高效率开关稳压电源。

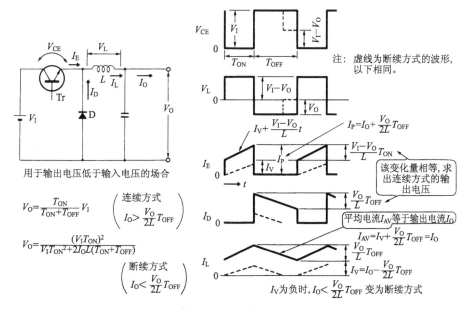

用于输出电压低于输入电压的场合

$$V_O = \frac{T_{ON}}{T_{ON}+T_{OFF}} V_I \quad \left(\begin{array}{l}\text{连续方式}\\ I_O > \frac{V_O}{2L}T_{OFF}\end{array}\right)$$

$$V_O = \frac{(V_I T_{ON})^2}{V_I T_{ON}^2 + 2I_O L(T_{ON}+T_{OFF})} \quad \left(\begin{array}{l}\text{断续方式}\\ I_O < \frac{V_O}{2L}T_{OFF}\end{array}\right)$$

注：虚线为断续方式的波形,以下相同。

该变化量相等,求出连续方式的输出电压

平均电流I_{AV}等于输出电流I_O

I_V为负时,$I_O < \frac{V_O}{2L}T_{OFF}$ 变为断续方式

图 1.8　降压型(Buck)直流-直流变换器

图 1.8 所示电路是用 LC 滤波器将开关晶体管通-断的方波波形进行平滑的一种方式,这种方式用于输出电压比输入电压低的场合。若输入电压为 V_I,输出电压为 V_O,滤波电感为 L,晶体管导通时间为 T_{ON},截止时间为 T_{OFF},则晶体管(Tr)导通期间加在扼流圈上的电压为 $V_I - V_O$。因此,这期间扼流圈的电流变化量 ΔI_L 为:

$$\Delta I_L = \frac{V_I - V_O}{L} T_{ON} \tag{1.13}$$

晶体管(Tr)截止时,由于电感 L 中电流瞬间维持不变,因此,续流二极管 D 导通,流经的电流大小与晶体管(Tr)截止前的电流相同,加在扼流圈上的电压为 $-V_O$。因此,这期间扼流圈的电流变化量 ΔI_L 为:

$$\Delta I_L = \frac{V_O}{L} T_{OFF} \tag{1.14}$$

扼流圈的电流连续时,在稳定状态时,这两种情况下的电流变化量相等,因此,由式 (1.13)和式(1.4),则有

$$V_O = \frac{T_{ON}}{T_{ON} + T_{OFF}} V_I \tag{1.15}$$

现考察一下扼流圈的电流不连续的场合,开关晶体管(Tr)导通时,由于输入电压为 V_I,电路中流经的电流为 $(V_I - V_O)t/L$,因此,输入供给输出的功率 P_{ON} 为:

$$P_{ON} = \frac{V_I(V_I - V_O)}{L} t \tag{1.16}$$

若在 $0 \sim T_{ON}$ 期间将该功率进行积分,并在一周期内进行平均,则有

$$P_{AV} = \frac{1}{T_{ON} + T_{OFF}} \int_0^{T_{ON}} \frac{V_I(V_I - V_O)}{L} t \cdot dt \tag{1.17}$$

$$P_{AV} = \frac{V_I(V_I - V_O) T_{ON}^2}{2L(T_{ON} + T_{OFF})} \tag{1.18}$$

该功率等于输出功率 P_O,若输出电流为 I_O,输出电压为 V_O,则输出功率 P_O 为:

$$P_O = V_O I_O \tag{1.19}$$

由于式(1.18)和式(1.19)相等,因此,若根据两式求出输出电压 V_O,则有

$$V_O = \frac{(V_I T_{ON})^2}{V_I T_{ON}^2 + 2 I_O L (T_{ON} + T_{OFF})} \tag{1.20}$$

(负载电阻为 R_L,将 $I_O = V_O/R_L$ 代入式(1.20)也可以求出 V_O。然而,该式求出的是平方根,结果很复杂,实用上将电流作为变量比

较方便。)

采用下述方法可简单地求出扼流圈电流不连续的临界点。首先,观察一下图 1.8 中的 I_L 波形,若扼流圈的谷点电流为 I_v,则扼流圈电流的平均值 I_{AV} 为:

$$I_{AV} = I_v + \frac{V_O}{2L} T_{OFF} \qquad (1.21)$$

由于 I_{AV} 等于输出电流 I_O,因此有

$$I_v = I_O - \frac{V_O}{2L} T_{OFF} \qquad (1.22)$$

$I_v = 0$ 时求出临界点,则

$$I_O = \frac{V_O}{2L} T_{OFF} \qquad (1.23)$$

变为临界点。因此,电流连续方式的条件为:

$$I_O > \frac{V_O}{2L} T_{OFF} \qquad (1.24)$$

当然,这时输出电压 V_O 是使用式(1.15)求出的值。因此,式(1.24)也可以改为式(1.25)的形式。用这个条件时,式(1.20)和式(1.15)当然相等。在这个条件下也可以通过式(1.25)求出 I_O。

$$I_O > \frac{V_L \, T_{ON} \, T_{OFF}}{2L(T_{ON} + T_{OFF})} \qquad (1.25)$$

一般情况下的设计方式,满负载时为电流连续方式,而轻负载时为电流断续方式。这时,若脉冲宽度不十分窄,则轻负载时输出电压要升高,不能得到期望的稳定性,因此,需要注意这一点。根据满负载时,流经 L 中的纹波电流的峰-峰值为负载电流一半以下的条件,设计扼流圈 L 的电感值。若最大输出电流为 $I_{O(max)}$,则有

$$\frac{V_I - V_O}{L} T_{ON} < 0.5 I_{O(max)} \qquad (1.26)$$

因此,式(1.27)的关系成立。

$$L > \frac{2(V_I - V_O)}{I_{O(max)}} T_{ON} \qquad (1.27)$$

对于后述的正向激励开关稳压电源滤波器的设计,式(1.27)也是非常重要的通用公式。

1.5.2　升压型开关稳压电源

图 1.9 是升压型开关稳压电源的核心电路直流-直流变换器的原理图和工作波形。这是开关晶体管(Tr)导通时,电感 L 中蓄积能量,开关晶体管截止时该能量叠加在输入电源上,从输出端得

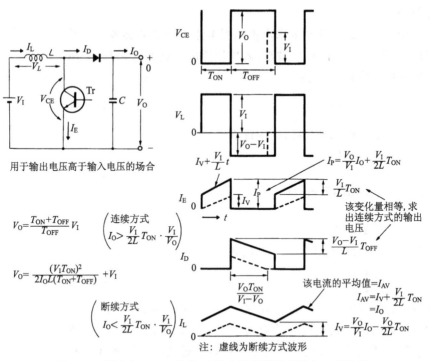

用于输出电压高于输入电压的场合

$$V_O = \frac{T_{ON}+T_{OFF}}{T_{OFF}} V_I \qquad \left(\begin{array}{l} 连续方式 \\ I_O > \dfrac{V_I}{2L} T_{ON} \cdot \dfrac{V_I}{V_O} \end{array}\right)$$

$$V_O = \frac{(V_I T_{ON})^2}{2I_O L(T_{ON}+T_{OFF})} + V_I$$

$$\left(\begin{array}{l} 断续方式 \\ I_O < \dfrac{V_I}{2L} T_{ON} \cdot \dfrac{V_I}{V_O} \end{array}\right) I_L$$

注：虚线为断续方式波形

图 1.9 升压型（Boost）直流-直流变换器的原理图和工作波形

到输出电压的电路。该电路的输出电压比输入电压高，因此，称为升压电路。

开关晶体管（Tr）导通时加在电感 L 上的电压为 V_I，开关晶体管截止时变为 $V_O - V_I$。因此，电感电流连续时，在稳定状态下，开关晶体管导通与截止期间，电感电流的变化量相等，电流断续时变为：

$$\frac{V_I}{L} T_{ON} = \frac{V_O - V_I}{L} T_{OFF} \tag{1.28}$$

因此，V_O 为：

$$V_O = \frac{T_{ON}+T_{OFF}}{T_{OFF}} V_I \tag{1.29}$$

电感中蓄积的能量不够多时，电感 L 的电流会在途中截断，即变为断续方式。这时，在开关晶体管（Tr）导通期间，若输入电压为 V_I，则电路中电流为 $V_I t/L$，因此，由输入供给的功率 P_{ON} 为：

$$P_{ON} = \frac{V_I^2}{L} t \tag{1.30}$$

另外，该电路与其他电路不同，在晶体管（Tr）截止期间，还由电源供给功率。这时，输入电流为$(V-V_{\mathrm{I}})t/L$，因此，晶体管截止期间供给的功率P_{OFF}为：

$$P_{\mathrm{OFF}}=\frac{V_{\mathrm{I}}(V_{\mathrm{I}}-V_{\mathrm{i}})}{L}t \tag{1.31}$$

输出功率P_{O}为P_{ON}和P_{OFF}两个功率各自在$t=0\sim T_{\mathrm{ON}}$和$t=0\sim T_{\mathrm{F}}$期间的积分，将这两功率之和在1个周期内进行平均，即等于平均功率P_{AV}。

$$P_{\mathrm{AV}}=\frac{1}{T_{\mathrm{ON}}+T_{\mathrm{OFF}}}\left(\int_{0}^{T_{\mathrm{ON}}}\frac{V_{\mathrm{I}}^{2}}{L}t \cdot \mathrm{d}t+\int_{0}^{T_{\mathrm{F}}}\frac{V_{\mathrm{I}}(V_{\mathrm{O}}-V_{\mathrm{I}})}{L}t \cdot \mathrm{d}t\right) \tag{1.32}$$

式中，T_{F}为电感L中蓄积能量的释放期间，若将式(1.28)中T_{OFF}改为T_{F}，则有$T_{\mathrm{F}}=V_{\mathrm{I}}T_{\mathrm{ON}}/(V_{\mathrm{O}}-V_{\mathrm{I}})$，因此有

$$P_{\mathrm{AV}}=\frac{1}{T_{\mathrm{ON}}+T_{\mathrm{OFF}}}\left(\frac{V_{\mathrm{I}}^{2}}{2L}T_{\mathrm{ON}}^{2}+\frac{V_{\mathrm{I}}^{2}}{2L}\times\frac{V_{\mathrm{I}}}{(V_{\mathrm{O}}-V_{\mathrm{I}})}\times T_{\mathrm{ON}}^{2}\right) \tag{1.33}$$

$$P_{\mathrm{AV}}=\frac{(V_{\mathrm{I}}T_{\mathrm{ON}})^{2}}{2L(T_{\mathrm{ON}}+T_{\mathrm{OFF}})}\times\frac{V_{\mathrm{O}}}{(V_{\mathrm{O}}-V_{\mathrm{I}})} \tag{1.34}$$

式(1.34)中，若输出功率$P_{\mathrm{O}}=I_{\mathrm{O}}V_{\mathrm{O}}$，则有

$$I_{\mathrm{O}}V_{\mathrm{O}}=\frac{(V_{\mathrm{I}}T_{\mathrm{ON}})^{2}}{2L(T_{\mathrm{ON}}+T_{\mathrm{OFF}})}\times\frac{V_{\mathrm{O}}}{(V_{\mathrm{O}}-V_{\mathrm{I}})} \tag{1.35}$$

若求出V_{O}，则有

$$V_{\mathrm{O}}=\frac{(V_{\mathrm{I}}T_{\mathrm{ON}})^{2}}{2I_{\mathrm{O}}L(T_{\mathrm{ON}}+T_{\mathrm{OFF}})}+V_{\mathrm{I}} \tag{1.36}$$

若将式(1.36)两边乘以输出电流I_{O}，这时输出功率P_{O}为：

$$P_{\mathrm{O}}=\frac{(V_{\mathrm{I}}T_{\mathrm{ON}})^{2}}{2I_{\mathrm{O}}(T_{\mathrm{ON}}+T_{\mathrm{OFF}})}+V_{\mathrm{I}}I_{\mathrm{O}} \tag{1.37}$$

断续方式过渡到连续方式的临界电流I_{OC}，其计算方法也与降压型开关稳压电源一样。作为另外的计算方法，在式(1.35)中，当$T_{\mathrm{F}}=T_{\mathrm{OFF}}$时，电感L中电流在1个周期内的平均值等于输出电流$I_{\mathrm{O}}$，将该式的两边除以$V_{\mathrm{O}}$，也可以计算出临界电流。在式(1.30)和式(1.31)中，各自将$t=T_{\mathrm{ON}}$和$t=T_{\mathrm{OFF}}$代入，若两式相等，则有

$$\frac{V_{\mathrm{O}}}{(V_{\mathrm{O}}-V_{\mathrm{I}})}=\frac{T_{\mathrm{OFF}}}{T_{\mathrm{ON}}} \tag{1.38}$$

式(1.38)适用于式(1.36)，若再使用式(1.29)，则求出临界电流I_{OC}为：

$$I_{\mathrm{OC}}=\frac{V_{\mathrm{I}}T_{\mathrm{ON}}T_{\mathrm{OFF}}}{2L(T_{\mathrm{ON}}+T_{\mathrm{OFF}})}=\frac{V_{\mathrm{I}}^{2}}{2LV_{\mathrm{O}}}T_{\mathrm{ON}} \tag{1.39}$$

电感电流连续的条件为：

$$I_{OC} > \frac{V_I T_{ON} T_{OFF}}{2L(T_{ON} + T_{OFF})} \tag{1.40}$$

输出电流为 I_O 时，由式(1.39)求得电感的临界值 L_C 为：

$$L_C = \frac{V_I T_{ON} T_{OFF}}{2I_O(T_{ON} + T_{OFF})} \tag{1.41}$$

这种电路的输入输出间不隔离，因此用途有限。最近，发现这种电路作为功率因数补偿的基本电路，可以改善电源的功率因数。这时采用的方法是，将正弦波经全波整流得到的脉动电压作为输入电压，控制输入电流使其成为正弦波，从而改善电源的功率因数。

1.5.3　极性反转型开关稳压电源

图 1.10 是极性反转型开关稳压电源的核心电路直流-直流变换器。这是晶体管(Tr)导通时，电感 L 中蓄积能量，晶体管截止时，L 中能量释放供给输出的电路。这种电路的输出电压相对输入电压其极性相反，即得到反极性的输出电压。因此，对于不使用变压器而由单电源得到正负双电源来说，这是非常方便的电路。

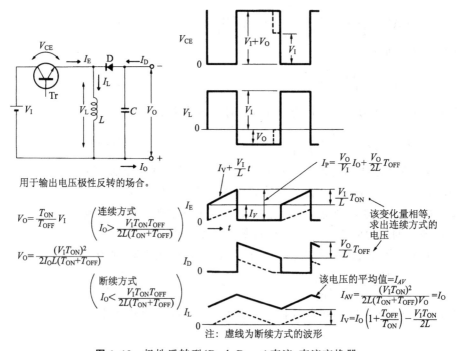

图 1.10　极性反转型(Buck Boost)直流-直流变换器

电路的工作原理简介如下：开关晶体管（Tr）导通，电感 L 中有电流流通，这时，若晶体管截止，为了维持电流不变，二极管 D 导通进行续流，由此，电感 L 中蓄积能量释放供给输出。

先考察一下电感电流连续的情况，晶体管（Tr）导通时，加在电感 L 上的电压变为 V_I。因此，晶体管导通期间，电感电流的变化量为 $V_I T_{ON}/L$。晶体管截止时，二极管 D 导通，加在电感上电压变为 $-V_O$，其电流变化量为 $V_O T_{OFF}/L$。

稳定状态时，晶体管导通 T_{ON} 和截止 T_{OFF} 期间，电感电流的变化量相等，因此有

$$\frac{V_I}{L}T_{ON} = \frac{V_O}{L}T_{OFF} \qquad (1.42)$$

由式（1.42）求出输出电压 V_O 为：

$$V_O = \frac{T_{ON}}{T_{OFF}}V_I \qquad (1.43)$$

再考察一下电感电流断续的情况，晶体管（Tr）导通时，加在电感 L 上的电压变为 V_I，其电流为 $V_I t/L$。因此，这期间由输入侧供给功率 P 为：

$$P = \int_0^{T_{ON}} \frac{V_I^2}{L}t \cdot dt \qquad (1.44)$$

这时，1 个周期内的平均功率 P_{AV} 为：

$$P_{AV} = \frac{1}{T_{ON}+T_{OFF}}\int_0^{T_{ON}} \frac{V_I^2}{L}t \cdot dt \qquad (1.45)$$

$$P_{AV} = \frac{(V_I T_{ON})^2}{2L(T_{ON}+T_{OFF})} \qquad (1.46)$$

由于功率 P_{AV} 等于输出功率 $I_O V_O$，因此，式（1.47）成立。

$$I_O V_O = \frac{(V_I T_{ON})^2}{2L(T_{ON}+T_{OFF})} \qquad (1.47)$$

输出电压 V_O 为：

$$V_O = \frac{(V_I T_{ON})^2}{2L I_O(T_{ON}+T_{OFF})} \qquad (1.48)$$

由于式（1.43）和式（1.48）相等，因此，电感电流变为临界电流的条件为：

$$I_{OC} > \frac{V_I T_{ON} T_{OFF}}{2L(T_{ON}+T_{OFF})} \qquad (1.49)$$

根据电感电流连续条件，求得临界电流 I_{OC} 为：

$$I_{OC} = \frac{V_I T_{ON} T_{OFF}}{2L(T_{ON}+T_{OFF})} \qquad (1.50)$$

1.6 正激式电路与回扫式电路

若理解了至今为止所介绍的无变压器电路的工作原理,同样,也能够理解带变压器电路的工作原理。这里要说明的图 1.11(a)和(b)电路都是带有变压器的电路,看起来两个电路非常类似。然而,图 1.11(a)电路的工作原理对应前面介绍的降压型(Buck)电路,图 1.11(b)电路的工作原理对应前面介绍的反转型(Buck Boot)电路,两个电路构成类似,但工作原理完全不同。在电路设计时需要充分考虑这种差别。

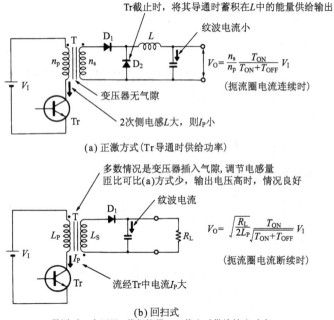

(a) 正激方式(Tr 导通时供给功率)

(b) 回扫式
(Tr 导通时,变压器 T 蓄积能量,Tr 截止时供给输出功率)

图 1.11 正激式电路与回扫式电路

图 1.11(a)与(b)电路的不同点是变压器 T 的极性相反。另外,图 1.11(b)电路中无扼流圈和续流二极管。图 1.11(a)的电路称为正激方式或通-通方式,它是晶体管(Tr)导通时输出功率,因此,称为通-通方式。图 1.11(b)的电路称为回扫方式或通-断方式,它是晶体管(Tr)导通时,变压器 T 蓄积能量,晶体管(Tr)截止时输出能量,因此,称为通-断方式。

图 1.11(a)电路中,输出电压由变压器的匝比与晶体管(Tr)

的通-断时间之比决定。若输入电压为 V_I,变压器的 1 次绕组匝数为 n_p,2 次绕组匝数为 n_s,开关晶体管的通-断时间各自为 T_{ON} 与 T_{OFF},在扼流圈电流连续的情况下,则输出电压 V_O 为

$$V_O = \frac{n_s}{n_p} \cdot \frac{T_{ON}}{T_{ON} + T_{OFF}} V_I \qquad (1.51)$$

图 1.11(b)电路中,2 次级电流断续时,输出电压 V_O 不是由变压器的匝比决定的,而是由晶体管(Tr)的通-断时间之比、1 次绕组电感 L_P 以及负载电阻 R_L 决定。变压器的匝比与加在晶体管 (Tr)上的电压有关,若匝比增大,则加在晶体管(Tr)上电压增大。电路的输出电压 V_O 为

$$V_O = \sqrt{\frac{R_L}{2L_P}} \cdot \frac{T_{ON}}{\sqrt{T_{ON} + T_{OFF}}} V_I \qquad (1.52)$$

请注意正激方式与回扫方式,对变压器的设计方法也是不同的。开关晶体管的通-断时间之比为 1∶1 时,对于正激方式,变压器的 1 次绕组与 2 次绕组的匝比约为输入电压与输出电压之比的 2 倍;对于回扫方式,变压器的 1 次绕组与 2 次绕组的匝比等于输入电压与输出电压之比。因此,回扫方式的匝比约为正激方式的一半。

项　目	正激方式	回扫方式
电路方式	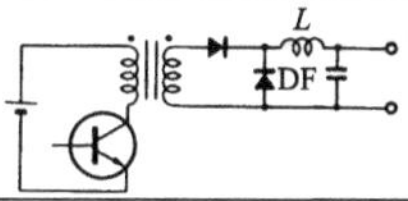	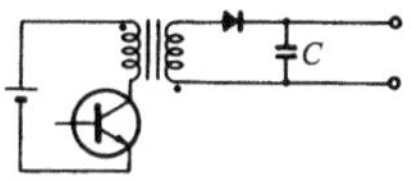
集电极电流的峰值	1	约为正激方式的 2 倍
最大输出功率	1	约为正激方式的一半
开关损耗	通断损耗几乎相等	断续方式时导通损耗小
元器件数目	需要续流二极管 DF 和扼流圈 L	元器件少,不要 DF 和 L
C 中纹波电流	小	大
变压器匝比	约为回扫方式的 2 倍	1
短路保护	无问题	完全短路时也有出问题的情况
变压器	比回扫方式小,不带气隙	较大,多带气隙
并联工作	需要均衡电路	自动均衡
用途	元器件多但用途广	用于小功率与高压电源

图 1.12　正激方式和回扫方式的特征

另外,正激方式的 1 次绕组的电感与输出电压和功率无关,变压器与开关元件等分布电容的影响可以忽略时,电感量越大,变压器的励磁电流越小,这种状况越好。因此,普通使用方式是变压器磁芯不带气隙。

回扫方式的功率关系如式(1.46)所示,最大输出功率与电感量密切相关,对变压器磁芯设定气隙或选用低导磁率磁性材料的磁芯,采用这些方法将电感量调节到期望值。

正激方式和回扫方式有各自的特征,根据用途不同灵活选用(图 1.12)。回扫方式不用扼流圈,但缺点是开关晶体管与滤波电容中纹波电流较大。然而,在输出电压高达千伏以上,或将同类变换器并联使用以增大输出功率时,可以灵活运用其优点进行电路设计。详细的设计方法参照第 3 章的说明。

1.7 输入电压与输出功率决定的电路方式

设计正规的输入输出之间隔离的开关稳压电源时,首先,重要的是决定直流-直流变换器的电路方式。隔离型直流-直流变换器的典型电路方式如图 1.13 所示,选择何种电路方式由输入电压与输出功率决定。

1.7.1 输入电压低的场合

输入电压低到 $10\sim20\mathrm{V}$ 时,选用图 1.13(c)所示的中间抽头方式较有利。对于这种电路,开关晶体管的利用率高,而且电压降也较低,也可以用于千瓦以上功率的电源。由于晶体管发射极电路是共同的,因此,驱动电路也比较简单,即使是设计几十瓦输出功率的电源也能发挥这种方式的优点。这种电路的缺点是,开关晶体管 Tr_1 和 Tr_2 的驱动定时与特性出现偏差时,变压器的磁通发生单方向的偏磁现象。发生严重的偏磁现象时,有从输入回路中不能转换为输出功率的直流电流流通,因此,变换效率降低。防止偏磁的方法:使 Tr_1 和 Tr_2 晶体管的特性一致,驱动电压尽可能地对称。其他的方法:缩短开关晶体管的导通期间,在两个晶体管截止期间增大使偏磁复位的期间。

1.7.2 输入电压高的场合

将交流 200V 电压整流变为 300V 以上高的输入电压时,加在开关晶体管上的电压最低,这适用于图 1.13(d)或(e)所示的半桥

电路方式	简化电路图	规定 I_P 时最大输出功率	开关晶体管 Tr 的 V_{CE} 最大值	输出电压	特　征
(a) 通-通电路（正激式）	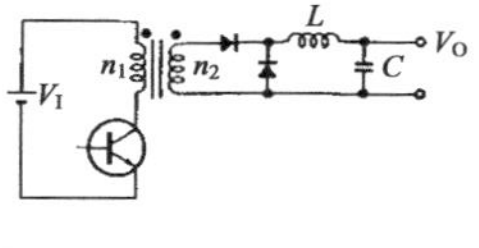	$\dfrac{1}{2}I_P V_1$	$3V_1\sim4V_1$	$V_O=\dfrac{n_2}{n_1}\dfrac{T_{ON}}{(T_{ON}+T_{OFF})}V_1$	• 电路简单，包括驱动电路 • V_{CE}高，但占空比可以很小 • 由于晶体管性能的改善（高耐压、大电流），因此，扩大了使用范围，输出功率达到千瓦以上也已经实用化
(b) 通-断电路（回扫式）	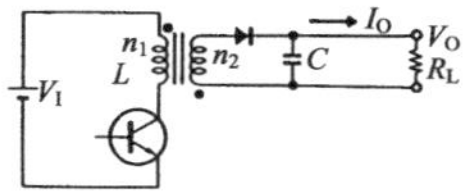	$\dfrac{1}{4}I_P V_1$	$3V_1\sim4V_1$	$V_O=\sqrt{\dfrac{R_L}{2L}}$ $\times\dfrac{T_{ON}}{\sqrt{(T_{ON}+T_{OFF})}}V_1$ $=\sqrt{\dfrac{(V_1 T_{ON})^2}{2LI_O(T_{ON}+T_{OFF})}}V_1$	• 电路简单，包括驱动电路 • V_{CE}高，但占空比可以很小 • 由于晶体管性能的改善，因此，扩大了使用范围 • 有 C 中纹波电流较大的缺点 • 不要扼流圈 • 输出电阻高 • 同种电路并联使用时均衡良好
(c) 中间抽头电路	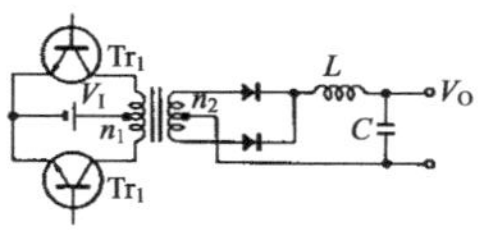	$I_P V_1$	$2V_1\sim3V_1$	$V_O=\dfrac{n_2}{n_1}\dfrac{T_{ON}}{(T_{ON}+T_{OFF})}V_1$	• 驱动电路可以共用，两管式电路比较简单 • V_{CE}比较高 • 输入电压低时也可运用其优点 • 有可能产生偏磁
(d) 半桥式电路	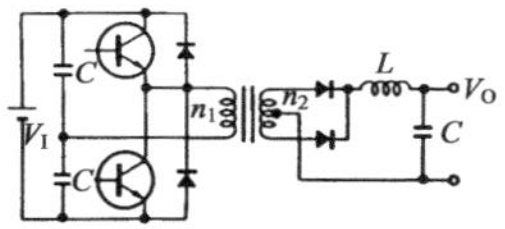	$\dfrac{1}{2}I_P V_1$	V_1	$V_O=\dfrac{n_2}{2n_1}\dfrac{T_{ON}}{(T_{ON}+T_{OFF})}V_1$	• V_{CE}低，可与V_1相同 • 驱动电路复杂 • 输入电压高时可灵活运用其优点
(e) 全桥式电路	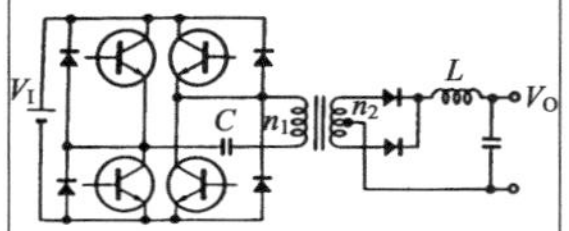	$I_P V_1$	V_1	$V_O=\dfrac{n_2}{n_1}\dfrac{T_{ON}}{(T_{ON}+T_{OFF})}V_1$	• V_{CE}低，可与V_1相同 • 驱动电路最复杂 • 输入电压高，输出功率大（千瓦数量级）时，可灵活运用其优点

图 1.13　隔离型直流-直流变换器的主电路及特征

或全桥电路。原理上,对于这种电路,加在开关晶体管上的电压超过电源电压 V_I,这种电路使用很不方便。将图 1.3(d) 和 (e) 的电路比较可以看出,图 1.3(e) 所示全桥电路的集电极电流小,使用同一特性的晶体管可得到 2 倍的输出功率,这适用于输出功率为几百瓦以上的电源。另外,隔直电容 C 用于隔断直流,从而防止发生偏磁现象。

使用该电路的关键是,要对交互通-断的各个开关晶体管施加优良的驱动信号。再有,输出功率大超过千瓦时,使用的元器件也较大,布线的分布电感不能忽略,加在开关晶体管上的电压有可能超过 V_I。因此,布线的方法与有效降低尖峰噪声也是关键问题(参照第 6 章)。

1.7.3 小功率的场合

输出功率为几瓦到几百瓦时,适宜采用驱动电路简单的如图 1.13(a) 或 (b) 所示的正激式电路或回扫式电路(参照 1.6 节)。对于这两个电路,晶体管上加的电压高,而且有晶体管与变压器利用率低的缺点。使用同一特性的开关晶体管时,图 1.13(a) 所示电路得到的输出功率约为图 1.13(b) 所示电路的 2 倍。

传统的单管式直流-直流变换器的输出功率一般为几百瓦,然而,由于开关晶体管的高耐压与大功率化,单管式直流-直流变换器的应用范围也非常广,也有千瓦以上输出功率的实例。尤其是开关晶体管使用 FET 时,图 1.13(d) 和 (e) 所示电路有难点,若使用同样多 FET,选用中间抽头与桥式电路跟选用单管式将 FET 并联的电路相比,各个方面都有利,这已由实例得到了验证。

第 2 章
开关稳压电源的电路构成及特征

2.1 电路构成的特征

开关稳压电源的构成方式非常多,对所有方式都要说明比较难,而构成的分类方式也有很多种,以下给出一例分类的方式。

▶ **驱动方式**

驱动方式包括:①自激式;②他激式。

▶ **直流-直流变换器方式**

直流-直流变换器方式包括:①隔离型,有通-通方式、通-断方式、中心抽头方式、半桥方式、全桥方式、谐振型;②非隔离型,有降压型(Buck)、升压型(Boost)、反转型(Buck Boost)、开关电容式、谐振型。

▶ **控制方式**

控制方式包括:①脉宽调制方式,有他激式、自激式;②磁放大器的混合方式,有电压控制方式、电流控制方式、并行控制方式;③脉宽调制与磁放大器的混合方式。

▶ **控制信号的隔离方式**

控制信号的隔离方式包括:①用光耦合器对控制信号进行隔离;②用变压器对驱动信号进行隔离;③进行电压-频率转换,频率-电压转换,用变压器对控制信号进行隔离;④用磁放大器进行隔离。

▶ **过电流保护方式**

过电流保护方式包括:①输出电流检测方式;②开关电流检测方式。

如上所述,开关稳压电源的电路中,有很多直流-直流变换器与控制方式。将这些方式组合又可得到很多其他方式。在开关稳压电源设计时,需要充分了解各种方式的特征,从而进行有效的组合设计。

2.2　自激式直流–直流变换器的优、缺点

自激式直流–直流变换器有电路简单、使用元器件少的优点。但缺点是：多数情况下，工作状态受开关晶体管的特性所左右，宽温度范围工作时会出现问题（尤其是低温时电路较难启动）。另外还有强制开关晶体管快速截止，容易提高振荡频率的优点，但较难控制开关速度，出现开关噪声时，对于逆变器这个问题也得不到解决。

这样，自激式直流–直流变换器虽然有缺点，但最大优点是使用元器件少，多用于输出功率小的低成本的开关电源，或需要脉宽调制而不用磁放大器的开关电源中。

另外，对于他激式开关电源，随着控制电路的集成化，由于使用内有启动电路与控制电路的 IC，可以大幅度地减少元器件的数量。然而，即使是这样的 IC，但没有输入输出的隔离功能，由于这种原因，元器件的数量不能减到足够少，混合 IC 等一般具有这种功能。图 2.1 示出自激式与他激式特性的比较。

项　目	自激式	他激式
电路实例（简化图）	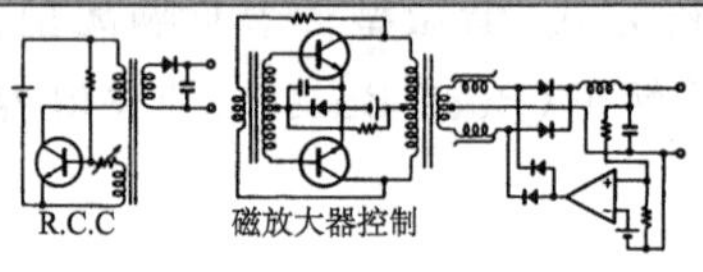 R.C.C　磁放大器控制	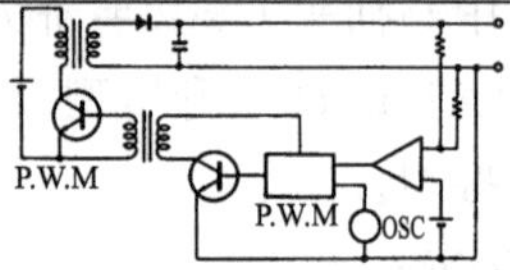 P.W.M　P.W.M　OSC
电路元器件数	少	多
输出噪声	控制开关晶体管驱动电压的上升与下降速度较难减少噪声	控制驱动电压的速度可以减少输出噪声。尤其是开关晶体管采用 FET 时，在不降低效率情况下可以减少噪声
启动问题	低温时启动问题较多	难以启动
输出电压的控制方式	由于脉宽调制较难实现，多采用 R.C.C 电路与磁放大器，或斩波控制电路的组合方式	脉宽调制较容易实现 也可以采用磁放大器与脉宽调制的组合方式
设计的难易程度与可靠性	由于元器件少，因此，设计容易，但对于变压器与开关晶体管特性的偏差，难以保证有足够的可靠性	由于元器件多，因此，初始设计花费时间多，但可以期望得到所设计的工作功能
过载保护	自激式也有自保功能，但输出控制范围较窄场合很多，完全短路时出现较多问题	输出控制范围较宽，输出短路时也容易得到保护
用途及其他	R.C.C 为 100W 以下低成本电源，使用磁放大器的是开关损耗小、可以高频化的电源	与输出功率无关，适用于一切场合的用途，但对于低成本电源应用实例较少

图 2.1　自激式与他激式特性的比较

2.3 R.C.C变换器

图2.2是单管式自激直流-直流变换器,这种电路称为R.C.C
电路(ringing choke converter),在开关稳压电源IC出现之前,由
于用它可实现最简单的开关稳压电源,因此,可构成100W以下的
开关稳压电源。电路工作简述如下:首先,启动电阻R_S的电流流
经开关晶体管(Tr)的基极时,开关晶体管变为导通状态。这样,变
压器的1次绕组加上电压,与此同时,晶体管Tr基极的驱动绕组
上也感应出电压。该电压为正反馈电压,其作用是使开关晶体管
进一步迅速导通,这时,变压器1次绕组上的电压变为$V_I - V_{CE}$,
即为图2.2(a)所示的工作状态。

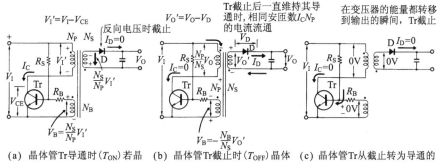

(a) 晶体管Tr导通时(T_{ON})若晶
体管导通,则加到基极上的电
压使晶体管进一步加速导通

(b) 晶体管Tr截止时(T_{OFF})晶体
管Tr的电流增大,脱离饱和区,
V_{CE}升高,组V_B下降,I_C也下
降。V_{CE}再下降晶体管Tr瞬时截
止,加在Tr的基极为反向电压

(c) 晶体管Tr从截止转为导通的
瞬间($T_{OFF} \rightarrow T_{ON}$)若二极管D中电
流变为零,则变压器绕组也变为零。
结果是晶体管Tr为正
向偏置,返回到图(a)所示的导
通状态

图2.2 R.C.C的工作原理说明图

由于这时变压器2次绕组上感应的电压,对于整流二极管D
为反向电压,因此,2次绕组中无电流流通。这样,1次绕组的电流
只是变压器的励磁电流。若1次绕组的电感为L_P、导通时间为t,
则该励磁电流变为$V_I t/L_P$,它随时间比例增大。开关晶体管的电
流增大,若基极电流不能使其保持饱和状态,则开关晶体管会脱离
饱和而V_{CE}随之增大。若由于V_{CE}的增大,变压器1次绕组电压下
降,则基极电压V_B也下降,V_{CE}进一步增大。由于这种变化是正反
馈作用,因此,导致开关晶体管迅速截止(图2.2(b)所示的工作状
态)。

开关晶体管截止之前,若1次绕组电流为I_P,1次绕组的匝数

为 N_P，这时，安匝数为 $I_P N_P$。在晶体管截止瞬间，这种磁场也保持不变，因此，若 2 次绕组的匝数为 N_S，其绕组电流为 I_{PS}，则有

$$I_P N_P = I_{PS} N_S \tag{2.1}$$

而 I_{PS} 为：

$$I_{PS} = \frac{N_P}{N_S} I_P \tag{2.2}$$

晶体管从导通到截止瞬间，磁场的方向与大小都保持不变。因此，要与 1 次绕组中流经的电流保持为同样安匝数那样，2 次绕组的电流也是从上端至下端流通，二极管 D 导通(图 2.2)。

这时，若输出电压为 V_O，整流二极管的电压降为 V_D，则变压器 2 次绕组电压 V_O' 为 $V_O - V_D$。因此，若 2 次绕组的电感为 L_S，则流经二极管的电流 I_D 如图 2.3 所示，它以 V_O'/L_S 速率下降，同时变压器电感中蓄积的能量供给输出端。

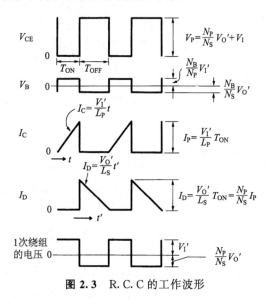

图 2.3 R.C.C 的工作波形

若变压器中蓄积的能量都转移到输出端，则整流二极管 D 的电流变为零而截止(图 2.2(c))。此瞬间变压器各绕组的电压也变为零，但启动电阻 R_S 中部分电流变为开关晶体管的基极电流，这时开关晶体管导通，有集电极电流流通。若这种状态构成正反馈，则开关晶体管再次迅速变为导通状态，返回到如图 2.2(a)所示工作状态，重复同样操作，电路持续进行振荡。

采用与第 1 章反转型直流-直流变换器同样的分析方法，对该电路的数学表达式进行分析，从而求出电路的有关参数。第 1 章

采用的方法,在开关晶体管导通期间对输入电路的功率进行积分,然后将该值平均化求出输出电压,但采用以下的方法也可以求出输出电压。

如图 2.4(a)所示,若开关晶体管截止之前的集电极电流为 I_P,1 次绕组的电感为 L_P,则这时变压器中蓄积的能量 E 为:

$$E=\frac{1}{2}L_P I_P{}^2 \tag{2.3}$$

这里,若振荡频率为 f,则每秒供给的功率 P 为 Ef,该功率相当于输出功率。

$$P=\frac{1}{2}L_P I_P{}^2 f \tag{2.4}$$

若输出电压和电流各自为 V_O 和 I_O,则输出功率为 $I_O V_O$。

$$I_O V_O=\frac{1}{2}L_P I_P{}^2 f \tag{2.5}$$

这里,若 $I_P=V_I{}' T_{ON}/L_P$,$f=1/(T_{ON}+T_{OFF})$,则有

$$V_O=\frac{(V_I{}' T_{ON})^2}{2L_P I_O(T_{ON}+T_{OFF})} \tag{2.6}$$

这与第 1 章的式(1.48)基本相同。

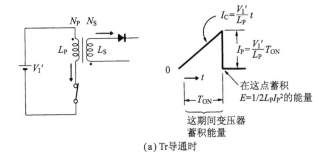

(a) Tr导通时

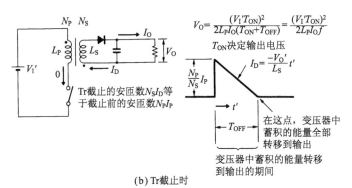

(b) Tr截止时

图 2.4 R.C.C 电路的能量状态图

若输入电压的最小值为 $V_{I(min)}$，$V_{I(min)} - V_{CES}$ 为 $V_{I(min)}'$，则输出电流的最大值为 $I_{O(max)}$。这时假定 $T_{ON} = T_{OFF}$，则有 $T_{ON} = T_{OFF} = 1/(2f)$。若晶体管的饱和电压为 V_{CES}，则式(2.6)变为：

$$V_O = \frac{V_I'^2}{4L_P I_{O(max)} f} \tag{2.7}$$

因此，f 为：

$$f = \frac{(V_{I(min)} - V_{CES})^2}{4L_P V_O I_{O(max)}} \tag{2.8}$$

由式(2.8)可知，输入电压恒定时，振荡频率与负载电流成反比，负载越轻振荡频率越高。另外，若最低振荡频率为 f_{min}，根据式(2.8)则式(2.9)成立。

$$L_P = \frac{(V_{I(min)} - V_{CES})^2}{4V_O I_{O(max)} f_{min}} \tag{2.9}$$

这里，若考虑到整流二极管 D 的电压降 V_D，式(2.9)中 V_O 用 $V_O + V_D$ 替代，则有

$$L_P = \frac{(V_{I(min)} - V_{CES})^2}{4(V_O + V_D) I_{O(max)} f_{min}} \tag{2.10}$$

式(2.10)是 R.C.C 电路设计时基本表达式，它也适用于变压器 2 次绕组 N_S 与 1 次绕组 N_P 之比为：

$$\frac{N_S}{N_P} = \frac{V_O + V_D}{V_I - V_{CES}} \tag{2.11}$$

的场合。另外，在输入电压最低的条件下，输出电流为最大时，可通过式(2.11)简单地求出开关晶体管的通-断时间之比为 1 : 1 的条件。

2.4 R.C.C 电路输出电压的控制方式

2.3 节所介绍的 R.C.C 电路只能产生振荡而没有稳压作用，因此，为了构成稳压电源，需要通过控制开关晶体管的导通时间来控制基极电流 I_P。

图 2.2 所示工作原理电路变为实用电路时会出现问题，因此，在介绍控制方法之前先介绍其改进方法。在图 2.2 所示电路中，启动电阻 R_S 和 R_B 的阻值在启动时要对开关晶体管加足够大的偏置，需要较大的 R_B/R_S。另外，开关晶体管导通后，作为其继续导通的条件是，基极绕组为基极提供足够大的电流，因此，R_B 阻值要低，这与启动时要求 R_B 阻值高是互为矛盾的。自激式直流-直流

变换器的关键是启动特性稳定,尤其是低温时,开关晶体管的 h_{fe} 降低,以及开关晶体管特性的离散性,也需要能稳定工作。

为了改善启动特性,最简单的方法是减小启动电阻 R_S 的阻值。然而,减小了 R_S 的阻值,就会带来 R_S 的功率损耗问题。R_S 阻值保持较高而改善启动特性的方法如图 2.5 所示,这是在开关晶体管(Tr)的基极中串联二极管 D,用于阻止 R_S 中电流流向变压器的基极绕组,同时在晶体管(Tr)为正向偏置时,通过二极管有正向电流流通。在此电路中,开关晶体管反偏置时,R_D 的阻值越低,开关晶体管的截止时间越短,开关损耗也越小,但 R_D 阻值要根据效率与启动特性折中考虑后决定。

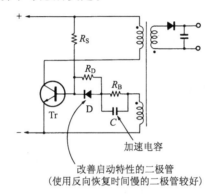

图 2.5 启动特性的改善电路

D 要使用恢复时间慢的二极管,也有利用其反向恢复时间,即对开关晶体管加足够大反偏置的方法。这时,由于使用的不是快速恢复二极管,它没有规定反向恢复时间,因此,改变制造方法也可以改善反向恢复时间,但二极管制造厂家不公布其改变的情况,需要注意这一点。

实际上,也有厂家利用二极管的反向恢复时间的电路,改变二极管制造方法使恢复时间变快,在不告知用户的情况下将电源装置出厂,出厂后电源启动特性出现了问题。

使用这种电路方式时,对元器件要进行检测,因此,需要有能解决这些问题的制造系统。

使 R.C.C 电路起到稳压作用的最简单方法如图 2.6 所示的电路。该电路中,若开关晶体管截止,2 次侧整流二极管 D 导通,接在电压检测绕组中二极管 D_M 也同时导通。这时,2 次绕组电压 V_S 几乎等于输出电压。由于电压检测绕组电压 V_M 与 2 次绕组电压 V_S 成比例,因此,将其整流的电压 V_C 也与输出电压成比例。

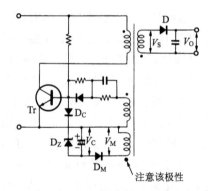

图 2.6 采用稳压二极管使输出电压稳定的电路

输出电压升高,电压检测绕组电压 V_C 也升高。若 V_C 升高使稳压二极管 D_Z 导通,则二极管 D_C 导通,开关晶体管(Tr)的基极电流减小,Tr 迅速截止。这样,输出电压升高时,控制晶体管的基极电流阻止输出电压的升高,从而使输出电压保持稳定。

图 2.6 所示电路是在 1 次侧检测输出电压,而且没有反馈放大器,因此,稳定性不高。但由于这种电路构成简单,因此,多用于开关电源的辅助电源,以及 2 次侧接入串联稳压器的小功率电源。

为了提高电源的稳定性,可使用如图 2.7 或图 2.8 所示的加有负反馈的电路。图 2.7 电路中,1 次与 2 次间隔采用光耦合器 PC,若输出电压升高,则光耦合器中发光二极管流经的电流增大,受光侧晶体管的电流也增大。这样,晶体管 Tr_2 的集电极电流也增大,开关晶体管 Tr_1 的基极电流减小,其导通时间也变短,导致输出电压下降使其保持稳定。

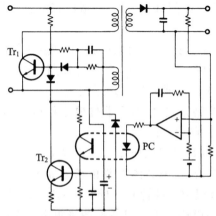

图 2.7 采用反馈放大器与光耦合器使输出电压稳定的电路

　　图 2.8 是用变压器 T_2 替代光耦合器的电路。在晶体管 Tr_3 导通时,变压器 T_1 的 2 次绕组电压经变压器 T_2 隔离,作为控制电压加到晶体管 Tr_2 的基极上,通过 Tr_2 控制晶体管 Tr_1 的基极电流,使输出电压保持稳定。

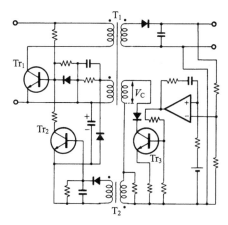

图 2.8　采用反馈放大器与变压器使输出电压稳定的电路

　　R.C.C 电路控制输出电压的方法是通过反馈控制开关晶体管的基极电流,改变基极电流使其不能维持饱和,从而控制开关晶体管的导通时间。在图 2.6 至图 2.8 的实例中,采用的是用稳压二极管 D_Z(图 2.6),或用晶体管 Tr_2(图 2.7 和图 2.8)对开关晶体管的基极电流进行分流的方法。此外还有如图 2.9 所示的方法,它在开关晶体管(Tr_1)的基极电路中串联接入晶体管 Tr_2,用这个晶体管控制开关晶体管(Tr_1)基极电流。这种方法与上述分流方法相比较,轻负载或输入电压升高时,分流方法可以减小功率损耗。另外,控制用晶体管的功率损耗随时间的变化,可通过改变反

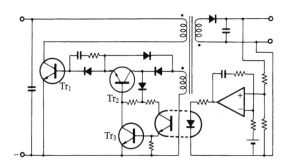

图 2.9　在基极电路中串联晶体管的控制实例

馈环路中相位补偿电路的常数使其变为脉冲状,或为线性变化,损耗也随之改变。

2.5 利用变压器饱和的直流-直流变换器

2管自激式直流-直流变换器的典型实例如图2.10所示,这些电路是利用变压器磁芯饱和的振荡器,较难进行脉宽调制。因此,作为开关稳压电源使用时,较多实例是使用如图2.11所示磁放大器的电路,或在1次与2次电路中使用脉宽调制的电路。图2.11所示电路中,在变压器2次绕组中串联接入可饱和电抗器SC,不但在逆变器启动时增大其阻抗,还起到使启动特性稳定的作用。

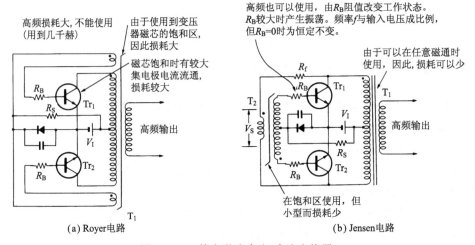

图2.10 2管自激式直流-直流变换器

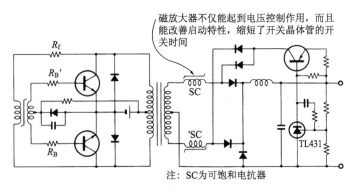

注:SC为可饱和电抗器

图2.11 利用磁放大器构成的稳压电路

为了理解利用磁芯振荡器的工作原理,需要了解磁芯的饱和特性。磁芯的 B-H 曲线如图 2.12 所示,加在磁芯上的磁场(H)增大时,磁通密度(B)也随之增大。磁通密度增大到饱和点时,即使磁场发生变化,但由于磁芯已进入饱和状态,磁通密度几乎不变。图 2.12 中 $\pm B_m$ 点为饱和点,这点的磁通密度称为饱和磁通密度。磁芯饱和时,其特性与失去这种作用的空芯线圈一样。

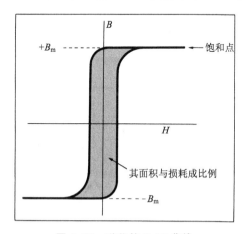

图 2.12 磁芯的 B-H 曲线

若在磁芯上绕 n 匝线圈,加上如图 2.13 所示的方波,在电感线圈上加的电压为 v,产生的磁通为 Φ,则有

$$v = n\frac{\mathrm{d}\Phi}{\mathrm{d}t} \tag{2.12}$$

在半个周期内对式(2.12)两边进行积分,若 $\Phi = BS$,则有

$$\frac{1}{n}\int_0^{T/2} v\mathrm{d}t = S[B]_{-B}^{+B} \tag{2.13}$$

式中,B 为磁通密度;S 为磁芯的截面积。因此,如图 2.13 所示,磁通密度与电压 v 的积分值成比例。在时间 t 为 $0 \sim T/2$ 的半个周期内,电压 v 为常数 V,其积分值是一定的,这期间磁通密度在 $-B \sim +B$ 之间变化,仅变化 $2B$。因此,由式(2.13),则有

$$\frac{VT}{2n} = 2BS \tag{2.14}$$

这样有

$$V = \frac{4nBS}{T} \tag{2.15}$$

若方波的频率为 f,则有 $f = 1/T$,式(2.15)变为

$$V = 4nBSf \tag{2.16}$$

这里,若磁通密度的实用单位为 mT(10G),磁芯截面积的实用单位为 mm²,则有

$$v = 4nBS \times 10^{-9} f \tag{2.17}$$

式(2.17)是变压器或可饱和电抗器等加上方波电压时的重要表达式。若磁芯饱和点的磁通密度为 B_m,电压为 V_m,由式(2.17)则有

$$V_m = 4nB_m Sf \times 10^{-9} \tag{2.18}$$

式(2.18)是利用磁芯饱和振荡器(图 2.10)时,决定振荡频率的重要表达式。

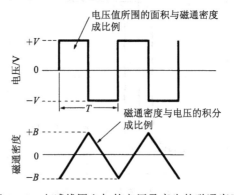

图 2.13　电感线圈上加的电压及产生的磁通密度

图 2.10(a)所示电路称为 Royer 电路,其电路的工作原理也是利用变压器饱和特性的振荡器。电路工作原理简述如下:启动电阻 R_S 中电流流进开关晶体管 Tr_1 与 Tr_2 的基极时,由于两个开关晶体管特性存在差异,总有一个开关晶体管先导通。这样,若一个开关晶体管导通,则在其基极上产生使开关晶体管进一步导通的电压,这时,电压的增益若为 1 以上,则开关晶体管在瞬间全导通。

假设开关晶体管 Tr_1 先导通,则在 Tr_1 中流经变压器的励磁电流,以及 1 次绕组的电流(相当于负载电流)。磁芯的磁通密度变化如图 2.13 所示,它随时间成比例增大。当它增大到饱和点 B_m 时,如图 2.12 所示,这时,即使磁场发生变化,但磁通密度几乎保持不变。在这点上,变压器与空芯线圈一样,电感量迅速减小。为此,开关晶体管 Tr_1 的集电极电流迅速增大而进入饱和。电感量的减小使变压器 1 次绕组电压降低,Tr_1 基极反馈绕组的电压也降低。于是,开关晶体管 Tr_1 的基极电压也降低,使其脱离饱和而趋向截止。若开关晶体管 Tr_1 截止,则变压器绕组上电压极性反转,而使另一个开关晶体管 Tr_2 导通,重复同样动作而持续产生

振荡。

在图 2.10(a)的电路中,若输入电压为 V_I,则变压器 1 次绕组上有大小约为 V_I 的方波电压。这时,磁通密度在饱和磁通 $-B_m \sim +B_m$ 之间变化。因此,若振荡频率为 f,则由式(2.18),将 V_I 替代 V_m,求出振荡频率 f 为

$$f = \frac{V_I}{4 B_m S n} \times 10^9 \qquad (2.19)$$

由式(2.19)可知,振荡频率与输入电压成比例,输入电压增大,振荡频率也增大(式中,B_m 的单位为 mT,S 的单位为 mm^2,f 的单位为 Hz)。

现在这样的开关稳压电源已经普及了,在此之前,图 2.10(a) 所示电路作为直流-直流变换器的主要电路(虽然已经过了有效期,但得到了西屋(Westinghouse)公司的特别许可)。然而,这种电路的缺点是在主变压器磁芯饱和状态下使用,因此,磁芯损耗较大,而且磁芯进入饱和状态,在开关晶体管集电极电流迅速增大时开关晶体管截止,因此,开关损耗也较大。实用的振荡频率为几千赫,它不适用于作为现在的高频开关稳压电源的电路,这种电源的频率超过了可听范围的频率。

图 2.10(b)是 Royer 的改进电路,可用作高频开关稳压电源的电路,其工作原理也与 Royer 电路一样,不再赘述。这种电路的特征是主变压器使用不饱和变压器 T_1,基极驱动变压器使用可饱和变压器 T_2。因此,振荡频率由变压器 T_2 决定,式(2.19)中,将 V_I 换成变压器 T_2 的 1 次绕组电压 V_S,即可求出该电路的振荡频率。

该电路的主变压器 T_2 不在饱和区内工作,因此,它可以使用低磁通密度的磁芯,而且工作效率可以很高。基极驱动变压器 T_2 虽然在饱和区内工作,但相对主变压器可小型化,相对总功率来说,磁芯损耗非常小,可忽略不计。变压器 T_2 饱和时,流经 T_2 的电流由串联电阻 R_f 进行限制,因此,该电流引起开关晶体管的损耗也不会增加。

在图 2.10(b)的电路中,若开关晶体管的发射极-基极间电压为 V_{EB},二极管的正向电压降为 V_D,基极驱动变压器的 1 次绕组匝数为 n_1,2 次绕组匝数为 n_2,则其等效电路如图 2.14 所示。因此,若变压器 T_2 加上饱和电压 V_S,则由式(2.19)求出振荡频率 f 为:

$$f = \frac{V_S}{4 B_m S n_1} \times 10^9 \qquad (2.20)$$

根据等效电路,若 $R_B \ll R_f$,$(n_1/n_2)(V_D+V_{EB}) \ll V_I$,则有

$$V_S \approx 2V_I \frac{R_B}{R_f} + \frac{n_1}{n_2}(V_D+V_{EB}) \tag{2.21}$$

$$V_S \approx \frac{n_1}{n_2}\left(\frac{R_B n_1}{R_f n_2}V_I + V_D + V_{EB}\right) \tag{2.22}$$

若将式(2.22)代入式(2.20),则有

$$f = \frac{1}{4B_m S n_2}\left(\frac{R_B n_1}{R_f n_2}V_I + V_D + V_{EB}\right) \times 10^9 \tag{2.23}$$

式(2.23)表明,若增大括号内输入电压一项,则振荡频率也增大,括号内后几项表明振荡频率与输入电压无关。R_B 为零时,则有

$$f = \frac{V_D + V_{EB}}{4B_m S n_2} \times 10^9 \tag{2.24}$$

由此可知,对于输入电压来说振荡频率是不变的。

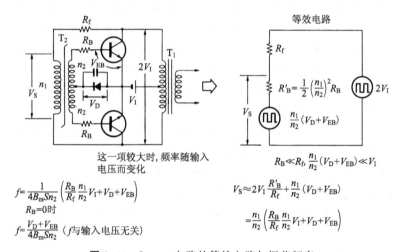

这一项较大时,频率随输入电压而变化

$$f = \frac{1}{4B_m S n_2}\left(\frac{R_B}{R_f}\frac{n_1}{n_2}V_I + V_D + V_{EB}\right)$$

$R_B = 0$ 时

$$f = \frac{V_D + V_{EB}}{4B_m S n_2} \quad (f 与输入电压无关)$$

等效电路

$R_B \ll R_f,\ \frac{n_1}{n_2}(V_D+V_{EB}) \ll V_I$

$$V_S \approx 2V_I \frac{R'_B}{R_f} + \frac{n_1}{n_2}(V_D+V_{EB})$$

$$= \frac{n_1}{n_2}\left(\frac{R_B}{R_f}\frac{n_1}{n_2}V_I + V_D + V_{EB}\right)$$

图 2.14 Jensen 电路的等效电路与振荡频率

2.6 利用磁放大器的直流-直流变换器

如图 2.11 所示那样,在自激式直流-直流变换器中使用稳压电路时,输入电压升高时,振荡频率也升高,这种现象对于减轻磁放大器的负担是最好的情况。然而,输入电压升高时,电阻 R_B 的损耗也不能忽略。另外,R_B 阻值减小时,R_B 的损耗也降低了,但振荡频率对于输入电压的依赖性下降了,磁放大器的负担加重了。

R_B 为零时,对于输入电压来说振荡频率增大了。输入电压较

高时,减轻磁放大器负担的方法如图 2.15 所示(为了便于说明工作原理,图中省略了启动电阻等辅助电路)。

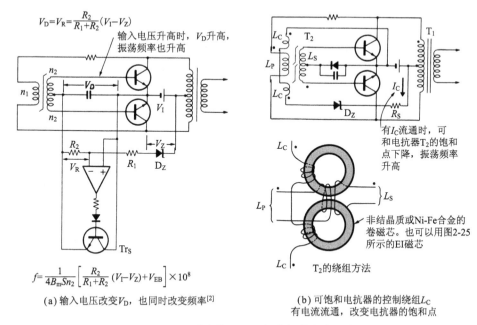

图 2.15 通过增大输入电压提高振荡频率的方法

图 2.15(a)是这样一种电路,即控制并联晶体管 Tr_S 两端电压 V_D,使其等于输入电压引起的变化电压 V_R,输入电压增大时振荡频率也增大。

若稳压二极管 D_Z 的稳定电压为 V_Z,输入电压高于 V_Z 时,则有

$$V_D = \frac{R_2}{R_1 + R_2}(V_I - V_Z) \tag{2.25}$$

因此,根据式(2.24),振荡频率 f 为:

$$f = \frac{1}{4B_m S n_2}\left[\frac{R_2}{R_1 + R_2}(V_I - V_Z) + V_{EB}\right] \times 10^9 \tag{2.26}$$

改变 R_1 与 R_2 阻值之比可以改变输出电压相对输入电压的变化率。

图 2.15(b)所示电路中,变压器 T_2 使用两组可饱和磁芯,基极驱动变压器的 1 次与 2 次绕组同时绕在这二组磁芯上。再在各自磁芯上绕制控制绕组 L_C,在绕组电压互为抵消的方向上将其串联连接,这样,构成一个可饱和电抗器。若控制绕组中控制电流为 I_C,则可任意控制可饱和电抗器的饱和电压使其下降。电路中,输

入电压升高,稳压二极管 D_Z 导通,可饱和电抗器的控制绕组 L_C 中有控制电流流通。因此,输入电压增大时控制电流也增大,振荡频率也随之升高。改变 R_S 阻值可以任意设定振荡频率对于输入电压变化的变化率。在图 2.15(a)和(b)电路中,稳压二极管 D_Z 的稳压值要与电源装置输入电压最低值一致。另外,在满足输入电压最大时能得到额定输出的条件下,设定图 2.15(a)中电阻 R_1 以及图 2.15(b)中电阻 R_S 的最小值。

磁放大器的优点是,若在自激式逆变器中使用磁放大器,则开关晶体管损耗减小的幅度较大。原因在于,逆变器的输出接普通的整流电路时,在开关晶体管截止瞬间,变压器中蓄积的能量通过整流电路供给输出端。如图 2.16(b)所示,若在整流电路中接入磁放大器,由于存在死区,在开关晶体管截止瞬间,变压器中蓄积的能量不供给负载,可有效利用开关晶体管的截止能量,这样,可以减小开关晶体管截止时的功率损耗。另外,开关晶体管导通后,由于磁放大器存在死区,因此也无集电极电流流通,开关晶体管导通时损耗也可能大幅度地下降(图 2.17)。

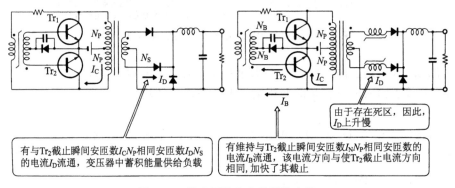

由于存在死区,因此,I_D 上升慢

有与 Tr_2 截止瞬间安匝数 $I_C N_P$ 相同安匝数 $I_D N_S$ 的电流 I_D 流通,变压器中蓄积能量供给负载

有维持与 Tr_2 截止瞬间安匝数 $I_N N_P$ 相同安匝数的电流 I_B 流通,该电流方向与使 Tr_2 截止电流方向相同,加快了其截止

图 2.16 接入可饱和电抗器的电路

利用磁路饱和的振荡器,可使开关晶体管容易进行高速工作。然而,开关晶体管高速工作时,其产生的噪声也增大,采用简单的方法较难减小这种噪声。对于他激式电路,调整开关晶体管的驱动波形,可以得到降低噪声与提高效率的最佳折中方案。对于自激式振荡电路产生噪声时,只改变直流-直流变换器的常数不能减小噪声,有很多实例表明,除了采用滤波和实装以外没有其他减小噪声的方法。

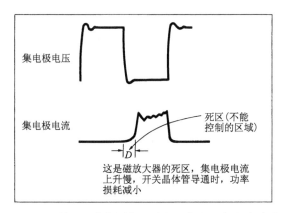

集电极电压

集电极电流

死区(不能控制的区域)

D

这是磁放大器的死区,集电极电流上升慢,开关晶体管导通时,功率损耗减小

图 2.17 利用磁放大器的开关电源的电压与电流波形

2.7 利用磁放大器的稳定化电路及其特征

在晶闸管与晶体管实用化之前,磁放大器作为控制功率的手段起着重要作用。然而,在这期间,磁放大器仅限于利用工频电源的频率。对于工频频率,磁放大器重而大型,但随着晶闸管与晶体管的出现,磁放大器的利用大幅度地受到限制。作者曾经有过开拓新市场的工作经历,这就是将磁放大器装置的市场过渡到半导体新装置的市场,尽力记载了磁放大器的兴衰史。

但是,对于工频电源的频率,在没有过时的磁放大器已经作为一般开关稳压电源的现在,可对此再次重新认识。现已开发了非结晶质等高频特性良好的低耗磁性材料,这也成为磁放大器构成一般开关电源的原因。再有,从公布这些材料以前的开关电源创世期到现在,在高频电路中尽力利用与普及磁放大器方面,也不要忘记株式会社电设的平松博士对此做出的很大贡献。

磁放大器的工作原理是,在高导磁率的闭合磁路的磁芯上绕制线圈构成电抗器,利用其在未饱和时为高阻抗,饱和后变为低阻抗的特性对功率进行控制。使电抗器饱和的方法分别有利用电压和电流两种。这两种方法都可用较小的功率使电抗器饱和,从而有效地通-断控制大功率。因此,磁放大器本身一般称为放大器,但不能像线性放大器那样对功率进行线性放大。若考虑磁放大器与晶闸管同样动作,就很容易理解其工作原理。

另外,现在使用最多的是高频磁放大器。现说明电压控制型高频磁放大器的工作原理。首先涉及磁放大器使用磁芯的特性,所要求磁芯特性如图 2.18 所示。在磁芯上绕制线圈构成的电抗器中有电流流通而被磁化时,图 2.18 示出了这时磁通密度(B)对于磁场(H)变化引起的变化情况。磁场强度从正到负变化时,得到如图 2.18 所示曲线,这种曲线称为 B-H 曲线或磁滞回线,很明显这是表示磁芯特性的曲线。

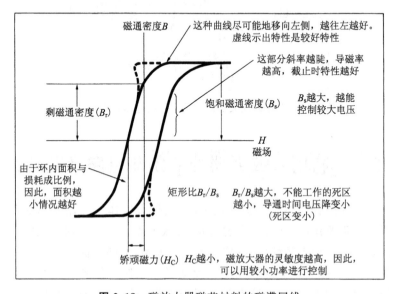

图 2.18 磁放大器磁芯材料的磁滞回线

作为磁放大器必要的磁特性有如下要求。

▶ **饱和磁通密度**(B_s)

饱和磁通密度是磁芯饱和时的磁通密度,其值越大,磁芯的截面积越小而绕组匝数越少,可以控制较大的电压。然而,利用的频率较高时,磁通密度越高损耗越大,能够利用的磁通密度的变化也是有限的,因此,饱和磁通密度大不一定好。在高频用途情况下,饱和磁通密度大而损耗也小是最优先考虑的方案。

▶ **剩磁通密度**(B_r)

磁芯饱和之后,即使磁场为零,但还有剩余磁通,这种磁通称为剩磁通密度 B_r。饱和时磁通密度与剩磁通密度之差称为死区,这是不能进行大范围电压控制的原因,因此,最理想的磁芯材料是 B_r 尽量接近饱和磁通密度。B_r 与 B_s 之比 B_r/B_s 称为矩形比,其值越接近 1,死区变得越小。

▶ **矫顽磁力**(H_C)

矫顽磁力是使剩磁为零时需要的磁场,表示导通状态的电抗器变为截止状态时所加磁场的强度。因此,矫顽磁力 H_C 越小,控制灵敏度越高,这就意味着用较小功率可以对电抗器进行控制。

图 2.19 示出理想磁放大器磁芯的特性,实际中不能制造出这样理想特性的磁芯,但据此可以了解磁放大器磁芯需要的特性。

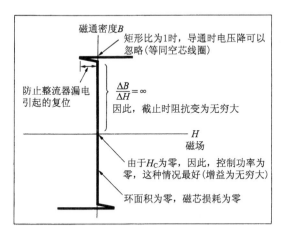

图 2.19 理想磁放大器磁芯的特性(实际上没有这种特性的磁芯)

作为磁放大器的磁芯,频率较低的磁放大器使用80％的镍-铁(Ni-Fe)合金,但最近非结晶质合金较容易得到,尤其在频率为100kHz 以上时,非结晶质合金特性劣化得较少,容易构成高频磁放大器。80％的 Ni-Fe 合金与非结晶质合金的特性比较如表 2.1 和图 2.20 所示。表 2.1 中表明,非结晶质合金的饱和磁通密度较低,但实际应用时这点差别是没有问题的。另外,表 2.1 中给出的结晶化温度虽然是非结晶质合金高温结晶化的温度,但降低温度也能得到原来的特性。图 2.20 中,非结晶质合金磁芯的矫顽磁力 H_c 较低,这表示可以用小功率对磁放大器进行控制。另外,B-H

表 2.1[3] **坡莫合金与非结晶质合金的物理特性的比较**

磁芯材料 特性	单 位	非结晶质合金 (AMA)	高矩形比坡莫合金 (80Ni)
饱和磁通密度	kG	7.5	8.0
密度	g/cm³	8.0	8.7
居里点	℃	320	450
结晶化温度	℃	540	—
电阻率	Ω·cm	120×10⁻⁶	60×10⁻⁶

注:1G＝10⁻⁴T,下同。

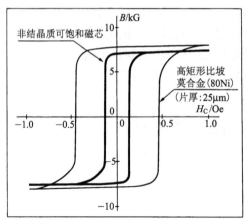

特性\材料		非结晶质	高矩形比80% Ne-Fe合金
矫顽磁力 /Oe	20kHz	0.07	0.23
	50kHz	0.13	0.45
	100kHz	0.21	—
矩形比 $\frac{B_r}{B_s}$	20kHz	0.93	0.94
	50kHz	0.95	0.95
	100kHz	0.97	—

(b) 交流磁特性

(a) 50kHz的 *B-H* 曲线之比较 (材质值)
1Oe = 79.5775A/m, 下同

图 2.20[3] 坡莫合金与非结晶质合金的 *B-H* 曲线及其交流磁特性

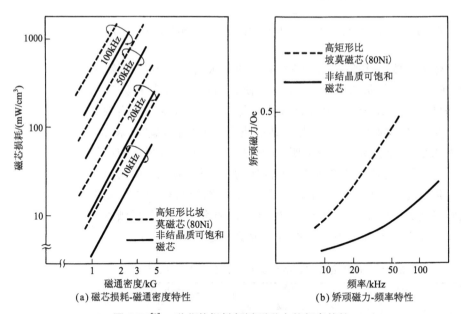

(a) 磁芯损耗-磁通密度特性

(b) 矫顽磁力-频率特性

图 2.21[3] 磁芯的损耗与矫顽磁力的频率特性

曲线所围的面积也小,这表示损耗小。图 2.21 示出高频时磁芯的损耗。磁放大器用的非结晶质磁芯其非结晶质合金为带状,使用时将其卷成环形的卷铁磁芯,这种磁芯的尺寸如表 2.2 所示。开关稳压电源高频化时磁芯材料也随之改善,这些磁芯构成薄片形,并公布了高频损耗低特性的磁芯。

表 2.2 非结晶质磁通的标准尺寸（东芝）

型号名称	外径 /cm	内径 /cm	厚度 /cm	有效截面积/cm²	平均磁路长/cm	总磁通 $\phi 1(\pm Mx)$	主要用途
MA26×16×4.5	2.6	1.6	0.45	0.169	6.60	≥±900	20～50kHz 电源
MA18×12×4.5	1.8	1.2	0.45	0.101	4.71	≥±500	50～100kHz 电源
MA14×8×4.5	1.4	0.8	0.45	0.101	3.46	≥±500	50～100kHz 电源
MA10×6×4.5	1.0	0.6	0.45	0.0675	2.51	≥±360	100～200kHz 电源
MA8×6×4.5	0.8	0.6	0.45	0.0338	2.20	≥±180	200～300kHz 电源
MA7×6×4.5	0.7	0.6	0.45	0.0169	2.04	≥±90	自激变压器

在刚开始使用非结晶质磁芯时，由于磁芯的物理特性没有经过蠕变的实际数据，因此，有些使用者对此有畏惧感。然而，自从这种磁芯问世至最初用于要求高可靠性的通信设备电源中，经历了近 10 年的长时间连续使用的实际考验，没有出现问题。

这里，简要说明磁放大器的工作原理。如图 2.22(a)所示，在可饱和电抗器 SL 与负载串联的电路中加上方波交流电压。这时，由于可饱和电抗器 SL 接有整流二极管 D_1，因此，SL 上只加单方向电压，可饱和电抗器饱和，输入电压的正半周原样呈现在输出端，这是磁放大器的导通状态。如图 2.22(b)所示，电路中增接二极管 D_2。在这种情况下，由于可饱和电抗器 SL 加上正、负对称的电压，因此，可饱和电抗器中只有励磁电流流通。若输入电压低于可饱和电抗器的饱和电压，这种励磁电流小到可以忽略不计，因此，可饱和电抗器变为截止状态。这时，可饱和电抗器加的电压为正、负相等的状态，表现为使磁通建立的电压（增强磁通方向的电压积分值）与使磁通恢复的电压（减少磁通增强方向的电压积分值）相等。

图 2.22(c)是增设二极管 D_2 与电源 V_C 串联的电路。这时，若与图 2.22(b)进行比较，由于磁通恢复量不够，可饱和电抗器随时间延长而进入饱和导通状态。因此，输出电压的积分值相当于在输出端输出恢复量不足部分的 V_C。输出电压的平均值变为 V_C，这样，通过改变 V_C 可以任意改变输出电压。

为了使输出电压保持稳定，图 2.22(c)中电源 V_C 可用稳压二极管替代，这样，可使输出电压保持稳定。使输出电压保持稳定的还有图 2.23 所示电路，图 2.23(a)为半波整流电路，图 2.23(b)为全波整流电路。电路中，R_1 和 R_2 为电压检测用分压器，D_Z 为基准电压用稳压二极管。晶体管 Tr_1 和 Tr_2 构成反馈放大器，它将

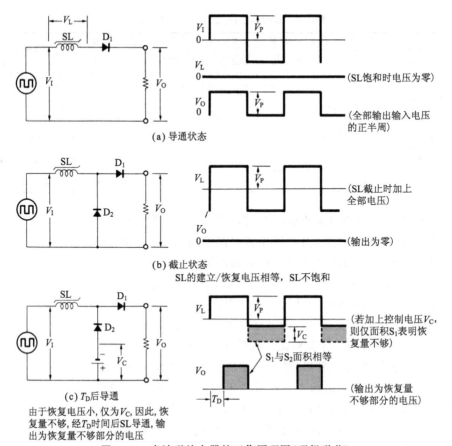

图 2.22　半波磁放大器的工作原理图(理想磁芯)

输出电压的误差进行放大并送至磁放大器,即输出电压升高时,磁通恢复量增大,送至磁放大器的电压也增大,使输出电压降低;输出电压降低时其动作过程与上述相反,这样,使输出电压保持稳定。

图 2.23 所示电路中,稳压二极管的电压 V_R 与晶体管 Tr_2 的射-基极间的温度系数对输出电压有影响。稳压二极管的温度系数与晶体管的温度系数在电压为 6~7V 时可相互抵消,除此以外,温度系数较差,尤其是基准电压较低时,稳压二极管和晶体管的温度系数都变负,使温度特性进一步恶化。

图 2.24 是电压检测采用并联稳压器 TL431 的电路。电路中,TL431 的温度系数为 50ppm[1] 以下,可以得到高精度的稳压特性。这种电路的特长不仅是电路简单,而且在轻负载时 R_D 的电

---

① 1ppm＝10^{-6},下同。

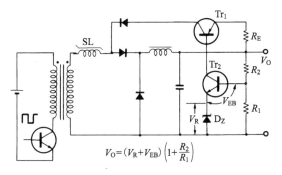

$$V_{\mathrm{O}}=(V_{\mathrm{R}}+V_{\mathrm{EB}})\left(1+\frac{R_2}{R_1}\right)$$

(a) 半波式磁放大器稳压电源

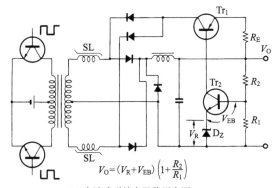

$$V_{\mathrm{O}}=(V_{\mathrm{R}}+V_{\mathrm{EB}})\left(1+\frac{R_2}{R_1}\right)$$

(b) 全波式磁放大器稳压电源

图 2.23　磁放大器稳压电源的实例

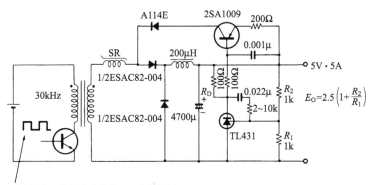

脉宽固定，即使占空比为50%也比较好，
但与输入电压成反比，若占空比降低，
则能减轻可饱和电抗器的负担

图 2.24　使用 TL431 的磁放大器控制电路

　　流增大,假负载电流自动变大,起到可变假负载电阻的作用,这样,可以抑制轻负载时输出电压的上升。这种电路的元器件也比单路输出的脉宽调制式开关稳压电源多。然而,输出路数增加时,输入的直流-交流变换部分可以共用,元器件可大幅度地减少。另外,也不会发生因多路输出时,容易出现回路间相互干扰而产生的交调干扰,这样,可以充分灵活地发挥磁放大器的特长。

　　电流控制型磁放大器的稳压电源(1 次侧控制)如图 2.25 所示,它是将可饱和电抗器 SR 串联在变压器的 1 次绕组中。这种可饱和电抗器的结构如图 2.25 所示,它是在 EI 型磁芯的中间柱上绕制绕组 L_S,在其两边柱上绕制控制绕组 L_C。按照其端子电压相互抵消的极性,将两控制绕组串联连接。因此,控制绕组中无电流流通时,L_S 具有较大电感,可饱和电抗器变为截止状态。这时,由于两边柱上绕组的电压极性相反,因此,控制绕组的电压为零。

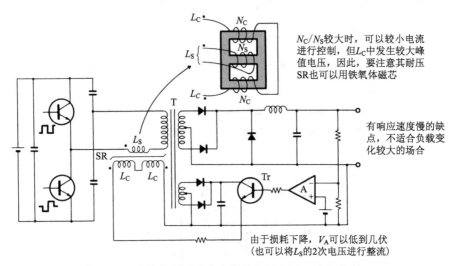

图 2.25　电流控制型磁放大器的稳压电源(1 次侧控制)

　　若控制绕组中有电流流通,该电流使两边柱的磁芯饱和,则中间柱上绕组的电感急剧减小,可饱和电抗器变为导通状态。这样,中间绕组 L_S 的等效电感可随控制绕组的电流而改变。控制绕组的电压相互抵消,该端子的电压较小,流经的电流也小,其功率也小,因此,可用较小功率控制较大功率。

　　图 2.25 所示电路中,由反馈放大器 A 检测输出电压的误差,并将该值放大后驱动控制晶体管 Tr,即输出电压变低时,控制绕组的电流增大,L_S 等效电感减小,则电路动作使输出电压升高;反

之,控制绕组的电流减小,电路动作使输出电压降低,从而使输出电压保持稳定。

对于这种方式的电路,可饱和电抗器磁芯的材料使用矫顽磁力 H_C 比较大的铁氧体,电路也能工作,即使在 100kHz 高的频率时,也能构成高效率的磁放大器。然而,在可饱和电抗器饱和之前,控制绕组 L_C 的等效电感非常大,控制电压 V_A 较低时,控制电流上升速度慢,响应速度也慢,这是其缺点。为了降低控制功率损耗,设计的控制电源电压要低到几伏。然而,控制电源的电压较低时,从空载到满载很难得到较快的响应速度。

电流控制型磁放大器的稳压电源(2 次侧控制)如图 2.26 所示。这时,为了进行全波整流,需要将 L_S 分为两个绕组,工作原理与 1 次侧控制时一样,同样有响应速度慢的缺点。然而,2 次侧控制时,采用图 2.23 所示电压控制型电路,其响应速度快,而且磁放大器的绕组也很简单。在非结晶质那样的适用于磁放大器的材料容易得到的今天,利用电压控制方式的电路在增加,可考虑不用图 2.26 所示电路。

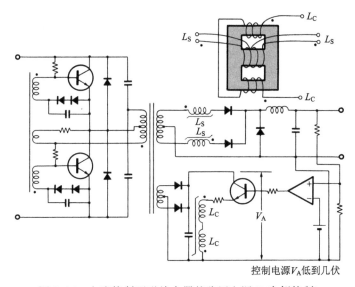

图 2.26 电流控制型磁放大器的稳压电源(2 次侧控制)

1 次侧控制、2 次侧多路输出的同时控制实例将在第 5 章中介绍,但由于这种电路用一个磁放大器同时控制多路输出,因此,电路简单,可以灵活地利用电流控制型电路的特长。

采用磁放大器开关稳压电源的实例中,有使用谐振电路的稳压电源,如图 2.27 所示。电路中,可饱和电抗器 L_S 使用与上述电流控制型电路中一样的电抗器。对于这个电路,输出电压下降时,可饱和电抗器 L_S 的等效阻抗 X_L 也比与其并联电容的阻抗 X_C 低,X_L 与 X_C 并联的合成阻抗 X_L' 变成了感性。这样,这个电路就变成了如图 2.28(a)所示那样,X_L' 与不饱和电抗器 X_U 串联的电路,输入电压经 X_U 与 X_L' 分压电路进行分压,输出电压降低了。

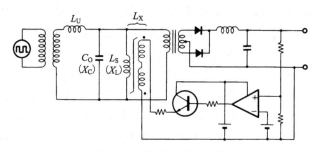

图 2.27 谐振型稳压电源

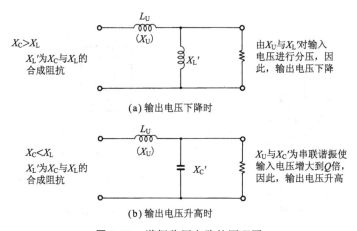

图 2.28 谐振稳压电路的原理图

提高输出电压时,可增大可饱和电抗器的阻抗,即 $X_C < X_L$。因此,X_C 和 X_L 的合成值变为容性,即为阻抗 X_C'。这样,变成了串联电抗器的阻抗 X_U 与 X_C' 串联的谐振电路,输入电压增大到 Q 倍,输出电压也就增大了。

这种电路原理上也可以采用电流控制型磁放大器,但有响应速度慢的缺点。然而,采用与负载并联电容 C_0 可减小输出交流波形中噪声,因此,可以构成噪声小的电源。

这种电路对于工频是早就开始使用的电路,但很可惜,对于

高频使用的实际效果,作者本人不能确认,因此,只能做简单的
说明。

他激式开关稳压电源及其特征

对于自激式开关稳压电源,开关晶体管兼有振荡与功率开关
两种作用。与此相对应,他激式开关稳压电源的内部有独立的振
荡电路,它用与振荡电压的同步信号驱动开关晶体管。

他激式开关稳压电源的原理图如图 2.29 和图 2.30 所示。图
2.29 是单管式开关稳压电源电路。对于这种电路,三角波振荡器
OSC 的输出与反馈放大器 A 的输出加到比较器 CMP 的同相与反
相输入端,比较器的输出驱动开关晶体管。比较器的输出波形如
图 2.29 所示,输出电压升高时,放大器 A 的输出变大,比较器反相
输入端的控制电压也变大,脉宽变窄,使输出电压降低,从而防止
输出电压的升高。输出电压下降时,其动作与上述相反,这样,可
保持输出电压稳定不变。

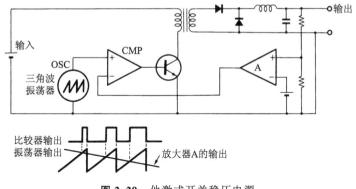

图 2.29 他激式开关稳压电源

图 2.30 是推挽电路,这时,触发器 FF 与比较器 CMP 受与三
角波的同步信号控制,触发器的输出信号与比较器的输出信号加
到与门电路上,其输出交互驱动开关晶体管 Tr_1 和 Tr_2 使其通-断
工作。

对于他激式开关稳压电源,可以任意改变脉宽,容易进行脉宽
调制,小功率到大功率的电源都可以使用这种脉宽调制方式。对
于自激式开关稳压电源,由于有自动抽出开关晶体管基极中积累
的载流子的功能,因此,开关晶体管的驱动电路简单。然而,对于

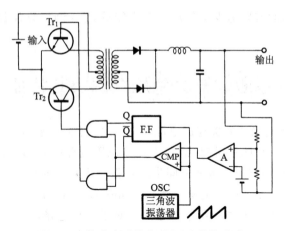

图 2.30 他激式开关稳压电源（推挽电路）

他激式开关稳压电源，由于没有这种功能，开关晶体管的驱动电路不仅有使其导通的功能，还要有在开关晶体管截止瞬间将开关晶体管导通时积累在基极上的载流子全部抽出的功能。这种电路是提高开关稳压电源变换效率的最关键电路（参阅第 6 章中 6.2节）。

现在，脉宽调制电路都用 IC，对于他激式开关稳压电源来说，元器件数量可以非常少。开关晶体管采用功率 FET 时，由于原理上 FET 没有载流子的积累作用，而且驱动功率也小，因此，随着FET 的发展，他激式开关稳压电源的应用范围也会越来越广。

他激式开关稳压电源最关键的问题是，得到脉宽调制电路辅助电源的方法。自激式开关电源不需要这样的辅助电源也能产生振荡，但他激式开关稳压电源的振荡器与脉宽调制电路都需要辅助电源。虽然脉宽调制电路都集成化了，但由于需要辅助电源，因此，元器件数量有时不能大幅度地减少，对于市售的开关稳压电源，这种辅助电源都采用混合 IC，因此，也有元器件少的产品。最近，开关专用 IC 采取很多措施使辅助电源极其简单化。这种辅助电源与控制电路将在第 4 章进行详细说明。

图 2.31 是他激式开关稳压电源与磁放大器组合稳压电路的实例，这是在稳压电路中使用磁放大器的开关稳压电源，但磁放大器与自激式直流-直流变换器组合的是主流电路。然而，在他激式开关稳压电源中使用磁放大器也有很多优点。

在图 2.31 所示电路中，输入电压升高时脉宽也变窄，其变化情况如图 2.32 所示。输入电压升高时稳压二极管 D_z 导通，比较

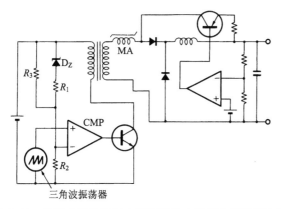

图 2.31 他激式开关稳压电源与磁放大器组合的稳压电路

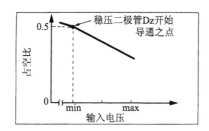

图 2.32 输入电压与占空比之间关系

器输入电平上升,若输入电压升高,则脉宽变窄。这样,即使输入电压增大,也可以减轻磁放大器的负担,因此,磁放大器可以小型化,而且磁放大器的损耗也可以减少,变换效率也可以提高。在输入电压变化范围较宽时,这种方法的有效作用可使开关晶体管的发射极–集电极间电压减小,输出电压的纹波也可以减小,还有,变压器也有可能小型化。这种电路采用的具体方法将在第 4 章说明。

第 3 章
开关稳压电源的设计方法

3.1 高频整流电路

开关稳压电源的整流电路与平滑电路有两类,即输入侧的工频整流电路及平滑电路和输出侧的高频整流电路及平滑电路。输入侧的工频整流电路的波形简单,电路也是一般的电容输入型简单电路,表面看来设计较容易。然而,这种设计不能只看表面,操作起来却非常麻烦。对于初学者不仅感到恼火,在很多情况下,即使用程序也不能进行正确的设计,多是凭经验与感觉。

例如,根据平滑电路的电容量与纹波的关系可简单求出近似值,然而,要求得出准确的值非常不容易。设计时最重要的整流器与电容中有效电流也没有适当的参考书作为参考,本书的作者也遇到同样的问题,花费了很多时间与精力,从而积累了解决这些问题的经验。

当时既没有计算机也没有计算器,进行这种设计非常辛苦。整流器设计时,作为常用的参考文献是容易得到的著名的 O. H. Schade 的文献(不学习英文,尚不能读懂原文),这就是用计算尺计算设计所需数据的年代。

不理解这种情况的读者会有很多,因此,记载了当时一种设计方法作为参考。首先准备一张大的坐标纸,利用数学手册上的数据在该纸上正确地画出正弦绝对值的波形,如图 3.1 所示。其次,在超过 90°任意点(正弦波的瞬时值)作切线,将切线延长到与下一个半周期正弦波绝对值波形相交,即为一条直线。若负载电流为 I_L,电容量为 C,则这条直线的斜率等于 $-I_L/C$。在串联电阻 R 忽略不计的情况下,电流值作为 I_L 的恒流负载时,采用这种方法可以求出纹波电压以及整流器的导通角。也可以通过数学表达式求出电容的有效电流,即根据这时的电容量与电压的微分值求出电流值,将此电流值平方,再在导通角的区间内对此进行积分,然后在一个周期内将其积分值平均,从而求出平方根,经过这样的复杂过程才求出电容的有效电流。

再进一步通过图 3.1 所示曲线,按照作图的方法求出纹波与导通角的近似值,即从输入电压瞬时值的任意时间 T_0 点作切线①,再从 1/2 周期的点作切线②。这时,求出作为切线①和②相等的交点 P_1,求出交点 P_1 的坐标,从该交点向时间轴上引垂线,在该垂线与对应正弦波绝对值波形的交点 P_1' 作切线③,再求出切线①与切线③的交点 P_2。然后,从该点向下引垂线,求出 P_2'。若重复同样的操作,则可以提高计算精度。由图 3.1 可知,求出切线③的交点 P_1' 就非常接近实际值。

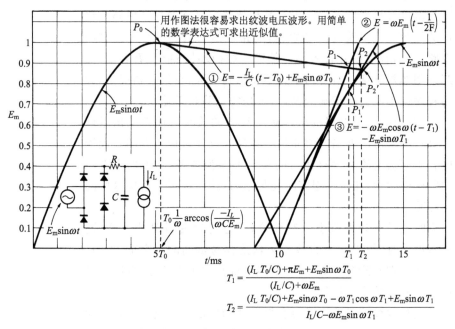

图 3.1 作图求出电容输入型整流电路的纹波($R=0$)

整流电路分析最难的不是电流值的计算,而是通过数值计算求出电容放电电压与下一个周期的交点。在曲线图上作切线求出交点比较容易,但利用数学表达式进行推测很复杂,非常不实用。

下面将要说明用切线方式求近似值的方法,这种方法收敛非常快,对于实用的电容值,不用计算机也可以进行数值计算。

电路中无串联电阻 R 时,首先,在时间 T_0 点,切线①的斜率等

于正弦波的变化率,即

$$-\frac{I_{\mathrm{L}}}{C}=\omega E_{\mathrm{m}}\cos\omega T_0 \tag{3.1}$$

$$T_0=\frac{1}{\omega}\arccos\left(\frac{-I_{\mathrm{L}}}{\omega CE_{\mathrm{m}}}\right) \tag{3.2}$$

若交流的频率为 F,则切线①的表达式为

$$E=-\frac{I_{\mathrm{L}}}{C}(t-T_0)+E_{\mathrm{m}}\sin\omega T_0 \tag{3.3}$$

切线②的表达式为

$$E=\omega E_{\mathrm{m}}\left(t-\frac{1}{2F}\right) \tag{3.4}$$

若切线①与②的表达式相等,求出交点 P_1 的时间 T_1,则有

$$T_1=\frac{(I_{\mathrm{L}}T_0/C)+\pi E_{\mathrm{m}}+E_{\mathrm{m}}\sin\omega T_0}{(I_{\mathrm{L}}/C)+\omega E_{\mathrm{m}}} \tag{3.5}$$

其次,从切线①与②的交点 P_1 向时间轴引垂线,它与输入电压正弦波的绝对值的交点 P_1' 作的切线③的表达式为

$$E=-\omega E_{\mathrm{m}}\cos\omega(t-T_1)-E_{\mathrm{m}}\sin\omega T_1 \tag{3.6}$$

这里,切线①和③相等,若求出对于两者交点 P_2 的时间 T_2,则有

$$T_2=\frac{(I_{\mathrm{L}}T_0/C)+E_{\mathrm{m}}\sin\omega T_0-\omega T_1\cos\omega T_1+E_{\mathrm{m}}\sin\omega T_1}{I_{\mathrm{L}}/C-\omega E_{\mathrm{m}}\cos\omega T_1}$$

$$\tag{3.7}$$

再可求出从交点 P_2 向下引垂线,它与输入电压正弦波绝对值的交点 P_2' 作的切线的表达式。同样,相当于第 n 条切线与切线①交点的时间 T_n 为:

$$T_n=\frac{(I_{\mathrm{L}}T_0/C)+E_{\mathrm{m}}\sin\omega T_0-\omega T_{n-1}\cos\omega T_{n-1}+E_{\mathrm{m}}\sin\omega T_{n-1}}{I_{\mathrm{L}}/C-\omega E_{\mathrm{m}}\sin\omega T_{n-1}}$$

$$\tag{3.8}$$

在一般条件下,数个 n 值就能得到足够精确的时间实用值,因此,用函数计算器也能对此进行计算,利用计算机时,通过程序可方便地得到计算结果。作为更方便的方法是利用 123 与 EXCEL 等的表计算软件,它将 T_1 的表达式通过拷贝的方法,简单地得到第 n 个时间的表达式,可容易地得到高精度的结果。

采用这种方法,若得到的整流器导通时间 t 为 $T_n \sim T_0$,则这期间电容中流经的电流 i 可根据式(3.9)简单求得,即

$$i=\omega CE_{\mathrm{m}}\cos\omega t \tag{3.9}$$

由式(3.9)也可以求出电流峰值与有效值。

串联电阻为有限值时,若通过解微分方程式等方法求出电流值,则如式(3.10)所示,表达式非常复杂,式中有稳定项与过渡项,但也同样可以求出电流值。这时,若二极管开始导通的相位角为 Φ,这时的电压值为 V_L,整流电路的串联电阻为 R,电容量为 C,整流器的负载电流为 I,输入电压的峰值为 E_m,则整流器中流经的电流 I_D 为:

$$I_D = I_m \sin(\omega t + \phi - \psi) + \left[I_m \frac{\cos(\phi - \psi)}{\omega CR} - \frac{V_L}{R} \right] \varepsilon^{-t/CR} + I$$

(3.10)

其中

$$I_m = \frac{E_m}{\sqrt{R^2 + (1/\omega C)^2}}$$

(3.11)

$$\psi = \arctan(-1/\omega CR)$$

(3.12)

为了用计算机求出整流器开始导通有电流流通的时间 T_O,电流峰值的时间 T_P 以及整流器截止的时间 T_{OFF},各自时间范围的下限设为 TOL、TPL 和 TOFFL,上限设为 TOH、TPH 和 TOFFH,电容 C 和串联电阻 R 构成的时间常数为 CR,频率为 F,式(3.10)中 $\Phi =$ FAI,$\psi =$ PSI,式(3.10)中 { } 内过渡系数为 KT,$W = 2\pi F$,则编制的程序为:

```
TOL = 0 : TOH = 0 : TPL = 0 : TPH = 0 : TOFFL = 0 : TOFFH = 0 :
IPFLAG = 0 ′预置
FOR T = - CR TO (PI + FAI)/W   STEP(1/F)/300 ′分析范围与
分辨率
ICR = IM * SIN(W * T + FAI - PSI) - KT * EXP( - T/CR) + I ′电
流表达式
   IF ICRH〈 = 0 AND ICR〉0 THEN TOL = TH : TOH = T ′TO 范围
     IF ICRH〈ICR THEN TPL = T ′TP 下限
   IF ICRH〉ICR AND T〉TOH AND IPFLAG = 0 THEN TPH = T :
IPFLAG = 1 ′TP 上限
   IF ICRH〉0 AND ICR〈0 THEN TOFFL = TH : TOFFH = T : T = (PI
+ FAI)/W ′TOFF 范围
ICRH = ICR : TH = T
NEXT
```

用上述程序,对于式(3.10),在交流的半个周期间,步进约为 300 的间隔,分析各自电流的变化,在大致求出开始导通、峰值和 OFF

等时间范围后,采用以下程序可以得到正确的解。

例如,求解的电流函数 $f(t)=0$ 的解在 TL～TH 间只有一个,若用 BASIC 语言编制求解函数为递增函数时的程序,则有

T = TL:Y = 100 ´虚程序
WHILE ABS(Y)＞I/1000 ´解的精度在 1/1000 以内
Y = IM * SIN(W * T + FAI - PSI) - KT * EXP(- T/CR) + I ´Y = f(t),
式(3.10)的电流值
IF Y＞0 THEN TH = T ´上限范围,(用递减函数时符号相反)
IF Y＞0 THEN TL = T ´下限范围,(用递减函数时符号相反)
T = (THH + TL)/2 ´解的范围变为 1/2
WEND

相位	=50.00°	ϕ	=−84.29°	串联电阻	=1.000Ω
ϕ/ω	=2.778ms	ϕ/ω	=−4.683ms	导通时间	=2.861ms
导通时间1	=−0.046ms	峰值时间1	=0.682ms	截止时间1	=2.815ms
导通时间2	=2.732ms	峰值时间2	=3.459ms	截止时间2	=5.593ms
峰值电压	=98.27V	最低电压	=75.82V	纹波	=22.45V
峰值电流	=5.647A	ID有效值	=2.083A	IC有效值	=1.705A
电流平均值	=1.001A	电阻损耗	=4.34W	E_m	=100.000V
$I/\omega CE_m$	=0.100	ωRC	=0.100	C	=318.3μF

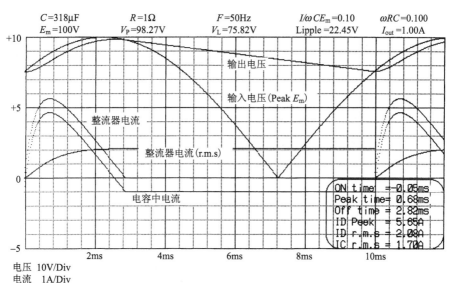

图 3.2 用 BASIC 对全波整流电路的分析

用上述简单的程序可以求解。递减函数时,只是极性判别的不等号符号变反即可,能瞬时得到结果。

电阻 R 为有限值时,也可以从 T_{OFF} 瞬间的电压值到电容放电

电压与下一个周期的输入电压的交点作一条直线,其斜率为 $-I_L/C$,求出该直线与下一个周期的正弦绝对值波形的交点,这种方法与上述 $R=0$ 时一样。这时,对于实用电容与电阻范围,重复计数次数使其精度在计算机精度允许值以内。

采用这种方法,对于超过一般实用范围较大的电容值也可以重复 11 次,因此,用 BASIC 程序也可瞬时得到结果。另外,作为开关电源的整流电路,在尺寸与质量上有问题时,它几乎没有利用的价值。然而,包括电感的整流电路,电流求解也变得非常复杂,但同样可以进行分析。这时由于条件不同,也有振荡状态时的电流解,分析变得非常难。

作为运算的关键是,电容充电前的电压初始条件与下一个周期交点的电压 V_L 相同,需要进一步采取措施使电源供给的功率与负载消耗的功率相等。串联电阻较小时,在输入电压为零时接通电源,求出下一个半周期时电容放电电压与输入电压的交点,若这时的电压作为初始条件,就能消除电源接通时过渡过程引起的误差,可以得到接近稳定状态时的结果。

在串联电阻与电容乘积较大的条件下,在一个周期内不能简单地消除从电源接通开始持续产生的过渡过程的影响。因此,用计算机程序进行分析时,需要设定消除电源接通时过渡过程的影响,实现稳定状态的初始条件。若这个初始条件设定有误,得到表面上看来似乎是正确的结果,但电流值与实际值有很大差异,串联电阻与电容的乘积越大这个误差越大。为了消除这种误差,对电源接通开始后多个周期进行重复计算,若在消除了电源接通时过渡过程的时刻进行分析,则可以求出正确值。

然而,这种方法需要很长的分析时间,因此不实用。作者也编制了自动设定得到这种稳定状态结果的初始条件,而且快速正确地求出结果的程序。采用使流经整流器的一周期电流的平均值等于输出电流值的方法决定初始条件,这样,可以在一个周期内得到完全稳定状态的结果。用这种方法得到设计需要的全部数值也比用 SPICE 软件快,而且可在非常方便的条件下得到结果。

用图形表示得到的这样结果,而进行硬拷贝的分析如图 3.2 所示。将此与同一条件下用 SPICE 软件分析的如图 3.3 所示结果进行比较,由此可知这两种结果非常一致。但是,采用程序分析方法时假定二极管电压降为零,即为理想二极管。另外,对二极管与电容的有效电流值,表示的是关于 1 个周期期间的电流有效值,因此,这与 SPICE 表示方法不同。这里表示的整流器的有效电流相当于桥式电路中流经串联电阻 R 或 R_s 的电流值,这是正、负周期的合计值,半波整流器的电流值为其 $1/\sqrt{2}$。

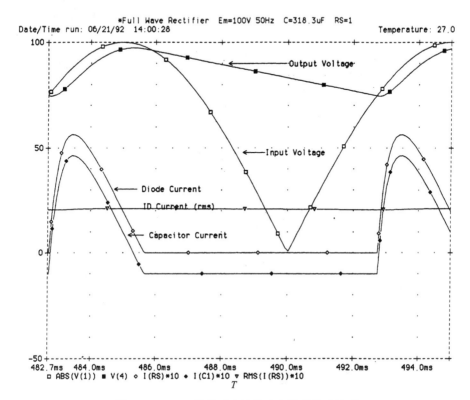

图 3.3 SPICE 软件对全波整流电路的仿真波形

在图 3.4 中,再一次用图形表示,输入电压的峰值 E_m 为 100V,整流器的负载电流 I_L 为 1A,串联电阻 R 为 1Ω 的条件下,改变电容 C,$I_L/\omega C E_m$ 的值按步进 0.01 从 0.1~0.01 变化时的计算结果。根据计算结果可知,串联电阻是 1Ω,改变滤波电容 C 的容量时,纹波电压对于 C 的变化是反比例变化,整流器的电流峰值也随电容量增大。然而,整流器的有效电流变化不大。

图 3.5(a)示出了整流器与滤波电容 C 的电流有效值。图 3.5 中,横轴为 $I_L/\omega C E_m$,同时也表示了相当于工频 50Hz 的输入电压为 100V($E_m = \sqrt{2} \times 100V$),输出电流 I_L 为 1A 时的电容量。这里,按串联电阻 R 的电流有效值相对于输出电流的比例表示整流器电流 I_D 的有效值,这个电流有效值等于输入电流,因此,半波整流器

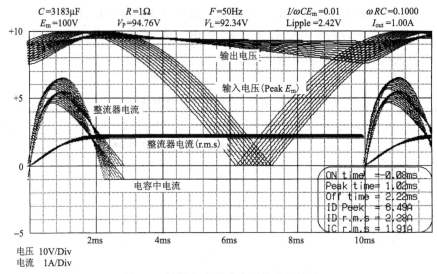

图 3.4 滤波电容量改变时的分析结果

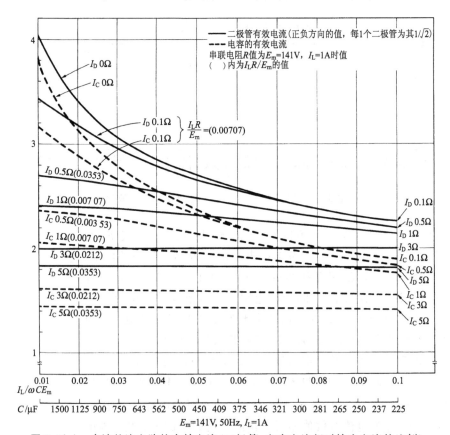

图 3.5(a) 全波整流电路的有效电流(二极管、电容电流相对输出电流的比例)

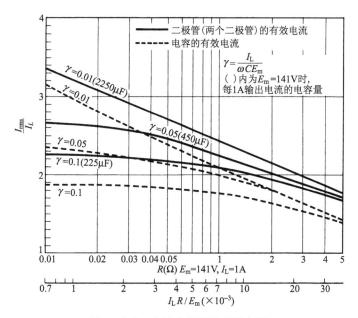

图 3.5(b) 全波整流器的有效电流

的电流值为其 $1/\sqrt{2}$。另外,图 3.5(b)也示出了对于串联电阻的有
效电流值。

由此结果可知,电容量增大时,电容电流的有效值也增大,串
联电阻越小这种倾向越大;串联电阻为零时,电容的电流有效值也
就变大,它为输出电流的 4 倍。电流有效值决定了整流器的散热
器设计、熔丝与共模扼流圈的额定电流以及滤波电容的纹波电流
的重要参数。

这里重要的是,像开关稳压电源那样,只是整流器的等效电阻
变为较低阻值情况下,串联电阻 R 时,整流器的输入电流有效值变
为直流输出电流的 2 倍以上。例如,在 E_m 为 141V,输出电流 I_L
为 1A 条件下,若串联电阻 R 等效为 3Ω,由图 3.5 可知,串联电阻
的电流有效值为 2A。因此,输出电流为 1A 时,该电阻的电流有
效值超过 2A,这就意味着,这个电阻的功率损耗达到 12W 以上。
由于串联这样的电阻值,仅串联电阻 R 的损耗就使变换效率达不
到 90%。这样,在整流电路中串联电阻时,与直流输出相比较,也
有几倍的有效电流流通,因此,其损耗也变大,需要注意这一点。

图 3.6 按整流器的峰值电流与纹波值相对串联电阻 R、整流
器的有效电流相对 $R=0$ 时输出电流、电容的电流有效值相对输出
电流的比例示出各自的参数。开关电源重视的是变换效率,因此,

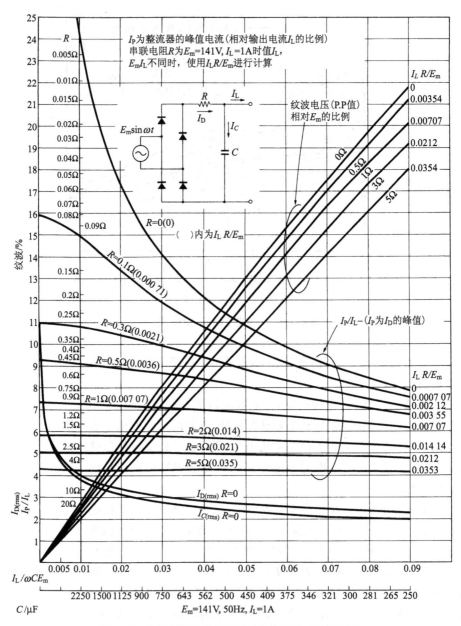

图 3.6 全波整流电路特性表(峰值电流、纹波电压)

一般不接入防止整流电路浪涌的电阻 R。因此,相当于图 3.1 中电阻 R 的串联电阻是整流器的等效串联电阻与共模扼流圈的内阻,以及防止接通电源时产生冲击电流的晶闸管的等效串联电阻等总电阻。这些等效电阻的总阻值不明的情况较多,实际装置电源时,需要测量其峰值电流与有效电流,也可以根据图 3.5 和图 3.6 推测出等效串联电阻。外接串联电阻为零时,等效串联电阻 R 只是整流器的等效串联电阻。这种等效串联电阻对电流是非线性关系,但假定为近似线性电阻,实用上也不会出问题。对于额定电流为几安培的二极管,这种等效电阻也非常低,其值为 0.1Ω 以下。这样,等效电阻较低时,不容易正确测试出这种整流器的特性。其理由是,等效电阻低时,整流器的特性受到供给交流电源的电路阻抗影响较大。

因此,为了正确测试其变换效率,需要使用阻抗极低的电源。为了使输入电压可调,需要采用滑动式自耦变压器,这时供给电源的阻抗升高,不能进行正确的测试。由于滑动式自耦变压器采用环形铁芯,因此,在很多情况下误认为其漏感小,但这种构造自耦变压器的输入与输出电压之比不同时,变压器的输入与输出所利用绕组部分的相应位置也不同,漏感随之增大。因此,采用滑动式自耦变压器将 200V 电压降到 100V 进行测试的方法,其误差最大。

作为将阻抗控制很低,电压设定为任意值,输出阻抗低,而且响应速度快的理想的实验用电源,除了使用具有高速功率放大器的输出阻抗低的精密交流稳压电源以外,别无其他方法,而且这时需要具有足够大峰值电流供给能力的交流电源。

整流电路的等效串联电阻 R 较低时,整流电路的损耗随所用的电源电路的阻抗不同而大幅度变化。电源电路的阻抗较高时,本来应是电源装置中整流器的损耗,现在这种损耗发生在外部供给电源的串联电阻上,视在效率提高了。因此,进行严格的效率与温升测试时,需要使用性能极好的交流电源。另外,接入电气联合研究会等提出的线性阻抗网络$(0.4\Omega+j0.14\Omega)$时,每 1A 输出电流的滤波电容量为 $220\mu F$ 以下,输入电流波形产生自激振荡,增加了近 11 次的高次谐波。

3.2 整流电路电压的最低值

对于开关稳压电源用的整流电路,其输出不能原样使用,因此,正如电源电路的说明书中经常记载的那样,输出电压的有效值与平均值几乎毫无意义。整流电路的理论不是用于现在这样的半导体器件等,几乎都是用于早期的整流器件,那时不想在整流器后面接稳压电路,而是原样利用其整流电压。因此,整流器输出电压的平均值具有重要意义。后来的电源说明书中也多是按照此记载有关参数,因此,按记载的原样参数不能进行正确的设计。其原因是,作为线性电源和开关稳压电源设计时的电压稳定范围,需要准确地知道在交流输入电压最低时直流电压的最低值。

为了决定开关稳压电源设计时所需要的变压器的匝比与占空比,需要按照输入电压为规格值的最低值,而且输入电压跌到最低瞬间也能得到稳定输出电压的条件设计稳压电源,还有考虑有效值与平均值低于瞬时最低值时出现问题的情况。图3.7是横轴作为 $I_L/\omega CE_m$ 表示输出电压相对串联电阻 R 的瞬时最低值。该最低值是交流输入的开关稳压电源设计时极其重要的参数。输出电压的最大值没有太大的意义,必要时可以采用由图3.7求出的最低电压值,加上由图3.6求出的纹波电压峰值的方法得到这种电

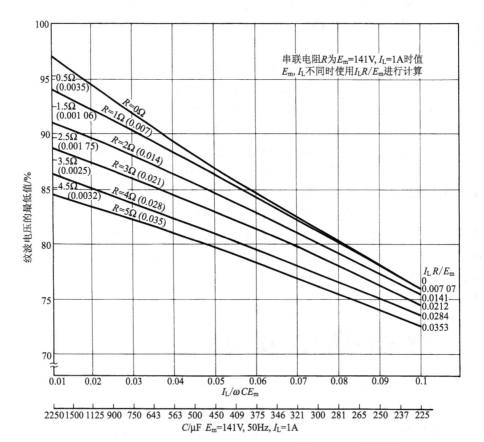

图3.7 全波整流电路的最低电压(相对于输入电压的峰值%)

压。另外,准确地求出平均值也很简单,采用在电压最低值上加上纹波电压一半的方法可以得到实用的精度。

到目前为止,说明用计算机分析的结果是忽略整流器的电压降,负载电流为恒定电流条件下得到的。对于开关稳定电源,多数是恒功率负载特性,条件也比恒流负载严格。这时,若在输入电压最低时设定负载电流值,也不会有什么问题。另外,采取从输出电压中仅减掉整流器电压降的方法,可以进一步提高稳压精度。以图 3.7 中所示值能充分与实用设计相对应,没有较难的计算,可以进行正确的设计。图 3.5~图 3.7 示出的串联电阻 R 和电容值可以直观理解为,交流输入电压为 $50\,\mathrm{Hz}/100\mathrm{V}$($E_\mathrm{m} = 141.1\mathrm{V}$),$I_\mathrm{L} = 1\mathrm{A}$ 情况下的数值。与此条件不同时,可用 $I_\mathrm{L}/\omega CE_\mathrm{m}$ 与 $I_\mathrm{L}R/E_\mathrm{m}$ 作为参数进行计算。根据该图 3.7,通过回归计算可以求出最低电压的近似表达式,即

$$V_\mathrm{L} = E_\mathrm{m}(-2.0I_\mathrm{L}/\omega CE_\mathrm{m} + 0.97)\mathrm{e}^{-0.18I_\mathrm{L}R/E_\mathrm{m}} \qquad (3.13)$$

但是,即使采用这种参数,表中结果也不能完全正规化,因此,交流输入电压大幅度偏离表中条件时,误差变大。用程序进行计算就没有这个缺点,使用任意参数也能很快得到正确结果。

3.3 平滑电路中电容量的求法

若能理解 3.1 节的说明,则由平滑电路的纹波值可以容易地求出开关稳压电源输入部分的平滑电路中所使用的电容量。对于一般的设计,该纹波电压多为交流输入电压峰值的 5%~10%,使用 100V 市电电源时,由图 3.6 可知,每 1A 输出电流,电容量为 $500\sim1000\mu\mathrm{F}$。

开关稳压电源与线性稳压电源不同,若对输入电压设计较宽的控制范围,即使输入侧整流电路的纹波电压设计较大,除了电源装置输出纹波电压的低频成分随该电压比例变大外,不会出现其他特殊问题。因此,纹波电压值不是必要条件,也许只是考虑的大致目标。

然而,进行高可靠性开关稳压电源设计时,电容允许纹波电流的裕量对电容的寿命有很大的影响,因此,设计时不仅要考虑电容量由纹波电压决定,还要考虑允许纹波电流的问题。

再有,输出电路中高频滤波器使用的电解电容,它不仅有等效容量,还包括如图 3.8 所示的串联电阻 R_S 与串联电感 L_S。其值都

随温度而变化,等效串联电阻的特性实例如图 3.9 所示。这些值多数都不能从电容规格表中简单查到。

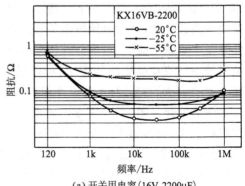

(a) 开关用电容(16V, 2200μF)

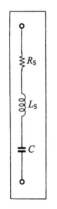

图 3.8 电解电容的等效电路

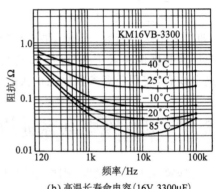

(b) 高温长寿命电容(16V, 3300μF)

图 3.9 电解电容的频率特性实例

　　因此,根据滤波器的衰减表达式计算纹波电压时,不仅需要知道电容量,还需要知道电容的寄生电阻与电感等值,这是非常重要的。现有避开这种困难而决定电容量的方便、实用的方法,即在决定电容量时,不考虑纹波电压而是由电容纹波电流允许值来决定。电容在有电流流通时,内部损耗引起电容发热。由于内部发热影响电容的寿命,因此,如图 3.10 所示那样决定电容的允许纹波电流。图 3.10 中允许纹波电流是温度为 105℃、频率为 100kHz 时值,在这种使用状态下,可以确保电容有 2000h 的寿命。因此,温度下降 10℃时,寿命倍增。若适用"温度每降 10℃,寿命增大 2 倍的原则",则温度为 65℃时,可望电容有 32 000h(约 3.7 年)的寿命。

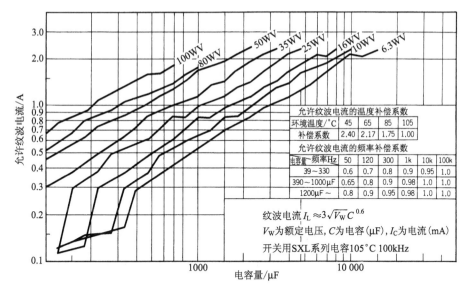

图 3.10 电解电容的允许纹波电流

═════════════ 专 栏 ═════════════

开关稳压电源的寿命由电解电容器决定

开关稳压电源的可靠性高,若除掉电解电容器,即使有偶发故障也不会有问题。然而,电解电容器由化学变化引起摩损故障,这种故障方式与其他元器件发生的偶发故障方式进行比较,是非常重要的问题。对于这种摩损故障,即使将这种元器件除掉,其寿命虽然没有改变,但经过一定时间又会出现问题。

电解电容的容量相对时间变化实例

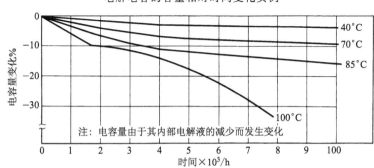

现在的电解电容器在 105℃ 情况下,一般能保证寿命为 1000~2000h(最近也出台了长寿命的电解电容器,但这不是一般情况),与其他元器件相比,其寿命非常短。

电解电容器的寿命相对温度变化称为"阿雷尼乌斯(Arrhenius)的 10℃

原则",即温度升高 10℃,寿命减半。因此,105℃ 时电解电容器的寿命为 1000h,而在 65℃ 使用时其寿命为 16 000h。

在接近常温的环境温度中使用时,或者在 80℃ 使用 1000h 改为在 105℃ 使用 1000h,"10℃ 原则"对其寿命是否适用,还有不清楚的问题,也有搞不清楚的问题。然而,电解电容器的寿命决定电源装置的寿命,这是不能改变的。电源装置的发热多,其内的电容温升较高时,像定时器那样准确决定电解电容器的寿命(参照上页图)。

市售的开关稳压电源一般工作在环境温度为 0～60℃ 等环境下,但高温时只是能工作而寿命非常短,通常不适用。为了长期使用这样的电源,一般在大幅度降额状态下使用,或需要强制风冷来降低其温度。

表 3.1 示出电解电容器的允许纹波电流与 100kHz 时阻抗值。由表 3.1 可知,允许纹波电流与阻抗乘积在 70～90mV 之间,该值几乎与电容量及耐压无关。因此,由纹波电流允许值决定电解电容允许值时,这就意味着,对于 100kHz 的纹波电压常为一定值。另外,若为了延长寿命而增大电容对纹波电流的裕量,纹波电压也按同样比例减小。

最近的电解电容性能非常好,小容量电容也能达到目的。尤其是利用 TCNQ 有机半导体电容,其允许的纹波电流大,对于很宽温度范围,其高频阻抗特性也非常好,用于开关频率高的电路中极有利。另外,这种电容是固态电容,不会发生干枯的问题,也没有必要像传统的电解电容器那样考虑寿命问题。但这种电容没有耐压高的产品,还有易发生短路故障等缺点,但作为开关稳压电源输出电路的滤波器很有利用价值。

表 3.1　开关电路用小型电解电容的纹波电流与阻抗

额定电压/V	电容量/μF	阻抗(20℃ 100kHz)/Ω	允许纹波电流(100kHz)/mA	$(Z \cdot I_R)$/mV
6.3	220	0.61	148	90.3
	330	0.40	163	65.2
	470	0.28	361	101.1
	1200	0.14	591	82.7
	2200	0.095	829	78.7
	3300	0.081	1110	89.9
	4700	0.053	1290	68.4
	10 000	0.039	2120	82.6

额定电压/V	电容量/μF	阻抗(20℃ 100kHz)/Ω	允许纹波电流 (100kHz)/mA	$(Z \cdot I_R)$/mV
16	220	0.33	295	97.4
	330	0.23	370	85.1
	470	0.18	480	86.4
	1000	0.091	844	76.8
	2200	0.063	1130	71.2
	3300	0.045	1400	63.0
	4700	0.046	1880	86.5
25	220	0.23	372	85.6
	470	0.14	605	84.7
	1000	0.71	991	70.3
	2200	0.044	1410	62.0
	4700	0.036	2330	83.8
35	220	0.18	487	87.7
	330	0.13	611	79.4
	470	0.089	856	76.2
	1000	0.071	1230	87.3
	2200	0.044	1910	84.0
	3300	0.035	2360	82.6

注:这是日本电介质电容 SXE 系列的典型实例,除表中以外电容量可细分化,额定
电压可以到 100V。

Z 为 20℃、100kHz 时的阻抗,I_R 为允许纹波电流(105℃时寿命为 2000h)。

现说明工频输入整流电路的设计,输入为工频交流电源的开关稳压电源如图 3.11 所示,平滑电容 C_1 中流经如图 3.11 所示的整流电流 i_{LF},以及直流-交流逆变器的输入电流 i_{RF} 因此,C_1 中电流为两者之和。这里,若电流低频分量和高频分量的有效值分别为 $I_{LF(RMS)}$ 和 $I_{RF(RMS)}$,则 C_1 中电流有效值 $I_{C(RMS)}$ 为:

$$I_{C(RMS)} = \sqrt{I_{LF(RMS)}^2 + I_{RF(RMS)}^2} \tag{3.14}$$

因此,流经平滑电容 C_1 的纹波电流如式(3.14)所示,它是低频分量和高频分量的合成值。这里,假定高频分量都由电容 C_1 供给,而低频分量有效值 $I_{LF(RMS)}$ 如图 3.11 所示,它只变为电容 C_1 的充电电流,这样,高频分量有效值 $I_{RF(RMS)}$ 变为逆变器输入电流的有效值。逆变器输入电流有效值 $I_{RF(RMS)}$ 如图 3.12 所示,它随逆

变器的电路方式及变压器的 1 次与 2 次的匝比，还有 2 次侧整流
电路的电感值而变化。

$$I_{C(RMS)} \approx \frac{100P_O \sqrt{5.5+\left(\frac{I_{RMS}}{I_{AVG}}\right)^2}}{\eta V_I}$$

注：$\dfrac{I_{RMS}}{I_{AVG}}$ 参阅图3.13

η 为效率%，$\dfrac{I_{Or}}{E_m}=0.01$

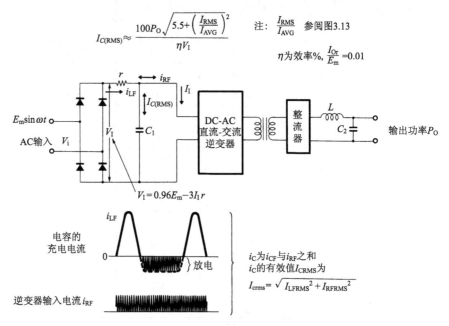

图 3.11 电解电容的纹波电流与阻抗

纹波电流的求法如下：对于图 3.13 所示波形，谷点电流为 I_V，
峰值电流为 I_P，开关晶体管导通时间为 T_{ON}，周期为 T。若 $K=
I_V/I_P$，占空比 $D=T_{ON}/T$，由于逆变器输入电流的平均值 I_{AVG} 是
输入电流波形的梯形面积在一个周期内的平均值，因此有

$$I_{AVG}=\frac{D(I_P+I_V)}{2} \tag{3.15}$$

若将图 3.13 所示电流波形的正、负各自进行平方再积分，然
后，将结果相加再进行开方，这样求出有效值 I_{RMS}，则有

$$I_{RMS}=\sqrt{\left[\frac{1}{3}(I_P^2+I_PI_V+I_V^2)-\frac{D}{4}(I_P+I_V)^2\right]} \tag{3.16}$$

将 $K=I_V/I_P$ 与式(3.15)代入式(3.16)，消去 I_P 与 I_V 并进行整理，
则有

$$\frac{I_{RMS}}{I_{AVG}}=\frac{2}{(1+K)\sqrt{D}}\sqrt{\frac{K^2+K+1}{3}-\frac{D(K+1)^2}{4}} \tag{3.17}$$

根据式(3.17)，将占空比 D 作为参数，求出 I_{RMS}/I_{AVG} 相对 K
的结果如图 3.13 所示。图 3.13 示出了在恒定输出功率状态下，

电路方式	电路简化图	电容的电流波形 输入侧	电容的电流波形 输出侧	适用于图3.13的电路 $K=\dfrac{I_V}{I_P}$	输出电容 C_O 的纹波有效电流
(a) 降压型			$\Delta I_L=\dfrac{V_I-V_O}{L}T_{ON}$	$\dfrac{I_O-\dfrac{V_I-V_O}{2L}T_{ON}}{I_O+\dfrac{V_I-V_O}{2L}T_{ON}}$	$\dfrac{1}{2\sqrt{3}L}(V_I-V_O)T_{ON}$
(b) 升压型			$\Delta I_L=\dfrac{V_I}{L}T_{ON}$	$\dfrac{I_O-\dfrac{V_I}{2L}T_{ON}}{I_O+\dfrac{V_I}{2L}T_{ON}}$	$\dfrac{1\,V_I T_{ON}^2}{2\sqrt{3}L(T_{ON}+T_{OFF})}$
(c) 反转型			$\Delta I_L=\dfrac{V_O}{L}T_{OFF}$	$\dfrac{I_O-\dfrac{V_I}{2L}T_{ON}}{I_O+\dfrac{V_I}{2L}T_{ON}}$	$\dfrac{V_I T_{ON}}{2\sqrt{3}L}$
(d) 正激式			$\Delta I_L=\dfrac{1}{L}\left(\dfrac{n_s}{n_p}V_I-V_O\right)T_{ON}$	$\dfrac{I_O-\dfrac{1}{2L}\left(\dfrac{n_s}{n_p}V_I-V_O\right)T_{ON}}{I_O+\dfrac{1}{2L}\left(\dfrac{n_s}{n_p}V_I-V_O\right)T_{ON}}$	$\dfrac{1}{2\sqrt{3}L}\left(\dfrac{n_s}{n_p}V_I-V_O\right)T_{ON}$
(e) 回扫式			$\Delta I_L=\dfrac{n_s}{n_p}\dfrac{V_I}{L_s}T_{ON}=\dfrac{V_O}{L_s}T_{OFF}$	0（断续方式）	$\dfrac{n_s^2 V_I T_{ON}^2}{2\sqrt{3}L_p n_p(T_{ON}+T_{OFF})}$
(f) 中心抽头方式			$\Delta I_L=\dfrac{1}{L}\left(\dfrac{n_s}{n_p}V_I-V_O\right)T_{ON}$	$\dfrac{I_O-\dfrac{1}{2L}\left(\dfrac{n_s}{n_p}V_I-V_O\right)T_{ON}}{I_O+\dfrac{1}{2L}\left(\dfrac{n_s}{n_p}V_I-V_O\right)T_{ON}}$	$\dfrac{1}{2\sqrt{3}L}\left(\dfrac{n_s}{n_p}V_I-V_O\right)T_{ON}$
(g) 半桥式			$\Delta I_L=\dfrac{1}{L}\left(\dfrac{n_s}{n_p}V_I-V_O\right)T_{ON}$	$\dfrac{I_O-\dfrac{1}{2L}\left(\dfrac{n_s}{2n_p}V_I-V_O\right)T_{ON}}{I_O+\dfrac{1}{2L}\left(\dfrac{n_s}{n_p}V_I-V_O\right)T_{ON}}$	$\dfrac{1}{2\sqrt{3}L}\left(\dfrac{n_s}{2n_p}V_I-V_O\right)T_{ON}$
(h) 全桥式			$\Delta I_L=\dfrac{1}{L}\left(\dfrac{n_s}{n_p}V_I-V_O\right)T_{ON}$	$\dfrac{I_O-\dfrac{1}{2L}\left(\dfrac{n_s}{n_p}V_I-V_O\right)T_{ON}}{I_O+\dfrac{1}{2L}\left(\dfrac{n_s}{n_p}V_I-V_O\right)T_{ON}}$	$\dfrac{1}{2\sqrt{3}L}\left(\dfrac{n_s}{n_p}V_I-V_O\right)T_{ON}$

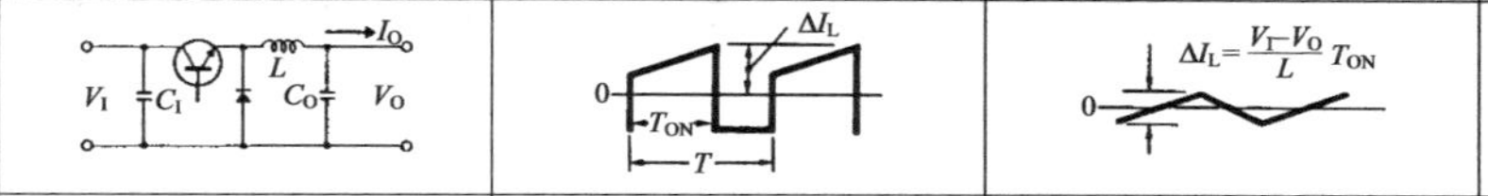

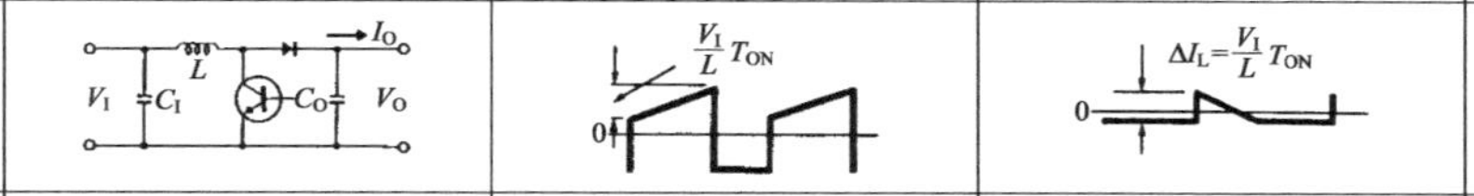

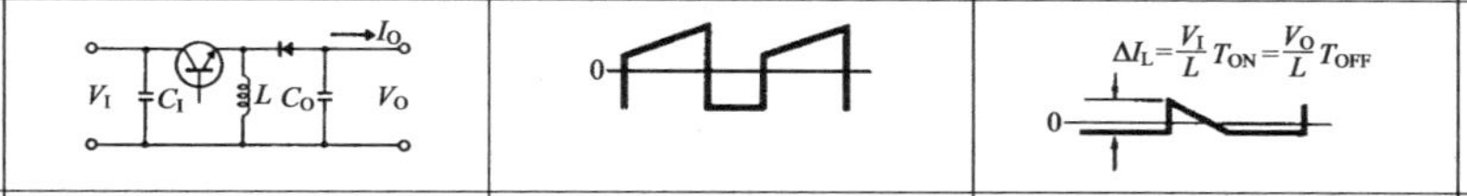

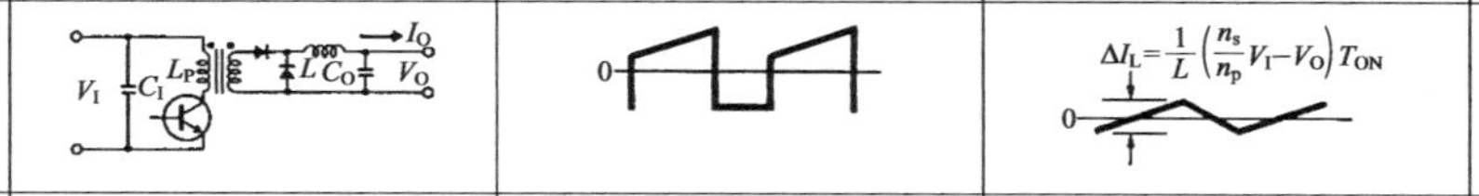

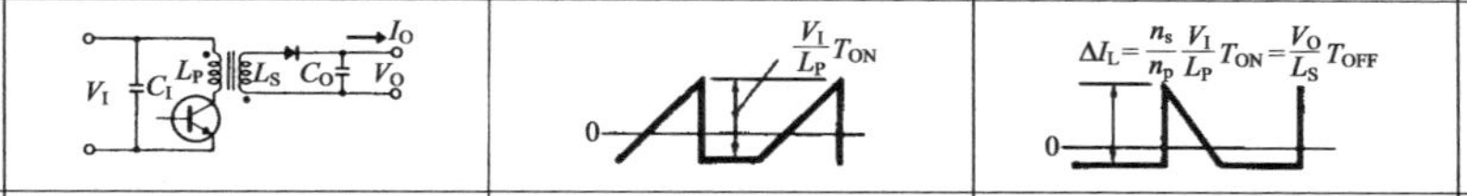

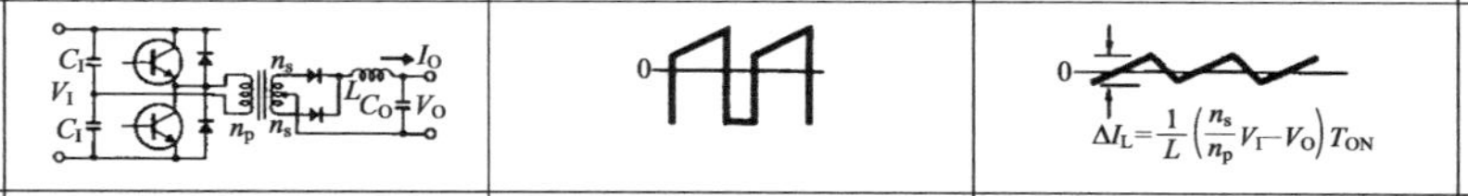

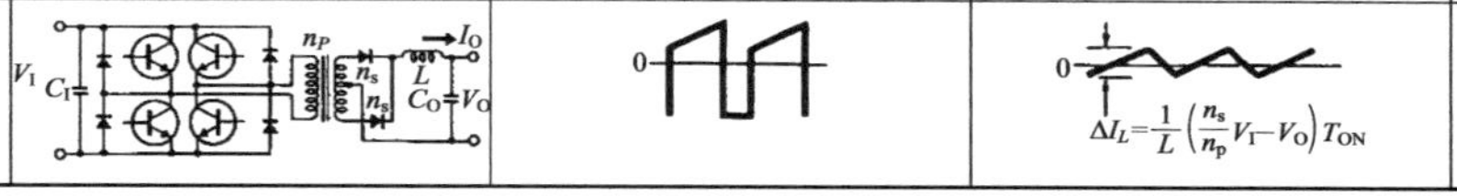

图 3.12 不同逆变电路方式的输入输出电容的纹波电流

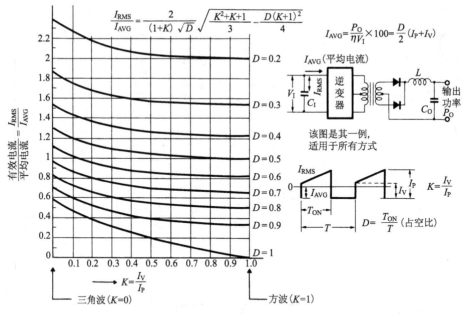

图 3.13 电容的有效电流相对逆变器输入的平均电流

改变占空比 D 与 I_V/I_P 时，输入电容 C_1 的纹波电流有效值 I_{RMS} 的变化情况。

图 3.13 还示出在同样输出功率场合，减小占空比 D 时，输入电容的电流有效值急剧变大的情况。另外，$I_V/I_P = K$ 减小时，纹波电流有效值也增大。例如，$D=0.5$ 情况下，$K=1$ 与 $K=0$ 时，I_{RMS} 的值约有 1.3 倍的变化。图 3.14 示出了 K 与 D 为特殊场合的实例。

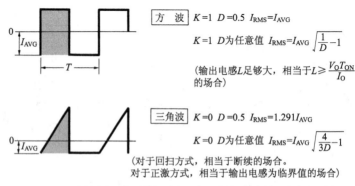

图 3.14 逆变器输入平均电流 I_{AVG} 与电容有效电流 I_{RMS} 的特殊实例

　　这里示出的纹波电流是在输入电源的交流阻抗非常高、逆变器的纹波电流都由输入电容 C_1 供给的条件下作的说明。一般的开关电源适合以下条件,即输入侧不产生开关噪声,较多场合是输入电路接入高频滤波器,再有,整流器为电容输入型,整流器的导通时间短,从电源直接流入的高频电流分量的概率小。

　　如图 3.12 所示那样,逆变器的输入电容分担整流电路的纹波电流与逆变器的高频电流时,电容的充电电流变为低频电流,放电电流变为高频电流,情况变得很复杂。这时,若输出功率为 P_O,变换效率为 $\eta(\%)$,交流输入电压的峰值为 E_m,整流后的直流电压为 V_I,逆变器的输入电流为 I_I,包括整流器整流电路的等效串联电阻为 r,则可以采用式(3.18)求出纹波电流有效值 $I_{C(RMS)}$ 的近似值。式(3.18)是以由图 3.12 得到的数据为基础,采用回归计算方式,在一般应用范围内,它是近似计算式。另外,I_{RMS}/I_{AVG} 采用图3.13中值。

$$I_{C(RMS)}=\frac{100P_O}{\eta V_I}\sqrt{\left(\frac{I_I r}{E_m}\right)^{-0.338}-1+\left(\frac{I_{RMS}}{I_{AVG}}\right)^2}\qquad(3.18)$$

　　式(3.18)为近似式,可用于 $I_L/\omega CE_m$ 足够小的场合。为了求出准确的值,可由图 3.15 求出电容纹波电流有效值 $I_{C(RMS)}$ 与电流 I_L 的比值,即 $I_{IC(RMS)}/I_L$,若 $I_L=I_{AVG}$,$I_{C(RMS)}=I_{CLF(RMS)}$,流经逆变器高频分量的纹波电流为 $I_{CRF(RMS)}$,则电容需要的允许电流 I_{CC} 可

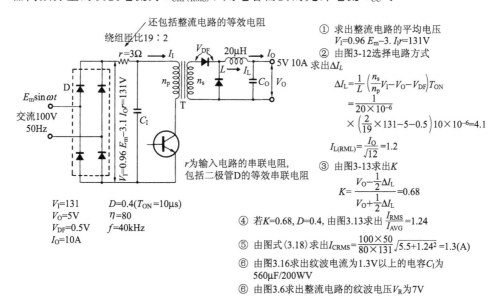

图 3.15 整流电路的纹波电流与纹波电压计算实例

由式(3.19)进行计算,于是有

$$I_{CC} = \frac{100 P_O}{\eta V_I I_{AVG}} \sqrt{\left(\frac{I_{CLF(RMS)}}{K_{120}}\right)^2 + \left(\frac{I_{CRF(RMS)}}{K_{RF}}\right)^2} \qquad (3.19)$$

式中,K_{120} 和 K_{RF} 是对电容纹波电流的频率补偿系数,分别表示 120Hz 和高频时补偿系数。

电解电容能允许的电流随电容电流的频率分量不同而异,频率分量越高,纹波电流允许值越大,如图 3.16 所示。

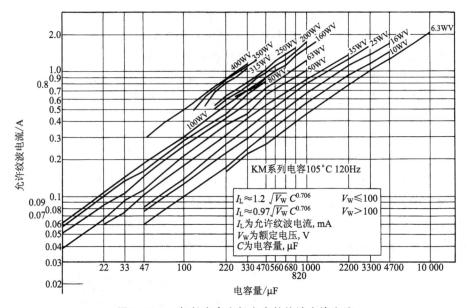

图 3.16 一般长寿命电解电容的纹波允许电流

考虑到频率补偿系数而需要严格求出电容的允许电流时,将整流电路中平滑电容的电流进行傅里叶展开(串联电阻较小时,瞬时上升到峰值电流,用按直线衰减的三角波可以进行近似),计算各频率的其他分量比,其平方值乘以补偿系数,再采用相加的方法,将结果用于式(3.19)的方法也可以得到准确的结果(实际上没有多大意义,式(3.19)的计算结果就足够准确了)。

对于一般整流电路的设计,整流电路中平滑电容量可以根据必要的纹波电压进行计算。然而,对于开关稳压电源,由纹波电流决定的电容量也比由纹波电压决定的可靠性高。根据图 3.7 很容易得到由电容量 C 求出纹波电压的方法。再有,通过计算求出纹波电压近似值的方法如下:若纹波电压的峰-峰值为 V_R,交流输入

电压的峰值为 E_m，频率为 $f(Hz)$，$\omega=2\pi f$，整流电路的输出电流为 $I(A)$，电容量为 $C(F)$，串联电阻（含整流器的等效串联电阻）为 $R(\Omega)$，整流器的直流输出电流为 $I_L(A)$，则通过计算机求出的如图 3.6 所示结果，在实用范围内回归计算方法的近似式为

$$V_R=209E_m(I/\omega CE_m)^{0.932}e^{-0.046I_LR/E_m} \qquad (3.20)$$

对 E_m 进行整理，则有

$$V_R=209E_m^{0.068}(I/\omega C)^{0.932}e^{-0.0461I_LR/E_m} \qquad (3.21)$$

在实用范围内也可以用函数计算器进行计算。

3.4　输入滤波电容的实用设计方法

正如 3.1 节说明的那样，输入滤波电容的实用设计方法是电容量不能根据纹波电压来确定，而是由电容的允许纹波电流求出电容量，这样可以进行精确的设计。

这里，作为具体实例，说明图 3.15 所示正激式开关稳压电源中，输入电容 C_1 容量的求法。设计的条件如下：

输入电压 V_I：交流 100V，频率 50Hz（$E_m=141V$）

输入串联电阻 R_I：0.5Ω（滤波器与熔丝等的串联电阻）

输出电压 V_O 与电流 I_O：5V，10A

输出电感 L：20μH

变压器匝比 n_p/n_s：19/2

开关频率 f：40kHz

占空比 D：0.4（$T_{ON}=10\mu s$）

逆变器效率 η：80%

2 次侧整流器的电压降 V_{DF}：0.5V

输入电路的等效串联电阻 r：3Ω（整流器的等效电阻与 R_I 之和）

计算方法顺序如下：

（1）先求出通过整流电路中电容的纹波电流有效值。若输出功率为 50W，变换效率为 80%，则整流电路的平均输出功率为 50W/0.8，即为 62.5W。由于这时刻不能确定滤波电容量，因此，不能由图 3.7 正确地求出整流器输出电压的平均值，但等效串联电阻为 3Ω 时，I_LR/E_m 为 0.011，因此，参考图 3.7 中整流电压的最低值与图 3.6 的纹波电压，假设整流器输出电压的平均值约为输入电压峰值的 85%，即为 120V。根据这个假定，整流器的直流

输出电流为 62.5/130,即约为 0.48A。若滤波电容为 C,则在 $I_L/\omega C E_m$ 为 0.03～0.06(这是考虑了纹波与成本等的一般值)的条件下,根据图 3.5(a)或(b)可求出电容的电流有效值,它约是整流器输出直流电流的 2.1 倍,即 1A。若该值为 $I_{CLF(RMS)}$,则有

$$I_{CLF(RMS)}=1A$$

(2) 求出 2 次侧电感的电流变化量 ΔI_L。若将图 3.12(d)的输出电压 V_O 减去二极管的电压降 V_{DF},则有

$$\Delta I_L=\frac{1}{L}\left(\frac{n_s}{n_p}V_I-V_O-V_{DF}\right)T_{ON} \tag{3.22}$$

式(3.22)与图 1.8 中将 V_I 变为 n_s/n_p 倍时是等效的。

$$\Delta I_L=\frac{1}{20\times10^{-6}}\times\left(\frac{2}{19}\times110-5-0.5\right)\times10\times10^{-6}$$

$$\tag{3.23}$$

$$=3(A) \tag{3.24}$$

(3) 由于通过扼流圈 L(输出侧电感)的电流峰值 I_P 为输出电流 $I_O+(\Delta I_L/2)$,谷点电流 I_V 为 $I_O-(\Delta I_L/2)$,因此,其比值 K 为:

$$K=\frac{I_V}{I_P}=\frac{I_O-\Delta I_L/2}{I_O+\Delta I_L/2} \tag{3.25}$$

$$=\frac{10-1.5}{10+1.5}=0.74 \tag{3.26}$$

(4) 根据图 3.13 或式(3.17),当 $K=0.74,D=0.4$ 时,求出逆变器输入电流有效值 I_{RMS} 与平均电流 I_{AVG} 之比为:

$$\frac{I_{RMS}}{I_{AVG}}=1.24 \tag{3.27}$$

因此,若 $I_{AVG}=0.48A$,则由式(3.27)求出滤波电容的高频电流分量有效值 $I_{CRF(RMS)}$ 为

$$I_{CRF(RMS)}=1.24\times0.48=0.6(A) \tag{3.28}$$

(5) 整流电路中电容的电流低频分量有效值为 $I_{CLF(RMS)}$,将式(3.19)进行改写,若低频时电容允许纹波补偿系数与高频时系数各自为 K_{120} 和 K_{RF},则有

$$I_{CC}=\sqrt{\left(\frac{I_{CLF(RMS)}}{K_{120}}\right)^2+\left(\frac{I_{CRF(RMS)}}{K_{RF}}\right)^2} \tag{3.29}$$

这里,电容允许纹波补偿系数 $K_{120}=1,K_{RF}=1.4$,若整流电路中电容有效电流 $I_{CLF(RMS)}$ 为 1A,$I_{CRF(RMS)}$ 为 0.6A,根据式(3.29),则有

$$I_{CC}=\sqrt{1^2+(0.6/1.4)^2} \tag{3.30}$$

$$=1.18(A) \tag{3.31}$$

(6) 由图 3.16 选择电容量。由图 3.16 可知,纹波电流 1.18A 以上的电容 C_1 为 $560\mu F/200WV$。实际电路中采用 $470\mu F$ ($870mA$) 和 $560\mu F$ ($310mA$) 电容并联使用,即为 $560\mu F$ ($1.18A$) 电容。这里,( )内表示允许的纹波电流。

(7) 由图 3.6 求出纹波电压。输出电流 I_L 为:

$$I_L = \frac{P_O}{\eta V_{\text{IAVG}}} \tag{3.32}$$

若输出功率 $P_O = 50W$,变换效率 $\eta = 80\%$,直流平均电压 $V_{\text{IAVG}} = 130V$,则有

$$\frac{I_L}{\omega C E_m} = \frac{50/(0.8 \times 130)}{2 \times 3.14 \times 50 \times 570 \times 10^{-6} \times 141} \tag{3.33}$$

$$= 0.019 \tag{3.34}$$

$$\frac{I_L R}{E_m} = \frac{0.48 \times 3}{141} = 0.01 \tag{3.35}$$

在这种条件下,若由图 3.6 求出纹波电压(p-p 值),由于其值为 E_m 的 5%,则纹波电压为 7V(p-p 值)。

另外,输出电容的纹波电流等于式(3.22)中 ΔI_L,若将该值变换为有效值 $I_{\text{O(RMS)}}$,则有

$$I_{\text{O(RMS)}} = \frac{\Delta I_L}{\sqrt{12}} = \frac{4.1}{3.46} = 1.2(A) \tag{3.36}$$

因此,求出输出电容的纹波电流有效值为 1.2A,由图 3.10 求出适合该纹波电流的电容为 $4700\mu F/6.3V$。

由表 3.1 可知,这个电容阻抗对于 100kHz 频率为 0.053Ω。根据图 3.9 推断,40kHz 时阻抗也可以与 100kHz 时一样考虑,因此,纹波电压约为 60mV。不在纹波电压与纹波电流允许值范围内,负载急剧变化时,输出电容量也由过渡过程响应特性决定,有关这种特性请参照第 1 章中图 1.7。

现在看一下设计的结果,但在决定平滑电容量之前,假定输出电压的平均值为 130V。有必要再确认一下这种假定是否正确。由式(3.33)得到 $I_L/\omega C E_m$ 为 0.019,由式(3.35)得到 $I_L R/E_m$ 为 0.01,因此,由图 3.7 得到输出电压的最低值为 128V,这时,由于纹波电压的峰-峰(p-p)值为 7V,平均值约为其值的一半,即为 3.5V,因此,该纹波电压的平均值加上输出电压的最低值,即为 128V+3.5V=131.5V,由此可以确认输出电压的平均值约 130V 的假定是正确的。若与假定不同时,有必要对求得的电容量再进

行计算。

3.5 高频变压器的最佳设计

在设计高频变压器时,必须满足下列几个条件:

(1) 变压器 1 次与 2 次绕组的变比应满足要求的数值,即输入电压最低时,也能得到所需要的输出电压。

(2) 当输入电压最高,占空比又最大时,磁芯应不饱和。

(3) 当输出功率最大时,变压器温升在允许的范围以内。

(4) 对于正向激励电路,变压器 1 次绕组的电感与开关元件的电容进行谐振时,在谐振频率高于开关工作频率的范围内,其电感值应足够大;对于回扫电路,应是获得需要功率时的电感值。

(5) 1 次与 2 次绕组的损耗应相等,铜损与铁损也应相等,损耗应足够低。

(6) 1 次与 2 次绕组之间的漏感应尽量小。

(7) 应符合必要的安全规格。

为满足(1)条件,若变压器 1 次与 2 次绕组的匝数分别为 N_P 和 N_S,最低输入电压为 V_{IL},输出电压为 V_O,整流器的电压降为 V_{DF},占空比 $[T_{ON}/(T_{ON}+T_{OFF})]$ 的最大值为 D_{max}。对于正向激励电路,匝比为:

$$\frac{N_S}{N_P} > \frac{V_O + V_{DF}}{V_{IL} \cdot D_{max}} \tag{3.37}$$

对于半桥电路,匝比为:

$$\frac{N_S}{N_P} > \frac{2(V_O + V_{DF})}{V_{IL} \cdot D_{max}} \tag{3.38}$$

另外,若开关晶体管的导通与截止时间分别为 T_{ON} 和 T_{OFF},对于回扫电路,匝比为:

$$\frac{N_S}{N_P} > \frac{V_O + V_{DF}}{V_{IL}} \cdot \frac{T_{OFF}}{T_{ON}} \tag{3.39}$$

这里要注意的是,正向激励电路与回扫电路的匝比不同。例如,T_{ON} 与 T_{OFF} 相等,占空比 $D = T_{ON}/(T_{ON}+T_{OFF})$ 为 0.5 时,式 (3.37) 的匝比变为式 (3.39) 的 2 倍。因此,回扫电路的绕组匝数为正向电路的 1/2。

为满足(2)条件,若输入电压(方波)的峰值为 V_I,式 (2.13) 在 $0 \sim T_{ON}$ 期间积分,则这期间磁通密度如图 3.17(a) 所示,在 $-B_m \sim +B_m$ 之间变化为 $2B_m$,则有

$$\frac{V_I T_{ON}}{n} = 2SB_m \tag{3.40}$$

因此,有

$$n = \frac{V_I T_{ON}}{2SB_m} \tag{3.41}$$

若磁芯截面积为 $S(\text{mm}^2)$,变换为实用单位,则有

$$n = \frac{V_I T_{ON}}{2SB_m} \times 10^9 \tag{3.42}$$

式(3.42)也适用于中心抽头与桥式电路。对于单管电路,若图 3.17(b)所示的磁通最大值为 B_m,剩磁通密度为 B_r,对应式(2.13)的表达式变为:

$$\frac{1}{n} \int_0^{T_{ON}} V_I dt = S(B_m - B) \tag{3.43}$$

$$\frac{V_I T_{ON}}{n} = S(B_m - B_r) \tag{3.44}$$

因此,若磁通密度变化量为 $\Delta B = B_m - B_r (\text{mT})$,磁芯截面积为 $S(\text{mm}^2)$,将其变换为实用单位,则有

$$n = \frac{V_I T_{ON}}{S \Delta B} \times 10^9 \tag{3.45}$$

因此,变压器不饱和的条件如下:若输入电压、占空比和开关晶体管的导通时间各自为 $V_{I(max)}$,D_{max} 和 $T_{ON(max)}$,非饱和使用时最大磁通密度为 B_m,对于多管电路,加之式(3.42)中的单位变换,则有

$$n \geqslant \frac{V_{I(max)} T_{ON(max)}}{2S \Delta B_m} \times 10^9 \tag{3.46}$$

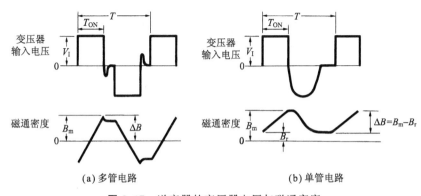

图 3.17 逆变器的变压器电压与磁通密度

对于单管电路,若最大磁通密度变化量为 ΔB_m,由式(3.45)得到需要的条件为:

$$n \geqslant \frac{V_{\text{I(max)}} T_{\text{ON(max)}}}{S \Delta B_\text{m}} \times 10^9 \qquad (3.47)$$

例如,若磁芯材料采用 TDK 的 PC30,则 $B\text{-}H$ 特性曲线如图 3.18 所示。另外,图 3.19 是 B_m 相对于 ΔB 的特性。由两者的特性可知,ΔB_m 使用到 300mT,磁芯也不会饱和(若温度降低,剩磁通密度等效增大,对于单管电路,B_m 也升高,这时也要防止超过饱和点)。因此,式(3.46)中 ΔB_m 变为 350mT,式(3.47)中 ΔB_m 变为 300mT。

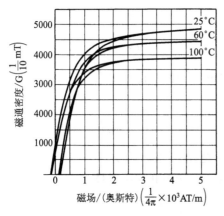

图 3.18 PC30 材料的 $B\text{-}H$ 特性

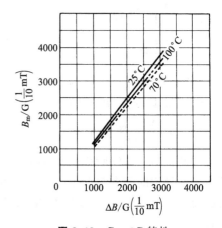

图 3.19 $B_\text{m}\text{-}\Delta B$ 特性

为满足(3)和(5)的条件,变压器的损耗与热阻之积所决定的温升必须低于规定的温升。

变压器损耗是绕组电阻引起的铜损与磁芯引起的铁损之和,图 3.20 示出 PC30 材料 PQ32/30 的铜损与铁损。由图 3.20 可知,铜损与铁损之和是总损耗,即使假设铜损等于铁损,实用上也不会出现问题。高频或高压用变压器,由于绕组间存在电容,会产生介质损耗,但这是特例,这里可以忽略不计。

若铜线的电阻率为 $\rho(\Omega \cdot \text{mm})$,1 次绕组匝数为 N_P,磁芯全部绕组的截面积为 $A_\text{CW}(\text{mm}^2)$,1 次绕组的占有率为 K_O,则每 1 匝的截面积为 $A_\text{CW} K_\text{O}/N_\text{P}$。因此,若平均绕组长度为 l,则每一匝绕组电阻的平均值为 $\rho N_\text{P}/A_\text{CW} K_\text{O}$,1 次绕组 N_P 匝的直流电阻 R_PDC 为:

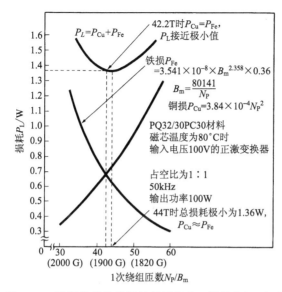

图 3.20 铁氧体磁芯的损耗实例(PC30 材料 PQ32/30)

$$R_{\mathrm{PDC}}=\frac{\sigma N_{\mathrm{P}}{}^2 l}{A_{\mathrm{cw}}K_{\mathrm{O}}} \tag{3.48}$$

当绕组中通过高频开关电流时,在绕组表面流经较多电流引起的集肤效应,使电阻增大。相对于直流来说高频电阻增加为 $R_{\mathrm{AC}}/R_{\mathrm{DC}}$,将其代入式(3.48),则高频时绕组电阻 R_{P}(1 次 N_{P} 匝绕组的高频电阻)为(图 3.21):

$$R_{\mathrm{P}}=\frac{\sigma N_{\mathrm{P}}{}^2 l}{A_{\mathrm{cw}}K_{\mathrm{O}}} \cdot \frac{R_{\mathrm{AC}}}{R_{\mathrm{DC}}} \tag{3.49}$$

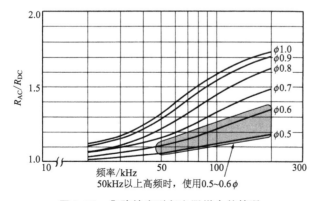

图 3.21 集肤效应引起电阻增大的情况

因此,若 1 次绕组的电流有效值为 $I_{P(RMS)}$,则 1 次绕组的损耗 P_{LP} 为:

$$P_{LP} = I_{P(RMS)}^2 R_P \qquad (3.50)$$

这里,若 1 次绕组与 2 次绕组的功率损耗相等,则绕组总损耗 P_{Cu} 是 1 次绕组的 2 倍,即为:

$$P_{Cu} = 2 I_{P(RMS)}^2 R_P \qquad (3.51)$$

将式(3.49)代入式(3.51),则有

$$P_{Cu} = \frac{2 I_{P(RMS)}^2 \sigma N_P^2 l}{A_{cw} K_O} \cdot \frac{R_{AC}}{R_{DC}} \qquad (3.52)$$

若变压器 1 次绕组的电流是占空比为 D 的方波,其电流峰值为 I_P,则有效值 I_{RMS} 为:

$$I_{RMS} = I_P \sqrt{D} \qquad (3.53)$$

$$I_P = \frac{I_{RMS}}{\sqrt{D}} \qquad (3.54)$$

另外,若输入电压为 V_I,平均输入电流为 I_{AV},则直流-直流变换器消耗的直流功率 P 为 $P = V_I I_{AV}$,此功率包括输出功率和整流器压降引起损耗等功率,若忽略开关损耗,就等于变压器的传递功率 P_T,即有

$$P_T = V_I I_{AV} \qquad (3.55)$$

这时,由于 $I_{AV} = I_P D$,因此有

$$P_T = V_I I_P D \qquad (3.56)$$

若将式(3.54)中的 I_P 代入式(3.56),求得 P_T 为:

$$P_T = V_I I_{RMS} \sqrt{D} \qquad (3.57)$$

根据式(3.51),则有

$$I_{RMS} = \sqrt{\frac{P_{Cu}}{2R_P}} \qquad (3.58)$$

若将 I_{RMS} 代入式(3.57),并进行整理,则有

$$P_T = V_I \sqrt{\frac{P_{Cu} D}{2R_P}} \qquad (3.59)$$

根据式(3.45)设 $n = N_P$,若将求得 V_1 并代入式(3.59)中,则有

$$P_T = \frac{N_P S \Delta B \times 10^{-9}}{T_{ON}} \sqrt{\frac{P_{Cu} D}{2R_P}} \qquad (3.60)$$

若 1 次绕组的每 1 匝电阻为 R_{1T},由式(3.48)可知,R_P 与绕阻匝数的平方成比例,则有

$$R_P = R_{1T} N_P^2 \qquad (3.61)$$

将式(3.61)代入式(3.60)并消去 N_P，则有

$$P_T = \frac{S \Delta B \times 10^{-9}}{T_{ON}} \sqrt{\frac{P_{Cu} D}{2R_{1T}}} \qquad (3.62)$$

若开关频率为 F，根据 $F = 1/(T_{ON} + T_{OFF})$，$D = T_{ON}/(T_{ON} + T_{OFF})$ 求出 T_{ON}，并代入式(3.62)，则有

$$P_T = FS \Delta B \times 10^{-9} \sqrt{\frac{P_{Cu}}{2DR_{1T}}} \qquad (3.63)$$

变压器过热点的允许温升为 ΔT，这时，若变压器的热阻为 R_{TH}，总损耗为 P_L，铜损为 P_{Cu}，铁损为 P_{Fe}，则有

$$\Delta T = R_{TH}(P_{Cu} + P_{Fe}) \qquad (3.64)$$

$$P_{Cu} = P_L - P_{Fe} \qquad (3.65)$$

$$P_{Cu} = (\Delta T/R_{TH}) - P_{Fe} \qquad (3.66)$$

$$P_T = FS \Delta B \times 10^{-9} \sqrt{\frac{(\Delta T/R_{TH}) - P_{Fe}}{2DR_{1T}}} \qquad (3.67)$$

若作为变压器损耗最低的条件为 $P_{Cu} = P_{Fe}$，则有

$$P_{Fe} = \Delta T/(2R_{TH}) \qquad (3.68)$$

若将式(3.68)代入式(3.67)中，则有

$$P_T = FS \Delta B \times 10^{-9} \sqrt{\frac{\Delta T}{2DR_{1T}R_{TH}}} \qquad (3.69)$$

由式(3.49)中 $N_P = 1$，求得的 R_{1T} 代入式(3.69)，则有

$$P_T = FS \Delta B \times 10^{-9} \sqrt{\frac{\Delta T A_{CW} K_O}{4R_{TH} D \rho_l} \cdot \frac{R_{AC}}{R_{DC}}} \qquad (3.70)$$

这时，若 1 次绕组匝数为 N_P，则 1 次绕组的线径 R_{WIND} 为：

$$R_{WIND} = \frac{K_O A_{CW}}{N_P} \qquad (3.71)$$

式(3.70)中，ΔB 表示铁损 P_{Fe} 等于铜损 P_{Cu} 时磁通密度的变化。P_{Fe} 为：

$$P_{Fe} = K_{FC} K B_m^n \qquad (3.72)$$

这里，对于 PC 磁芯，幂系数 n 值为 2～2.5，最大磁通密度 B_m 值也同时增大。K 为比例系数，变压器上加的电压为桥式那样正、负对称电压时，K_{FC} 为 1，但对于单管逆变器电路，磁通变化为单方向，仍有剩磁通，因此，磁通变化比双管电路减少 0.3～0.4（图 3.24）。这些系数与磁芯的材料及形状、温度、频率等因素有关，变化较复杂，可根据图 3.22 所示曲线求得。高频变压器最佳设计的关键是要理解这些损耗特性，由式(3.72)准确求得其损耗。对于正向激

励电路,根据损耗求出最大磁通密度 B_m,再由图 3.19 求出 ΔB,然后代入式(3.70)求出 P_T。

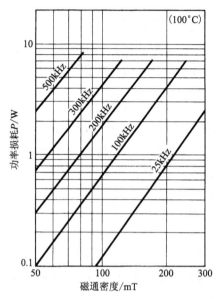

图 3.22 PC30 材料 PQ32/30 的功率损耗-磁通密度特性(典型实例)

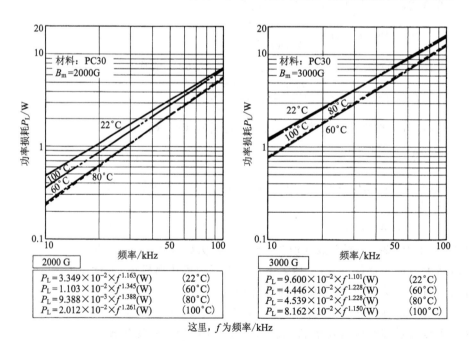

2000 G	
$P_L = 3.349 \times 10^{-2} \times f^{1.163}$(W)	(22°C)
$P_L = 1.103 \times 10^{-2} \times f^{1.345}$(W)	(60°C)
$P_L = 9.388 \times 10^{-3} \times f^{1.388}$(W)	(80°C)
$P_L = 2.012 \times 10^{-2} \times f^{1.261}$(W)	(100°C)

3000 G	
$P_L = 9.600 \times 10^{-2} \times f^{1.101}$(W)	(22°C)
$P_L = 4.446 \times 10^{-2} \times f^{1.228}$(W)	(60°C)
$P_L = 4.539 \times 10^{-2} \times f^{1.228}$(W)	(80°C)
$P_L = 8.162 \times 10^{-2} \times f^{1.150}$(W)	(100°C)

这里,f 为频率/kHz

图 3.23 频率-损耗特性(PC30 材料 PQ32/30)

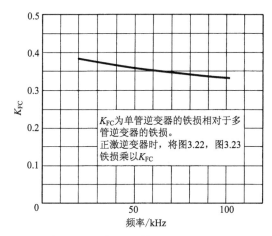

图 3.24 正向激励变换器的损耗系数(PC30 材料 PQ 磁芯的 K_{FC} 常数)

式(3.70)和式(3.71)经常使用的符号归纳如下：

P_T——变压器的最大传递功率，W；

F——开关工作频率，Hz；

ΔB——磁通密度变化量(损耗等于铜损时值)，mT；

ΔT——变压器过热点的温升，℃；

R_{TH}——变压器热阻，℃/W；

D——占空比$[T_{ON}/(T_{ON}+T_{OFF})]$；

l——绕组平均长度(每1匝)，mm；

A_{CW}——可以绕线的窗口面积，mm²；

K_O——1次绕组占有率(2次绕组也相等)；

ρ——铜电阻率，80℃时为 $2.13\times10^{-5}\,\Omega\cdot mm$，90℃时为 $2.19\times10^{-5}\,\Omega\cdot mm$，100℃时为 $2.26\times10^{-5}\,\Omega\cdot mm$；

R_{AC}/R_{DC}——集肤效应引起电阻增大的补偿系数，50kHz $\phi0.6$ 时为 1.15，100kHz $\phi0.5$ 时为 1.15，200kHz $\phi0.5$ 时为 1.84；

R_{WIND}——1次绕组线径，mm；

N_P——1次绕组匝数。

为了减小上述条件(6)中变压器漏感，可降低开关晶体管截止时加在变压器上的电压，这也降低了开关损耗。减小漏感的绕线方法是要使1次与2次绕组位置尽可能地相同卷绕，其方法实例如图3.25所示的分层卷绕，即1次与2次绕组交替卷绕。采用这种卷绕方法使1次与2次绕组的平均长度相等，即满足了式(3.56)的条件。为减小漏感，1次与2次绕组的间隔要尽可能地小。2次绕组电流较大时，不用1根粗线而采用 $\phi0.6\sim0.7$ 以下的多股线并绕,以减少集肤效应的影响(图 3.21)。其他的方法是用带状线卷绕,这样既无集肤效应的影响,耦合系数也很高。

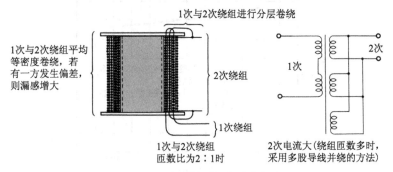

图 3.25　减少漏感的分层卷绕法

　　具体设计时,使用式(3.68)根据温升与热阻求得能使用的磁芯损耗 P_{Fe},根据相对最大磁通密度的损耗特性求得允许的最大磁通密度 B_{m}。这种方法就是根据变压器 1 次绕组匝数及绕组上加的电压求出磁通密度及其变化量,在这种条件下求得损耗。这种计算就变成了由磁通密度与频率引起损耗特性的实验数据求得损耗。实际的实验数据在多数情况下是不连续的数据,可使用指数函数的损耗近似公式与图 3.23 所示曲线。磁芯损耗特性一般提供的是正、负对称的磁通密度变化的数据,单管式逆变器那样磁通密度为单方向变化时,损耗值也是不同的,需要利用图 3.22 和图 3.23 求得损耗。这时,若频率较低或温升较大,损耗未达到规定值之前有时磁芯也饱和,这时,不能减少 1 次绕组的匝数,仅由饱和条件所决定。

　　磁芯损耗按照磁通密度的约 2.4 次方,按频率的 1.2 次方增加。如上所述,损耗特性随磁芯的材料、形状和温度而变化。图 3.22 和图 3.23 示出的是 PC30 材料 PQ32/30 型磁芯的特性,磁通密度在 $+B_{\mathrm{m}} \sim -B_{\mathrm{m}}$ 最大磁通密度之间变化。这种特性适用于变压器上加的是正、负方向电压的多管式逆变器。对于单管式逆变器,磁通仅是单方向变化(见图 3.17(b)),由于有剩磁通 B_{r},因此磁通变少。这样,损耗相对于最大磁通密度 B_{m} 变为 $0.3 \sim 0.4$。仅正、负方向的 $\pm B_{\mathrm{m}}$ 的磁通密度变化时与仅正向激励电路的单方向磁通密度变化时,其损耗之比 K_{FC} 如图 3.24 所示。

　　例如,65kHz 时 B_{m} 为 200mT(2000G),由图 3.23 查得 100℃ 时损耗为 4W,由图 3.24 查得 $K_{\mathrm{FC}} = 0.33$。因此,正向激励电路的

磁芯损耗为 $4W \times 0.33 = 1.32W$。此损耗与上述的铜损之和就是变压器的损耗。这里,设铜损等于铁损,若磁芯热阻为 18.2,则温升为 $1.32 \times 2 \times 18.2 = 48.0(℃)$。

用这种方法可求得能允许的磁通密度变化 ΔB_m,其值代入式(3.46)或式(3.47)求得 1 次绕组匝数 N_P。再利用式(3.47)求得变压器的传递功率,并检查是否符合所需的传递功率,从而决定需要的磁芯尺寸。

若将上述内容进行归纳,则输入电压在规定的条件下,1 次绕组匝数越少,磁芯的磁通密度及其变化越大,其损耗也越大。因此,以磁芯损耗为依据求得 1 次绕组的匝数。开关频率较低时,磁芯的损耗在未达到规定值有时也会饱和,因此,不仅是损耗,饱和条件也制约着 1 次绕组的匝数。

另外,绕组的电阻与通过绕组中电流有效值都会产生铜损,匝数越少,电阻越小,这种铜损也越小,而铁损与上述规律正好相反,两者互为矛盾。因此,要采取折中方案,两者损耗一致之点就是变压器最佳设计的条件。

表 3.2 由饱和磁通密度决定变压器绕组匝数的频率上限

PQ 磁芯型号		饱和也比铁损优先频率的上限							
		20/16	20/20	26/20	26/25	32/20	32/20	35/35	40/40
多管(桥式等)逆变器占空比为 1.0	$\Delta T = 20℃$	12.7	12.5	11.6	9.9	9.0	7.6	6.7	6.4
	$\Delta T = 30℃$	18.1	17.7	16.0	13.6	12.4	10.6	9.3	10.0
	$\Delta T = 40℃$	23.1	22.3	20.0	17.0	15.7	13.4	11.8	11.4
正激逆变器占空比为 0.5	$\Delta T = 20℃$	29.8	29.0	25.3	21.1	19.7	16.8	14.6	14.3
	$\Delta T = 30℃$	43.0	41.8	35.4	29.1	27.5	23.5	20.0	20.1
	$\Delta T = 40℃$	56.0	54.4	45.0	36.6	35.1	30.0	25.8	25.7

注:表中记载的频率以下,适用式(3.46)或式(3.47)。该频率以上时,铁损与铜损相等,适用式(3.70),若占空比降低,频率随占空比反比例增大。(ΔT 为变压器的温升,这是磁芯温度为 80℃,B_m 为 3000 G 的场合)。

3.6 变压器设计实例

3.5节中说明了变压器设计最佳条件,若理解了这种最佳设计方法,并得到磁芯的特性,就可以进行变压器的设计。根据来自变压器绕组厂家的信息,即使是开关电源的专门厂家,高频变压器设计一次成功的也比较少。现今的现状多是依靠试探法进行设计。的确,在忙碌的现场难以按照 3.5 节的顺序进行设计也是理由之一。以下说明用于现场的具体设计方法。

为了简单进行适用于这种最佳条件的设计,准备了表 3.3 所示数据。根据表 3.3 的数据进行变压器的设计比采用 3.5 节介绍的数学公式更简单,而且可以进行快速设计。以下按顺序说明利用表 3.3 的方法进行变压器的设计。

(1) 对于正向激励电路,变压器传递最大功率为 P_T。该功率不仅是输出功率,还包括 2 次侧整流二极管的损耗功率,以及过流检测电阻等 2 次侧电压降产生的损耗功率。可以根据式(3.70)和磁芯损耗特性求出 P_T。

(2) 对于桥式和中心抽头电路,采用 2 个以上的开关元件时,变压器传递最大功率为 P_T。桥式或半桥式电路的变压器利用率高,传递的功率也比(1)步的电路多。该值也是 2 次侧整流器采用整流桥的值。如后面介绍的那样,对于抽头式整流方式,2 次绕组的利用率降低,传递功率也比使用整流桥时约降低 10%。

(3) 每 1V 的 1 次绕组的匝数就是每 1V 输入电压的 1 次绕组的匝数(匝/V)。因此,若该值乘以直流输入电压,就可以求出所需的 1 次绕组的匝数。

(4) 可由式(3.68)求出正向激励电路的铜损。可根据(12)步所求热阻求出变压器过热点时温升 20℃时的损耗,该损耗包括(5)步所求铁损和(4)步所求铜损。3.5 节中已经介绍过,在铁损等于铜损的条件下,变压器的损耗最小。这里,对于 PQ20/16 和 PQ20/20 的磁芯材料,铁损比铜损大,[(4)步和(5)步中( )内的值仅适用于 50kHz 的正向激励电路]。其原因是,变压器的饱和条件优先于铁损的条件。

(5) 求出的铁损是进行变压器最佳设计时等于(4)步所求铜损值。

(6) 这里示出每 1 匝的 1 次绕组的电阻 R_{1T}。因此,若该电阻值乘以 1 次绕组匝数,就可以求出 1 次绕组的电阻值。

(7) 这里示出磁通密度的变化量 ΔB,该磁通密度变化时铁损等于铜损。

(8) 求出磁芯的截面积。

(9) 用绕组平均长度表示每 1 匝绕组的平均长度。进行分层卷绕(图 3.25),做到 1 次与 2 次绕组的长度相等。

(10) 求出可以绕线的窗口面积,这是无线圈架时的窗口面积。

表 3.3 变压器设计用基本数据

〈条件〉

占空比不是额定值	正激式	桥式
最大值	0.3	0.6
	0.4	0.8
K_{FC}	0.36	0.33

$R_{AC}/R_{DC}=1.15$
$\Delta B_{max}\,3000G$
桥式 R_{1T} 为 1.21 倍

	磁芯型号		PQ20/16	PQ20/20	PQ26/20	PQ26/25	PQ32/20	PQ32/30	PQ35/35	PQ40/40	PQ50/50
①	传递功率(W)正激式 $\Delta T=20℃$	50kHz	35	47	78	86	98	150	219	328	587
		100kHz	54	71	113	126	129	204	313	465	704
②	传递功率/W $\Delta T=20℃$ 多管正激式	50kHz	70	95	156	173	187	284	429	649	1130
		100kHz	106	141	215	233	210	344	554	826	1520
③	每1V输入电压的1次绕组匝数 N_{1T} (匝/V)	占容比0.3 正激式 50kHz	0.502	0.502	0.277	0.310	0.259	0.278	0.251	0.226	0.149
		100kHz	0.302	0.307	0.194	0.211	0.197	0.202	0.176	0.159	0.124
		占空比0.6 桥式 50kHz	0.296	0.295	0.181	0.200	0.175	0.188	0.165	0.147	0.0995
		100kHz	0.197	0.201	0.131	0.148	0.156	0.155	0.128	0.116	0.0935
④	铜损/W （ ）内值限于50kHz正激式的场合		0.235(0.272)	0.28(0.325)	0.41	0.41	0.44	0.55	0.65	0.826	1.11
⑤	铁损/W		0.235(0.198)	0.28(0.235)	0.41	0.41	0.44	0.55	0.65	0.826	1.11
⑥	每1匝绕组电阻 $R_{1T}/(\Omega/N^2)$		1.33×10^{-4}	8.62×10^{-5}	1.27×10^{-4}	8.57×10^{-5}	1.02×10^{-4}	4.78×10^{-5}	3.21×10^{-5}	2.26×10^{-5}	2.18×10^{-5}
⑦	20℃温升(包括铜损通的磁通)变化 $\Delta B/G$	正激式 50kHz	1960	1960	1920	1730	1620	1520	1470	1520	1280
		100kHz	1620	1585	1370	1250	1020	1040	1050	1080	770
		桥式 50kHz	1658	1670	1470	1330	1280	1120	1120	1171	960
		100kHz	1245	1230	1010	900	685	680	723	745	510

续表 3.3

	磁芯型号	PQ20/16	PQ20/20	PQ26/20	PQ26/25	PQ32/20	PQ32/30	PQ35/35	PQ40/40	PQ50/50
⑧	中间柱截面积 S/mm^2	61	61	113	113	142	142	162	174	314
⑨	平均绕组长度 l/mm	44	44	56.2	56.2	67.1	67.1	75.2	83.9	104
⑩	绕组可绕线窗口面积 A_{cw}/mm^2	47.4	65.8	60.4	84.5	80.8	149.6	220.6	326	433
⑪	1/2 绕组占空因数 K_O	0.17	0.19	0.18	0.19	0.20	0.23	0.26	0.28	0.27
⑫	热阻(过热点)/(℃/W)	42.5	36	24.5	24.4	22.7	18.2	15.4	12.1	9.0
⑬ 80℃时相对磁通密度的铁损/W	50kHz	6.598×10^{-10} $\times B^{2.656}$	3.994×10^{-10} $\times B^{2.745}$	2.682×10^{-9} $\times B^{2.584}$	3.048×10^{-9} $\times B^{2.602}$	2.847×10^{-9} $\times B^{2.333}$	3.541×10^{-8} $\times B^{2.358}$	1.163×10^{-8} $\times B^{2.540}$	9.735×10^{-9} $\times B^{2.589}$	3.1×10^{-8} $\times B^{2.534}$
	100kHz	8.110×10^{-10} $\times B^{2.734}$	9.578×10^{-10} $\times B^{2.741}$	1.375×10^{-8} $\times B^{2.487}$	1.882×10^{-8} $\times B^{2.485}$	9.884×10^{-8} $\times B^{1.996}$	4.575×10^{-7} $\times B^{2.146}$	1.058×10^{-7} $\times B^{2.374}$	1.151×10^{-7} $\times B^{2.387}$	2.27×10^{-7} $\times B^{2.47}$
⑭	$A_{L\text{-value}}/(nH/N^2)$	≥5200	≥4260	≥9640	≥8000	≥12300	≥8670	≥10100	≥9150	≥10900

（11）这里示出 1 次或 2 次绕组占有面积相对（10）步所求窗口面积的比例。该值很少是预想到的,但由于装上线圈架可以绕线的窗口面积降到 60％以下,而且绕组的圆形截面积的占空因数对于方形来说只考虑为其 0.785（π/4）,仅约有 10％的裕量。

（12）这里求出的热阻是对于过热点的热阻,它是在温升为 20℃以下条件求出的（图 3.26）。

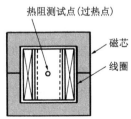

图 3.26 热阻测试点

（13）这里示出的是对于最大磁通密度 B_m 时铁损的表达式。若铁损为 P_{Fe},各常数为 K、m、n,则有

$$\frac{P_{Fe}}{K_{FC}} = K 10^{-m} B_m^{\ n} \qquad (3.73)$$

式中,K_{FC} 见图 3.24。

若由式（3.73）求出 B_m,则有

$$B_m = \left(\frac{P_{Fe} 10^m}{K}\right)^{1/n} \qquad (3.74)$$

由此可以求出任意损耗时的 B_m。若由式（3.45）求出 N_{1T},并将其代入式（3.63）中,则正向激励电路的传递功率 P_T 为:

$$P_T = \frac{S \Delta B \times 10^{-9}}{T_{ON}} \sqrt{\frac{P_{Cu}}{2 R_{1T}}} \qquad (3.75)$$

对于桥式电路,由式（3.46）,则有

$$P_T = \frac{2 S B_m \times 10^{-9}}{T_{ON}} \sqrt{\frac{P_{Cu}}{2 R_{1T}}} \qquad (3.76)$$

令式（3.49）中 $N_P = 1$,则得到 R_{1T} 为:

$$R_{1T} = \frac{\rho l}{A_{CW} K_O} \cdot \frac{R_{AC}}{R_{DC}} \qquad (3.77)$$

现将上述表达式中有关符号做如下说明:

R_{1T}——1 次绕组的每 1 匝的电阻;

P_T——变压器最大传递功率,W;

S——磁芯的截面积,mm²;

ΔB——磁通密度的变化量,$\Delta B = 0.805 B_m + 12.5$,mT;

B_m——最大磁通密度,mT;

P_{Cu}——铜损,W;

ρ——铜的电阻率,80℃时 ρ 为 2.13×10^{-5},Ω·mm;

l——绕线架的绕组平均长度,mm;

A_{CW}——磁芯可绕线圈的窗口面积,mm²;

K_0——1 次或 2 次绕组的占空因数；

R_{AC}/R_{DC}——集肤效应引起电阻的增大系数，其值为 1.15（在直径 ϕ0.5/频率 100kHz，直径 ϕ0.6/频率 50kHz 情况下）。

可绕线窗口面积 A_{CW} 同 1 次与 2 次绕组的各自面积相等时功率损耗最大，这在 3.5 节中已经做了说明。然而，对于桥式逆变器，2 次侧一般采用如图 3.27 所示的中心抽头的整流电路。其理由是开关电源较多实例是输出电压较低，整流器的功率损耗在总损耗中占有较大比例，采用整流器损耗是其 2 倍的桥式整流电路几乎没有不利条件。

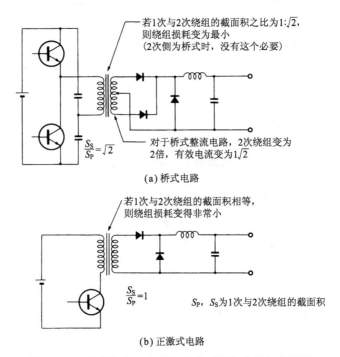

图 3.27 1 次绕组与 2 次绕组随截面积方式的变化情况

2 次侧采用中心抽头的整流电路时，相对桥式整流电路其绕组匝数变为 2 倍，电流的有效值变为 $1/\sqrt{2}$ 倍。因此，若 1 次与 2 次绕组绕制在同样绕组面积上，则 2 次绕组的功率损耗增大，不满足功率损耗最小的条件。这时，若 2 次绕组的绕线面积约是 1 次绕组的 $\sqrt{2}$ 倍或更多，则可满足功率损耗最小的条件。

这样，最大传递功率相对 2 次侧采用桥式整流方式约减少了 10%。表 3.3 中，桥式传递功率也是要考虑上述条件的值。另外，

图 3.28 和图 3.29 是改变变压器过热点的温升时的传递功率,图 3.30和图 3.31 示出这时每 1V 输入电压的绕组匝数。由此图可以求出对于任意输入电压的绕组匝数以及对于输出电压的磁芯类型。

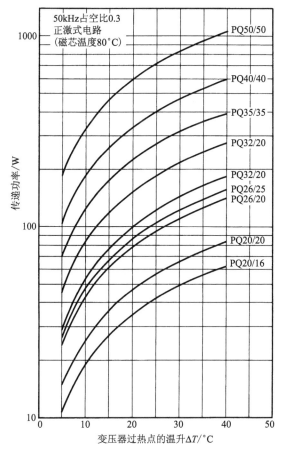

图 3.28 PQ 磁芯的最大传递功率(50kHz)

表 3.3 中省略了桥式电路的传递功率相对各温度的值,但可以求出表 3.3 的桥式与正向激励电路的功率之比(为 $1.8\sim2.1$),该比值对于图 3.30 和图 3.31 的各温度也适用,实用上可以得到能应用的精度。

3.6.1 设计实例 1(正向激励电路)

现以图 3.32 所示的正向激励变换器为例,说明开关电源的设计方法,设计条件如下:

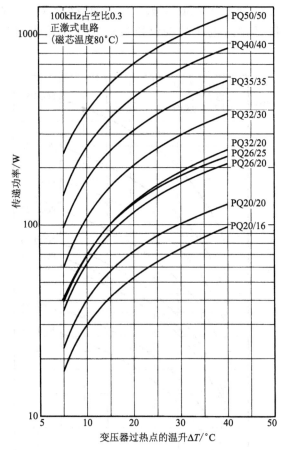

图 3.29 PQ 磁芯的最大传递功率（100kHz）

开关频率为 50kHz；

输入电压 V_I 为 100～160V 直流；

额定电压 V_R 为 130V；

输出电压 V_O 为 5V；

输出电流 I_O 为 20A；

整流器正向电压降 V_F 为 0.5V；

变压器温升为 20℃。

设计方法按顺序说明如下：

（1）求出变压器传递功率 P_T。

$$P_T=(V_O+V_F)I_O=(5+0.5)\times 20=110(\text{W})$$

输出电压需要可调时，输出电压 V_O 为最大值。

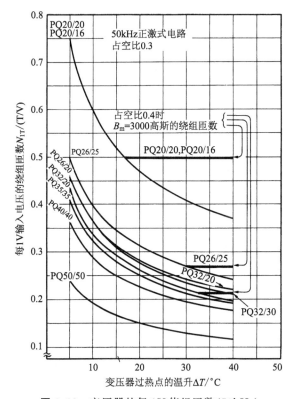

图 3.30 变压器的每 1V 绕组匝数(50kHz)

(2) 由图 3.28 决定磁芯类型。$P_T = 110W$ 以上的磁芯为 PQ32/30。

(3) 由图 3.30 求出每 1V 输入电压的绕组匝数 N_{1T},将此乘以输入电压求出 1 次绕组的匝数。

$$N_P = N_{1T} \times V_R$$

$$N_P = 0.275 \times 130 = 36(匝)$$

(4) 求出 2 次绕组匝数 N_S。若占空比为 D,由于 $N_S/N_P V_I D = V_O + V_F$,则有

$$N_S = (V_O + V_F)N_P/V_I D = \frac{(5+0.5) \times 36}{130 \times 0.3} \approx 5(匝)$$

注:若由式(3.37)的最低输入电压 V_{IL} 与最大占空比决定 N_S,则可以得到相对任意输入电压的匝比。若 $D_{max} = 0.4$,$V_{IL} = 100V$,则有

$$N_S = \frac{(V_O + V_F)N_P}{V_{IL}D} = \frac{(5+0.5) \times 36}{100 \times 0.4} \approx 5(匝)$$

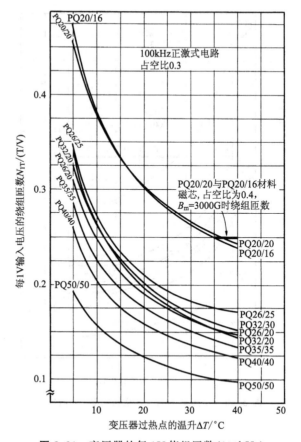

图 3.31   变压器的每 1V 绕组匝数(100kHz)

(5)求出 1 次与 2 次绕组每 1 匝必要的面积 S_P 与 S_S(绕线截面为圆形的,但必要的仅空间是方形的)

$$S_P = \frac{A_{cw}K_O}{N_P} = \frac{34.4}{36} = 0.96(\text{mm}^2)$$

$$S_S = \frac{A_{cw}K_O}{N_S} = \frac{34.4}{5} = 6.88(\text{mm}^2)$$

若 1 次与 2 次绕组线径为 R_P 和 R_S,并行绕制的匝数为 N_P 和 N_S,则有

$$n_p R_{P2} = 0.96\text{mm}^2$$

$$n_s R_{S2} = 6.88\text{mm}^2$$

$n_p = 2$ 时,$R_P = \phi 0.69\text{mm}$; $n_p = 3$ 时,$R_P = \phi 0.57\text{mm}$;

$n_s = 19$ 时,$R_S = \phi 0.6\text{mm}$

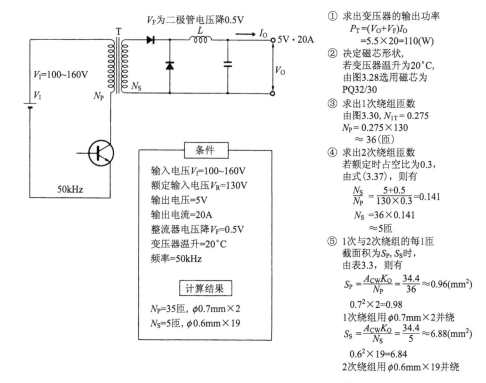

① 求出变压器的输出功率
$$P_T=(V_O+V_F)I_O$$
$$=5.5\times20=110(W)$$
② 决定磁芯形状,
若变压器温升为20°C,
由图3.28选用磁芯为
PQ32/30
③ 求出1次绕组匝数
由图3.30,$N_{1T}=0.275$
$$N_P=0.275\times130$$
$$\approx36(匝)$$
④ 求出2次绕组匝数
若额定时占空比为0.3,
由式(3.37),则有
$$\frac{N_S}{N_P}=\frac{5+0.5}{130\times0.3}=0.141$$
$$N_S=36\times0.141$$
$$\approx5匝$$
⑤ 1次与2次绕组的每1匝
截面积为S_P,S_S时,
由表3.3,则有
$$S_P=\frac{A_{CW}K_O}{N_P}=\frac{34.4}{36}\approx0.96(mm^2)$$
$$0.7^2\times2=0.98$$
1次绕组用$\phi0.7mm\times2$并绕
$$S_S=\frac{A_{CW}K_O}{N_S}=\frac{34.4}{5}\approx6.88(mm^2)$$
$$0.6^2\times19=6.84$$
2次绕组用$\phi0.6mm\times19$并绕

图 3.32 变压器设计实例 1(正向激励电路)

因此,1 次绕组使用 $\phi0.7$ 的 2 根线($\phi0.7\times2$)并绕或使用 $\phi0.6$ 的 3 根线($\phi0.6\times3$)并绕;2 次绕组使用 $\phi0.6$ 的 19 根线($\phi0.6\times19$)并绕。

这里计算时,认为 2 次侧平滑线圈 L 的电感量为足够大。平滑线圈的电感量小,通过线圈的电流为三角波时,对于方波来说,增大的仅是有效电流分量(占空比 0.4 时,最大为 20%),有必要降低输出功率(图 3.46)。

3.6.2 设计实例 2(桥式电路)

现以图 3.33 所示的桥式变换器为例,说明开关电源的设计方法,设计条件如下:

开关频率为 50kHz;

输入电压 V_I 为 240~280V;

额定输入电压 V_R 为 260V;

输出电压 V_O 为 24V;

输出电流 I_O 为 20A;

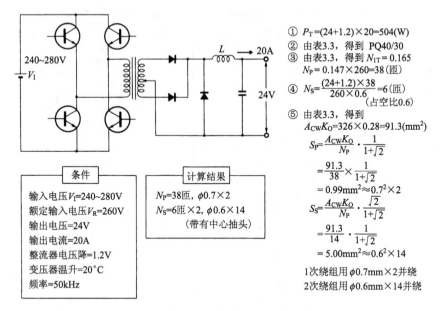

① $P_T=(24+1.2)\times20=504(W)$
② 由表3.3, 得到 PQ40/30
③ 由表3.3, 得到 $N_{1T}=0.165$
　　$N_P=0.147\times260=38$(匝)
④ $N_S=\dfrac{(24+1.2)\times38}{260\times0.6}=6$(匝)
　　　　　　　　　　　(占空比0.6)
⑤ 由表3.3, 得到
　　$A_{CW}K_O=326\times0.28=91.3(mm^2)$
　　$S_P=\dfrac{A_{CW}K_O}{N_P}\cdot\dfrac{1}{1+\sqrt{2}}$
　　　$=\dfrac{91.3}{38}\times\dfrac{1}{1+\sqrt{2}}$
　　　$=0.99mm^2\approx0.7^2\times2$
　　$S_S=\dfrac{A_{CW}K_O}{N_P}\cdot\dfrac{\sqrt{2}}{1+\sqrt{2}}$
　　　$=\dfrac{91.3}{14}\cdot\dfrac{1}{1+\sqrt{2}}$
　　　$=5.00mm^2\approx0.6^2\times14$

1次绕组用 $\phi0.7mm\times2$并绕
2次绕组用 $\phi0.6mm\times14$并绕

条件

输入电压 $V_I=240\sim280V$
额定输入电压 $V_R=260V$
输出电压=24V
输出电流=20A
整流器电压降=1.2V
变压器温升=20℃
频率=50kHz

计算结果

$N_P=38$匝, $\phi0.7\times2$
$N_S=6$匝$\times2$, $\phi0.6\times14$
(带有中心抽头)

图 3.33　变压器设计实例 2（桥式电路）

整流器正向电压降 V_F 为 1.2V；

变压器温升为 20℃。

这时，也可以由表 3.3 计算变压器绕组的匝数。

（1）变压器传递功率 P_O 为：

$$P_O=(V_O+V_F)I_O=(24+1.2)\times20=504(W)$$

（2）由表 3.3 可查到，对于 50kHz 桥式电路，504W 以上的磁芯为 PQ40/40，最大输出可到 649W。

（3）由表 3.3 查到 $N_{1T}=0.147$ 匝

$$N_P=V_R\times N_{1T}=260\times0.147=38(匝)$$

（4）$N_S=(V_O+V_F)N_P/V_I D$。若占空比为 0.6，则有

$$N_S=(24+1.2)\times38/(260\times0.6)=6(匝)$$

（5）由表 3.3 查到 $A_{CW}K_O=360\times0.28=100.8(mm^2)$。这里，若 1 次绕组与 2 次绕组的截面积按 $1:\sqrt{2}$ 比例分配，则有

$$S_P=\frac{A_{CW}K_O}{N_P}\cdot\frac{1}{1+\sqrt{2}}=\frac{100.8}{38}\times\frac{1}{1+\sqrt{2}}$$

$$=1.099mm^2\approx0.7^2\times2$$

由于 2 次绕组带中心抽头，其绕组匝数变为 2 倍，因此有

$$S_S=\frac{A_{CW}K_O}{2N_S\cdot\sqrt{2}}\cdot\frac{\sqrt{2}}{1+\sqrt{2}}$$

$$S_s = 5.00\text{mm}^2 \approx 0.6^2 \times 14$$

所以,1 次绕组为 38 匝,使用 $\phi 0.7$ 的 2 根线($\phi 0.7 \times 2$)并绕,2 次绕组为 6 匝 $\times 2$,使用 $\phi 0.6$ 的 14 根线($\phi 0.6 \times 14$)并绕。

作者认为通过上述 2 个设计实例,就可以理解变压器的最佳设计方法。高频变压器设计时不仅要考虑磁芯的饱和,还要考虑损耗均衡的问题,按照传统的设计方法进行设计时,也有很多不断重复设计而达到最佳设计的实例。这里,说明的设计方法是 1 次就能够成功的设计方法。

在输出多路、输出电流大而并绕绕组的匝数较多以及绕组的绝缘层较厚时,可绕线窗口面积增大,端子引出线空间等限制了绕组匝数,有时也需要使用尺寸超过设计值的磁芯。另外,除回扫电路以外,普通使用的变压器 1 次绕组的电感量越大,情况越好。在决定吸收电路常数时也需要用到 1 次绕组的电感量。若表 3.3 中 (14)示出的 $A_{\text{L-value}}$ 为 A_{LV},1 次绕组的匝数为 N_P,则可以求出 1 次绕组的电感量 L_P 为

$$L_P = A_{\text{LV}} \cdot N_P^2 \tag{3.78}$$

进行变压器最佳设计时,需要用到图 3.21 和图 3.22 所示的损耗特性,而且用数学表达式来表示磁通密度及频率与损耗特性之间关系也很方便。迄今为止,所介绍的使用磁芯损耗系数均采用《TDK 数据手册》中公布的数据。也有些磁芯生产厂家对这些详细数据没有公布,有时就不能进行正确的设计。尤其是 PQ 磁芯那样,其磁芯形状各自不相似时,磁芯内部的磁通分布不同,也可以根据每单位体积与质量进行计算,但不能计算出正确值,请注意这一点。在这点上,TDK 磁芯的资料几乎都提供了必要的数据,使用起来非常方便。

3.7 带磁芯电感的最佳设计方法

在开关稳压电源中多采用带磁芯的电感,然而,带磁芯电感的设计方法不那么简单。设计高频电感时也要考虑铜损与铁损的均衡、磁芯的饱和等。输出滤波电感要考虑直流分量与交流分量的两种损耗,进行最佳设计也比变压器麻烦。尤其是使用带气隙的磁芯时,将气隙间隔作为参数,进行最佳设计更加困难。

带气隙电感设计难的原因在于,气隙间隔与绕组匝数、电感

量、重叠电流等之间最佳关系互为矛盾,较难确定最佳绕组长度(图 3.34)。

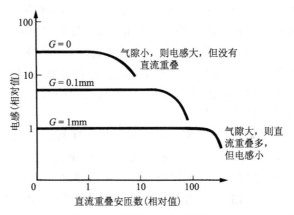

图 3.34 带气隙的电感特性表

(1) 气隙窄则电感量增大,磁芯因安匝数小而饱和,因此,绕组匝数不能多。

(2) 气隙大则磁芯难以饱和,安匝数可以取大,但不能得到需要的电感量。

由以上所述的互为相反条件来确定最佳气隙间隔时,只能依据丰富的经验,或者根据计算数据试作然后改错的方式,即所谓试行错误法。尽管如此,下面还是要介绍一下根据相对图 3.35 所示气隙间隔的 $A_{\text{L-value}}$ 以及相对图 3.36 所示 $A_{\text{L-value}}$ 的允许安匝数特性,一次就能正确求出最佳气隙间隔的方法。

在具体介绍这种方法之前,归纳一下所用数学表达式中符号的意义如下:

G——气隙间隔,mm;

P_{L}——允许损耗($\Delta T / R_{\text{T}}$,其中 ΔT 为温升,R_{T} 为热阻),W;

A_{CW}——可绕线圈的窗口面积,mm²;

K_{O}——1/2 绕组占空系数;

K_{A} 和 M_{A}——$A_{\text{L}} = K_{\text{A}} G^{-M_{\text{A}}}$ 中常数;

A_{K} 和 M_{L}——$N_{\text{I}} = K_{\text{L}} LG^{-M_{\text{L}}}$ 中常数;

K_{I}——电流的峰值 I_{P} 与有效值 I_{RMS} 之比,即 $K_{\text{I}} = I_{\text{P}} / I_{\text{RMS}}$;

l——绕组平均长度(每 1 匝绕组),mm;

ρ——铜的电阻率,80℃时其值为 2.13×10^{-5},Ω·mm。

首先,作为表示气隙间隔(G)与 $A_{\text{L-value}}$(A_{LV})之间关系式为:

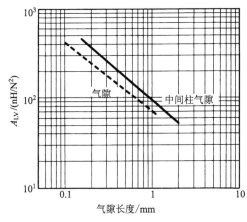

图 3.35 气隙长度与 A_{LV} 值

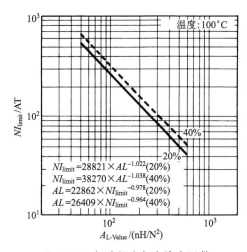

图 3.36 气隙长度与允许安匝数

$$A_{L\text{-value}} = K_A\,G^{-MA} \qquad\qquad (3.79)$$

表示 $A_{L\text{-value}}$ 与允许安匝数 NI 之间关系式为：

$$NI = K_L\,G^{-ML} \qquad\qquad (3.80)$$

若电感为 L,绕组匝数为 N,则有

$$L = N^2\,A_{LV} \qquad\qquad (3.81)$$

因此有

$$LI^2 = N^2\,A_{LV}\,I^2 \qquad\qquad (3.82)$$

$$= (NI)^2\,A_{LV} \qquad\qquad (3.83)$$

这里,若使用式(3.80)消去 NI,则式(3.83)变为：

$$LI^2 = (K_L G^{-M_L})^2 A_{LV} \tag{3.84}$$

再用式(3.79)消去 A_{LV}，则有

$$LI^2 = (K_L A_{LV}^{-2M_L})^2 K_A G^{-M_A} \tag{3.85}$$

$$= K_L^2 A_{LV}^{-2M_L} K_A G^{-M_A}$$

$$= K_L^2 (K_A G^{-M_A})^{-2M_L} K_A G^{-M_A}$$

$$= K_L^2 K^{-(2M_L-)} G^{M_A(2M_L-1)}$$

$$LI^2 = K_L^2 (G^{M_A} / K_A)^{(2M_L-1)} \tag{3.86}$$

另外，若电感的铜损为 P_{Cu}，电感的电流有效值为 I_{RMS}，绕组电阻为 R，则有

$$P_{Cu} = I_{RMS}^2 R \tag{3.87}$$

$$I_{RMS} = \sqrt{\frac{P_{Cu}}{R}} \tag{3.88}$$

若电感的电流峰值为 I_P，则有

$$\frac{I_P}{I_{RMS}} = K_I \tag{3.89}$$

因此，有

$$I_P = K_I \sqrt{\frac{P_{Cu}}{R}} \tag{3.90}$$

$$LI_P^2 = A_{LV} N^2 \cdot \sqrt{\frac{K_I^2 P_{Cu}}{R}} \tag{3.91}$$

若将式(3.48)中 R_{PDC} 替代式(3.91)中 R，并进行整理，由于没有像变压器那样有 2 次绕组，可绕线圈的截面积变为 2 倍，因此，式(3.92)成立。

$$LI_P^2 = \frac{2K_I^2 N^2 A_{CW} K_O P_{Cu} A_{LV}}{\rho N^2 l} \tag{3.92}$$

再将式(3.79)中 $A_{L\text{-value}}$ 替代式(3.92)中 A_{LV}，并令式(3.92)与式(3.86)相等，则有

$$K_L^2 \left(\frac{G^{M_A}}{K_A}\right)^{(2M_L-1)} = \frac{2P_L K_I^2 A_{CW} K_O K_A G^{-M_A}}{\rho l} \tag{3.93}$$

式(3.93)的左边表示磁芯接近饱和，导磁率低于 20％时 LI^2 的上限；右边表示在规定窗口面积内产生的铜损 P_L 决定 LI^2 的上限。因此，两者 LI^2 相等之点就是最佳点(图 3.37)。

根据式(3.93)得到

$$G^{(2M_A M_L - M_A)} = \frac{2P_L K_I A_{CW} K_O G^{-M_A} K_A^{(-2M_L)}}{\rho L K_L^2} \tag{3.94}$$

所以

$$G=\left[\frac{2P_LK_IK_L^{-2}A_{CW}G-M_AK_A^{(-2M_L)}}{\rho L}\right]^{1/(2M_AM_L)} \tag{3.95}$$

若根据式(3.95)求出气隙间隔 G ，则有

$$G=\left(\frac{2P_LK_I^2K_L^{-2}A_{CW}K_OK_A^{2M_L}}{\rho l}\right)^{1/(2M_AM_L)} \tag{3.96}$$

由此，可以得到最佳气隙间隔。

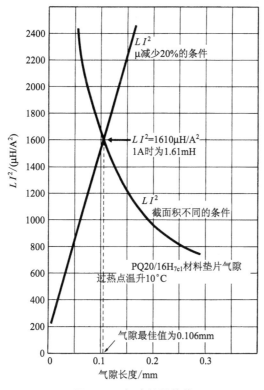

图 3.37 气隙的最佳值

这里， $P_L=\Delta T/R_T$ ， $K_I=1$ 时，相对 ΔT 计算的气隙间隔值见表 3.4。根据图 3.37，可以求出变压器温升 ΔT 在规定范围内，磁芯各尺寸的最佳气隙间隔。表 3.4 中所示的温升仅是直流分量产生的铜损引起的，不包括直流分量在增大的等效电阻上引起的温升，以及交流分量产生的铁损引起的温升。然而，扼流圈与变压器不同，磁通变化小，一般是铁损比铜损要小得多。因此，计算时即使忽略表 3.4 所示的铁损，计算出的气隙实际上也足够了。

若加在扼流圈上的电压为 V_L 、时间为 $T_{ON}(s)$ 、磁芯的截面积为 $S(mm^2)$ 、绕组匝数为 N ，电压为方波，则扼流圈的磁通变化量

表 3.4 PQ磁芯的最佳气隙与设计用数据

温升/℃	磁芯型号	PQ20/16	PQ20/20	PQ26/20	PQ26/25	PQ32/20	PQ32/30	PQ35/35	PQ40/40	PQ50/50
	绕组截面积 $2K_OA_{cw}/mm^2$	16.1	25.0	21.8	32.1	32.3	68.8	115	183	234
5	气隙长度 G/mm	0.068	0.094	0.092	0.125	0.094	0.193	0.288	0.427	0.585
	$A_{L\text{-value}}/(\mu H/N^2)$	0.558	0.402	0.736	0.592	0.916	0.530	0.427	0.351	0.504
	$LI^2/(\mu HA^2)$	1128	1490	2730	3260	4570	7010	9930	14840	29570
10	气隙长度 G/mm	0.106	0.150	0.151	0.190	0.147	0.291	0.441	0.664	0.885
	$A_{L\text{-value}}/(\mu H/N^2)$	0.397	0.286	0.529	0.431	0.647	0.387	0.312	0.256	0.376
	$LI^2/(\mu HA^2)$	1607	2120	3930	4740	6450	10260	14530	21700	44200
20	气隙长度 G/mm	0.165	0.241	0.231	0.289	0.231	0.438	0.675	1.03	1.340
	$A_{L\text{-value}}/(\mu H/N^2)$	0.282	0.203	0.381	0.313	0.457	0.284	0.228	0.188	0.281
	$LI^2/(\mu HA^2)$	2290	3020	5650	6890	9120	15000	21240	31710	66100
30	气隙长度 G/mm	0.213	0.317	0.296	0.370	0.301	0.556	0.866	1.03	1.710
	$A_{L\text{-value}}/(\mu H/N^2)$	0.232	0.167	0.314	0.260	0.373	0.237	0.190	0.156	0.237
	$LI^2/(\mu HA^2)$	2817	3710	7000	8580	11170	18800	26530	3960	83630
40	气隙长度 G/mm	0.256	0.385	0.353	0.440	0.364	0.659	1.03	1.60	2.030
	$A_{L\text{-value}}/(\mu H/N^2)$	0.201	0.144	0.274	0.227	0.323	0.207	0.166	0.137	0.210
	$LI^2/(\mu HA^2)$	3263	4300	8130	10000	12890	22000	31100	46360	98820

注：磁芯温度为100℃，由铜损引起温度上升，气隙为垫片气隙。

[例]$100\mu H$、$10A$扼流圈的设计。

○ $LI^2=100\times10^2(\mu H \cdot A^2)=10\,000(\mu H \cdot A^2)$

○ 温度上升 10℃，对于 PQ32/30 的 $LI^2=10\,260$ 时，气隙约为 0.3mm

○ L 为 $100\mu H$ 时 I 为 $\sqrt{\dfrac{10\,260}{100}}=10.1(A)$

○ 绕组匝数 $N=\sqrt{\dfrac{100}{A_{L\text{-value}}}}=\sqrt{\dfrac{100}{0.387}}=16(匝)$

○ 绕组线径为 R，匝数为 n，则有

$$nR^2=\frac{2K_OA_{cw}}{N}=\frac{68.8}{16}$$

$$n=12,\ R=0.6\phi$$

○ 对于 PQ32/30 使用 $0.6\phi\times12$ 并绕 16 匝

ΔB 为：

$$\Delta B = \frac{V_{\mathrm{L}} T_{\mathrm{ON}}}{SN} \times 10^9 \,(\mathrm{mT}) \tag{3.97}$$

若峰值电流与有效电流之比为 K_{I}，气隙对于 K_{I} 增加的系数为 K_{G}，由式(3.59)则有

$$K_{\mathrm{G}} = K_{\mathrm{I}}^{(1/M_A M_L)} \tag{3.98}$$

将各值代入式(3.98)并计算出数据，据此数据画出的曲线如图 3.38所示。因此，若将图 3.39 所示值乘以由表 3.4 求出的气隙，则可求出相对任意 K_{I} 的气隙值(这时，$A_{\mathrm{L\text{-}value}}$ 也改变)。

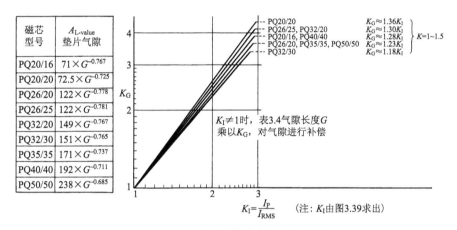

图 3.38 相对 K_{I} 的气隙补偿值与相对气隙的 $A_{\mathrm{L\text{-}value}}$

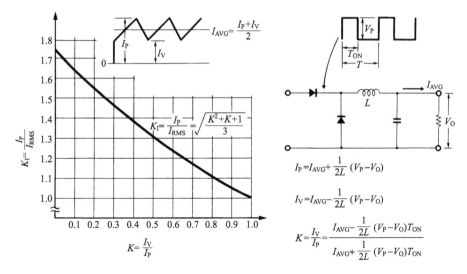

图 3.39 扼流圈的电流波形与峰值电流/有效值

扼流圈的电流波形多是如图 3.39 所示的三角波,并示出了相对于 I_V/I_P 的 K_I 计算值。

对于图 3.39 所示电路,若扼流圈的电感值为 L,输入电压的峰值为 V_P,输出电压为 V_O,导通时间为 T_{ON},则扼流圈的电流变化量 ΔI_L 为:

$$\Delta I_L = \frac{1}{L}(V_P - V_O)T_{ON} \tag{3.99}$$

这里,若输出平均电流为 I_{AVG},并以平均电流为中心发生 $\pm\Delta I_L/2$ 变化,则有

$$I_P = I_{AVG} + \Delta I_L/2 \tag{3.100}$$

$$I_V = I_{AVG} - \Delta I_L/2 \tag{3.101}$$

I_V/I_P 的比值 K 为:

$$K = \frac{I_V}{I_P} = \frac{I_{AVG} - (V_P - V_O)T_{ON}/2L}{I_{AVG} + (V_P - V_O)T_{ON}/2L} \tag{3.102}$$

因此,可由式(3.102)求出 K,由图 3.39 求出 K_I。该 K_I 也可以使用图 3.38 中的 K_I 值,再乘以气隙 G 值,就可求出适当的气隙间隔(这时,$A_{L\text{-value}}$ 可由图 3.38 进行计算)。

磁芯的气隙如图 3.40 所示,有垫片气隙与中间柱气隙两种。这里说明的数值都是针对垫片气隙的。其原因是中间柱气隙仅是磨削磁芯中间部分,能得到的气隙间隔由厂家决定,用户难以任意调整,而且带气隙的磁芯交货日期也有问题。垫片气隙可以任意调整其间隔,但气隙周围会有漏磁通,因此,要注意防止漏磁通对电路的影响。

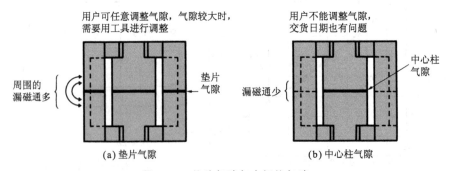

(a) 垫片气隙　　　　　　　　(b) 中心柱气隙

图 3.40 垫片气隙与中间柱气隙

扼流圈的设计实例

开关稳压电源的滤波扼流圈除了降低输出纹波以外,还有以下重要作用:

(1)降低输入电流的峰值,减小输入电容的纹波电流。

(2)减小2次侧电容的集电极电流的峰值,降低开关晶体管的损耗。

(3)减小2次侧电容的纹波电流。

(4)减小变压器与整流器的有效电流。

(5)减小轻载时负载的变化。

如图3.41所示,若直流-直流变换器的输入电压为 V_I、输出电压为 V_O、1次绕组的匝数为 N_P、2次绕组匝数为 N_S、开关晶体管导通时间为 T_{ON},则开关晶体管导通时,2次绕组上加的电压 V_S 可由式(3.103)求出。

$$V_S = \frac{N_S}{N_P} V_I \qquad (3.103)$$

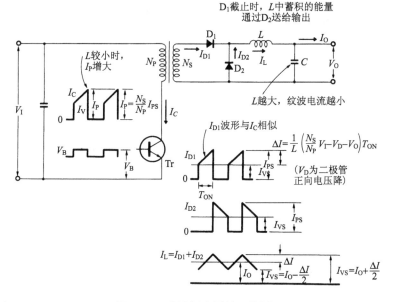

图 3.41 滤波扼流圈的工作原理

二极管 D_1 和 D_2 的电压降为 V_D 时,扼流圈 L 上加的电压为 $V_S - V_D - V_O$,因此,开关晶体管导通时扼流圈的电流变化量

ΔI_L 为:

$$\Delta I_L = \frac{V_s - V_D - V_O}{L} T_{ON} \tag{3.104}$$

$$= \frac{1}{L}\left(\frac{N_s}{N_P}V_I - V_D - V_O\right)T_{ON} \tag{3.105}$$

若输出电流的平均值为 I_O,则扼流圈电流最大值 I_{PS} 与最小值 I_{VS}(图 3.41)为:

$$I_{PS} = I_O + \Delta I_L/2 \tag{3.106}$$

$$I_{VS} = I_O - \Delta I_L/2 \tag{3.107}$$

因此,有

$$\frac{I_{VS}}{I_{PS}} = \frac{I_O - \dfrac{1}{2L}\left(\dfrac{N_s}{N_P}V_I - V_O - V_D\right)T_{ON}}{I_O + \dfrac{1}{2L}\left(\dfrac{N_s}{N_P}V_I - V_O - V_D\right)T_{ON}} \tag{3.108}$$

这里,若周期为 T,$T_{ON}/T = D$,则有

$$V_O = \frac{N_s}{N_P}V_I D - V_D \tag{3.109}$$

若 $T_{ON} = D/f$,则式(3.108)可以改写为:

$$\frac{I_{VS}}{I_{PS}} = \frac{I_O - \dfrac{D}{2Lf}(1-D)\left(\dfrac{N_s}{N_P}V_I\right)}{I_O + \dfrac{D}{2Lf}(1-D)\left(\dfrac{N_s}{N_P}V_I\right)} \tag{3.110}$$

若 $K = I_{VS}/I_{PS}$,$1/T = f$,由式(3.110)则有

$$L = \frac{D(1-D)(1+K)}{2f(1-K)I_O} \cdot \frac{N_s}{N_P}V_I \tag{3.111}$$

由此可求出相对任意 K 的 L。这里,频率 f 为正向激励电路中逆变器的变换频率,对于桥式与中心抽头电路变换频率是其 2 倍。在式(3.74)中 $K=0$ 时,扼流圈的谷点电流变为零,电流为三角波。该值是扼流圈电感值的临界点,若该值为 L_C,则有

$$L_C = \frac{D(1-D)}{2fI_O} \cdot \frac{N_s}{N_P}V_I \tag{3.112}$$

而占空比 $D = 0.5$ 时,则变为:

$$L_C = \frac{1}{8fI_O} \cdot \frac{N_s}{N_P}V_I \tag{3.113}$$

扼流圈的电感值 L 小于临界值 L_C 时,产生电流截止期间,这就变为电流断续方式。这时,可以使用第 1 章中式(1.20)。

$$V_s = \frac{N_s}{N_P}V_I \tag{3.114}$$

若式(1.20)中的 V_{I} 改为 V_{S}，则输出电压 V_{O} 为：

$$V_{\text{O}} = \frac{(V_{\text{S}}T_{\text{ON}})^2}{V_{\text{S}}T_{\text{ON}}^2 + 2I_{\text{O}}L(T_{\text{ON}} + T_{\text{OFF}})} \qquad (3.115)$$

这里，若 $D = T_{\text{ON}}/(T_{\text{ON}} + T_{\text{OFF}})$，$f = 1/(T_{\text{ON}} + T_{\text{OFF}})$，则式(3.115)变为：

$$V_{\text{O}} = \frac{(V_{\text{S}}D)^2}{V_{\text{S}}D^2 + 2I_{\text{O}}Lf} \qquad (3.116)$$

若临界电流为 I_{OC}，由式(3.112)则有

$$I_{\text{OC}} = \frac{D(1-D)}{2Lf} \cdot \frac{N_{\text{S}}}{N_{\text{P}}}V_{\text{I}} \qquad (3.117)$$

图 3.42 示出式(3.116)的计算结果。图 3.42(a)示出 $D = 0.5$，临界电流 $I_{\text{O}} = V_{\text{S}}/(8Lf)$ 作为 1 时，输出电压对于输出电流的特性，图 3.42(b)示出对于任意占空比，临界电流作为 1 时的输出电压特性。

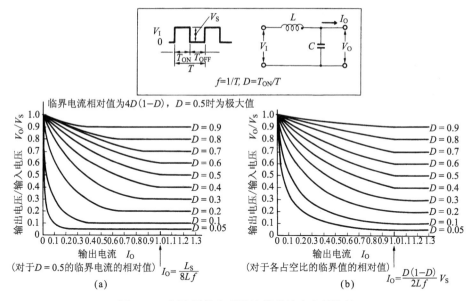

图 3.42 扼流圈输入型滤波器的输出电压特性

图 3.42 示出占空比为 0.5 时，临界电流有极大值，另外还示出，在临界电流以下而占空比不减小时，不能维持连续方式的电压情况。为了在临界值以下，保持输出电压为恒定时，在减小输出电流的同时，也要减小脉冲宽度。若临界电流为 I_{OC}，电流连续方式时占空比为 D，输出电流最小值为 $I_{\text{O(min)}}$，这时需要的占空比为 D_{min}，由式(3.116)得到 V_{O} 为

$$V_O = \frac{(V_S D)^2}{V_S D_{min}^2 + 2 I_{O(min)} L f} \tag{3.118}$$

因此，D_{min} 为：

$$D_{min} = \frac{2 I_{O(min)} L f D}{V_S (1 - D)} \tag{3.119}$$

使用式(3.117)并消去 L、f 和 V_S，则有

$$D_{min} = D \sqrt{\frac{I_{O(min)}}{I_{OC}}} \tag{3.120}$$

对于输出电流最小值 $I_{O(min)}$ 可以求出占空比的最小值 D_{min}。这里，D 为电流连续方式时占空比，I_{OC} 为临界电流。若在临界电流以下不降低占空比，则不能得到稳定电压。在临界电流以下得到稳定电压的占空比如图 3.43 所示。开关稳压电源中，脉宽调制电路的最窄脉宽不能减小到必要的脉宽时，轻载时会产生过电压，或发生过调。为了防止出现这种故障，以减小假负载电流为目的，与输出电路并联如图 3.44(b)所示的变感扼流圈，这样，如图 3.45 所示，构成一个仅轻载时有假负载电流流通的可变假负载电路。

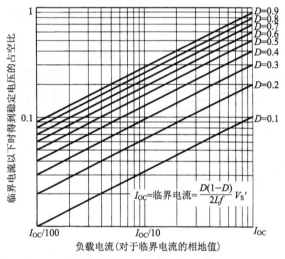

图 3.43 在临界电流以下时得到稳定电压的占空比

2 次侧平滑电路扼流圈的电感值，也受到 2 次侧整流电路的电流波形与 1 次侧开关晶体管电流波形的影响。图 3.41 所示的 2 次侧整流二极管 D_1 的电流波形与开关晶体管的电流波形相似，其电流值与绕组匝比成反比。在电感量较小时，该电流变为三角波，其有效值也增大。图 3.46 示出有效电流相对 I_V / I_P 的变化情况，

由于 I_V/I_P 值对于 1 次与 2 次是共用的,因此,用式(3.110)中 I_{PS} 与 I_{VS} 各自作为 I_P 与 I_S,可求出 I_V/I_P 的比值,将该值代入图3.46 中可求出有效电流。这时,可由图 3.47 求出扼流圈的电流有效值。

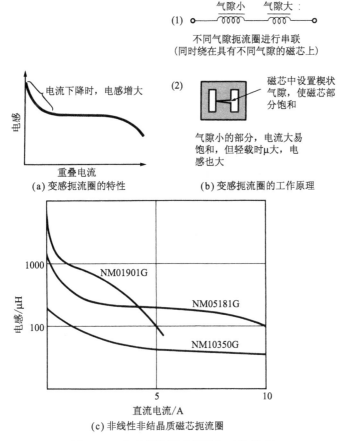

图 3.44　变感扼流圈的特性与工作原理

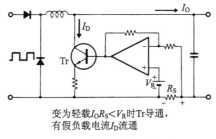

变为轻载 $I_O R_S < V_R$ 时Tr导通, 有假负载电流 I_D 流通

图 3.45　可变假负载电路

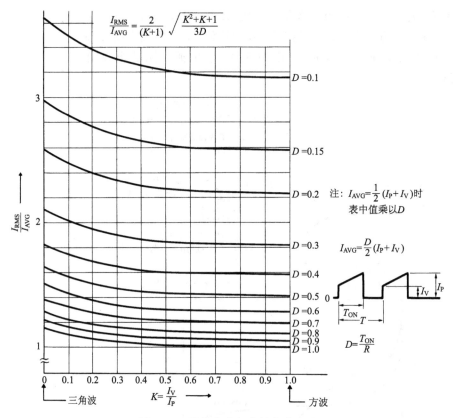

图 3.46 平均电流与有效电流之比

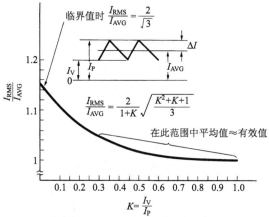

注: $K=0.1$ 以上时有效电流约只变化10%

图 3.47 相对扼流圈电流 I_V/I_P 的有效值/平均值

由图 3.46 或图 3.47 可知,$K(K=I_V/I_P)$ 值为 1~0.5 时,有效电流变化较小。例如,占空比为 0.5 时,在图 3.46 中,K 由 1 变化到 0.5 时,有效电流也只增大约 2%,在图 3.47 中,有效电流也只增大约 1%。因此,K 值在 0.5 以上,假定有效电流为 $K=1$ 时(L 值为无限大)的值,实用上也不会有问题。然而,I_P 越小,开关晶体管截止时功率损耗也越小,但随着有效电流的增大,K 值也支配着开关晶体管截止时损耗。根据以上理由,可认为 K 值接近 0.5~0.7 较适宜。

现说明扼流圈具体设计实例,作为实例的图 3.32 的条件如下:

输入电压 V_I 为 130V;

输出电压 V_O 为 5V;

整流器的电压降 V_D 为 0.5V;

输出电流(最大值)I_O 为 20A;

匝比 N_S/N_P 为 0.141;

频率 f 为 50kHz;

占空比 $D(T_{ON}=6\mu s)$ 为 0.3;

$K=I_V/I_P$ 为 0.5。

(1) 由式(3.111)求出电感 L 值为:

$$L=\frac{D(1-D)(1+K)}{2f(1-K)I_O}\cdot\frac{N_S}{N_P}V_I$$

$$L=\frac{0.3\times(1-0.3)\times(1+0.5)}{2\times50\times10^3\times(1-0.5)\times20}\times0.141\times130$$

$$=5.77(\mu H)$$

(2) 求出扼流圈电流变化量(ΔI_L)与 I_{PS} 和 I_{PV},并求出 I_P 和 I_V。

$$\Delta I_L=\frac{1}{L}\left(\frac{N_S}{N_P}\cdot V_I-V_D-V_O\right)T_{ON}$$

$$=\frac{1}{5.77\times10^{-6}}\times(0.141\times130-0.5-5)\times6\times10^{-6}$$

$$=13.34(A)$$

因此,由 $I_{PS}=I_O+\Delta I_L/2$,$I_{VS}=I_O-\Delta I_L/2$ 求出,2 次绕组峰值电流 $I_{PS}=26.68A$,2 次绕组谷点电流 $I_{VS}=13.33A$ [根据 $I_{PS}=2I_O/(1+K)$,$I_{VS}=2KI_O/(1+K)$,也可以求出 I_{VS} 和 I_{PS}]。

由此,I_P 和 I_V 可由下式求出。

1 次绕组峰值电流 $\quad I_P=\dfrac{N_S}{N_P}I_{PS}=0.141\times26.68=3.76(A)$

1 次绕组谷点电流　$I_V = \dfrac{N_S}{N_P} I_{VS} = 0.141 \times 13.33 = 1.88(A)$

（3）求出 2 次绕组电流有效值，并求出 1 次绕组电流有效值。在图 3.46 中，若 $K = 0.5$，$D = 0.3$，则有

$$I_{RMS} / I_{AVG} = 1.86$$

图 3.46 中电流平均值 I_{VAG} 为 T_{ON} 期间平均值，但输出电流 I_O 是 T_{ON} 和 T_{OFF} 期间平均值，其值为 I_O 乘以占空比。

1 次绕组电流有效值　$I_{P(RMS)} = \dfrac{N_S}{N_P} I_{S(RMS)} = 0.141 \times 11.16 = 1.57(A)$

（4）求出 2 次扼流圈的有效电流 $I_{L(RMS)}$。由图 3.47 求出扼流圈的电流有效值为 $20 \times 1.019 = 20.4(A)$。

（5）求出临界电流 I_{OC}。$D = 0.3$ 时，由式（3.117）得到

$$
\begin{aligned}
I_{OC} &= \frac{D(1-D)}{2Lf} \cdot \frac{N_S}{N_P} V_I \\
&= \frac{0.3 \times (1-0.3)}{2 \times 5.77 \times 10^{-6} \times 50 \times 10^3} \times 0.141 \times 130 \\
&= 6.66(A) \text{（为满载电流的 } 33\% \text{）}
\end{aligned}
$$

输入电压最低值 $V_{I(min)} = 98V$，$D = 0.276$ 时，I_{OC} 为：

$$
\begin{aligned}
I_{OC} &= \frac{0.276 \times (1-0.276)}{2 \times 5.77 \times 10^{-6} \times 50 \times 10^3} \times 0.141 \times 98 \\
&= 4.78(A)
\end{aligned}
$$

输入电压最大值 $V_{I(max)} = 160V$，$D = 0.276$ 时，I_{OC} 为：

$$
\begin{aligned}
I_{OC} &= \frac{0.276 \times (1-0.276)}{2 \times 5.77 \times 10^{-6} \times 50 \times 10^3} \times 0.141 \times 160 \\
&= 7.8(A)
\end{aligned}
$$

注意到输入电压升高，临界电流增大。

（6）求出空载时占空比。$I_{OC} = 6.66A$ 时，若假负载电流为 0.1A，$0.1/I_{OC} = 0.015$，由图 3.43 或式（3.120）求出最小占空比 $D_{min} = 0.061$，因此，晶体管导通时间 T_{ON} 为

$$T_{ON} = 20\mu s \times 0.061 = 1.22(\mu s)$$

采用以上方法可简单求出设计需要的电流值与临界电流值、最小占空比等。

用户得不到好处的高频化是没有意义的

最近开关电源的开关频率很高,一般为 50～100kHz,而现在已在试做开关频率为兆赫数量级的电源。开关频率提高时,在频率接近 100kHz 而对于同一尺寸的变压器,可以得到约是频率比的平方根输出,扼流圈的电感值与频率成反比例降低。

因此,提高开关频率是作为电源装置小型化与降低成本的重要课题。另外,在效率与噪声都不劣化情况下提高开关频率,这也是技术上非常感兴趣的问题。然而,提高开关频率电源的装置也要尽量使用户得到实惠。

其原因是,开关频率提高了,电源也小型化了,但不可能提高效率。因此,在损耗相等的情况下,小型化的电源装置其内部温升也升高,这样,的确降低了可靠性。现在市场上销售的一般电源,在环境温度较高时,绝不能说可靠性高。因此,在不改善电源效率前提下进行小型化,会得到什么样的结果在这里也没有必要再叙述了。

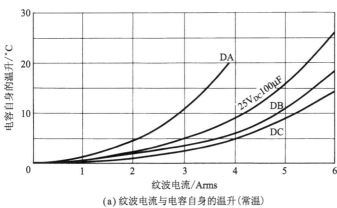

(a) 纹波电流与电容自身的温升(常温)

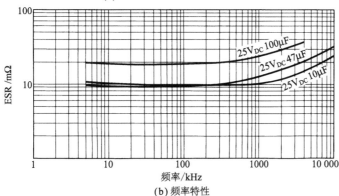

(b) 频率特性

叠层陶瓷电容的特性(摘自 NEC 叠层陶瓷电容的技术数据)

　　另外,纹波电流允许值的限制与高频时阻抗的增大,提高频率也不能使滤波电解电容小型化,这是电源装置的小型化与高可靠性化的巨大障碍。

　　为此,使用叠层陶瓷电容,这种电容特性如上页图所示,它的纹波电流与频率特性适合小型化与高频化。寿命也不会出现像电解电容那样的磨损故障而受到影响,因此,可靠性高。然而,其具有成本高、Q 值高、易产生自激等缺点。作为其他提高频率的方法,还有使用小型薄膜电容的方法。

　　在直流-直流变换器中,这些方法都是可用的,然而,在市场上一般销售的工频交流电源作为输入的开关稳压电源中,输入部分的滤波器需要使用高压、大容量的电容,提高频率也不能解决这个问题,因此,应用上很难。

第 4 章
脉宽调制电路与保护电路

4.1 脉宽调制电路与集成控制器

第 2 章主要说明自激式开关稳压电源,本章说明他激式脉宽调制开关稳压电源的有关问题。自激式开关稳压电源的优点是电路简单,但有设计自由度小、应用范围有限的缺点。另外,最近利用迅速发展起来的 FET 作为开关元件时,还有个缺点是传统的自激振荡电路不能原样使用。他激式开关稳压电源使用 FET 的优点是使驱动电路极其简单化,因此,FET 技术越进步,他激式开关稳压电源的应用范围越广。对于使用磁放大器的开关稳压电源,他激方式电路也能减轻磁放大器的负担,这种电源也可以在传统自激振荡方式常用的范围内使用。

他激式脉宽调制开关稳压电源的构成框图如图 4.1 所示,其控制电路由与振荡频率同步的振荡器、输出任意脉冲宽度的脉宽调制器(PWM)、控制 PWM 的反馈放大器 A 等构成。电路中,输出电压加到 R_1 和 R_2 构成的分压器上,其分得的电压与基准电压 V_R 经常保持相同。反馈放大器A将输出经分压器分得的电压与

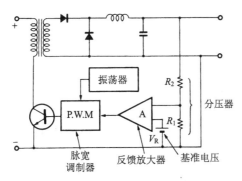

图 4.1 他激式脉宽调制开关稳压电源的构成框图

基准电压进行比较,并将其误差进行放大。放大的输出电压控制 PWM 电路,输出电压低时脉宽变宽,输出电压高时其动作相反,这样,使输出电压保持稳定。

脉宽调制电路的构成框图与工作波形如图 4.2 所示,它使用单稳态多谐振荡器,常有两种控制方法:其一,改变多谐振荡器时间常数 RC 中 R,控制脉宽的方法;其二,将锯齿波或三角波加到比较器上,用控制电压 V_C 改变比较器阈值电平的方法。

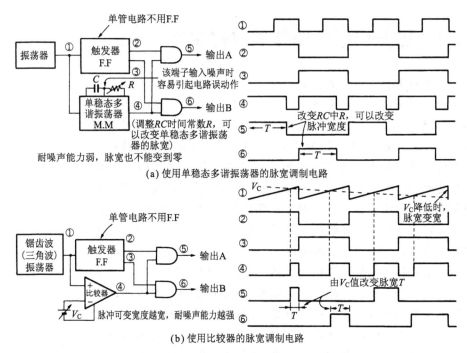

图 4.2 脉宽调制电路的构成框图与工作波形

比较器耐噪声能力一般也比单稳态多谐振荡器强,而且使用比较器电路可以与控制电压成比例,对脉宽进行准确的控制,控制范围可以从零到任意值变化。

多谐振荡器采用 555 定时器以及 CMOS、TTL 等多谐振荡器 IC 等。缺点是时间常数 RC 不能为零,脉宽不能降到零。尤其是 555 定时器,脉宽变窄时,重复脉冲等引起误动作。请注意这一点。

作为开关稳压电源的集成控制器 IC 取决于使用比较器的 PWM 电路,它有 MC3420、SG3524、μPC1024、TL494 等多种。这些 IC 有各自的特长,但也有实际应用不方便的 IC,还有现在几乎不用的 IC,最近使用的这些 IC 都是对原型进行多处改进的产品。

在当今时代,本书决定省略很早就开始使用的 TL494 的说明。现在的 TL494 集成控制器几乎没有了早期的缺点,使用方法也非常简单。手册中仅在限定使用时技术上的要求,对 IC 加以说明,并对后来改进处给予重点说明,这样有助于具体理解 IC。

在双极型晶体管成为主流时代,说到最典型的集成控制器 IC,这里,有必要对 TL494 类型 IC(日本同类产品有富士通的 MB3759、NEC 的 μPC494、夏普的 IR9494 等)进行说明。TL494 的等效电路与引脚配置如图 4.3 所示,由等效电路可知,它由三角波振荡器 OSC、2 个比较器 CMP_1 和 CMP_2、2 个误差放大器 A_1 和 A_2、5V 基准电压源等构成。比较器 CMP_2 接受来自误差放大器的输出信号对脉宽进行控制,由图 4.2(b)的电路与工作波形可以理解这种比较器的工作原理。

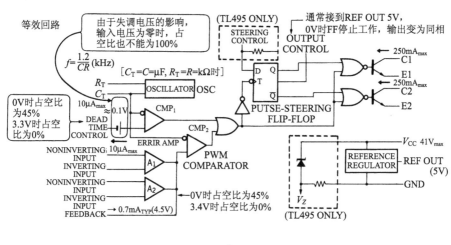

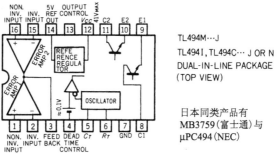

图 4.3 TL494 的等效电路与引脚配置

若接在 R_T 与 C_T 端的电阻为 $R(\mathrm{k}\Omega)$，电容为 $C(\mu\mathrm{F})$，则三角波的振荡频率 f 为：

$$f = \frac{1.2}{RC} \, (\mathrm{kHz}) \tag{4.1}$$

这种振荡频率经触发器分频变为其 1/2，因此，推挽工作时频率变为式(4.1)的一半。触发器电路是图 4.4 所示的 D 触发器，它与脉冲输入上升沿同步工作。输出控制端(OUTPUT CONTROL)是该触发器的电源端，该端子接 5V 基准电平时，触发器中晶体管 Q_1 和 Q_2 不加电源电压，Q 与 $\overline{Q}$ 为同相位输出，输出频率就是式(4.1)求出的 f。

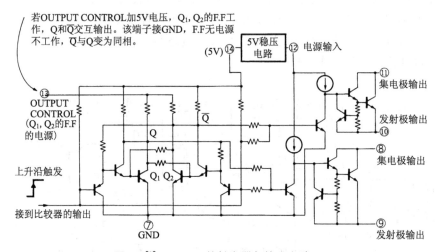

图 4.4[9]　TL494 的触发器与输出电路

采用这种 IC 的典型实例如图 4.5 所示，这是使用辅助电源，并由变压器隔离的实例。电路中，误差放大器 A_2 用作恒压电路的反馈放大器，放大器 A_1 用作恒流型过流保护电路的放大器。这种电路最大特点是能合理使用片内 2 个放大器与基准电压。然而，缺点是需要辅助电源作为 IC 的电源，由于辅助电源变压器 T_2 采用工频变压器，因此，尺寸与重量是个问题。为了减小变压器的体积，若变压器 T_2 输出电压经整流后的直流最大电压低于输出电压，则电源启动工作后，电流就经二极管 D 供给 IC，因此，变压器 T_2 可设计为短时间承受额定功率，可使其小型化。输出电压较低时，二极管 D 的阳极无输出电压，它接到变压器 T_1 抽头的适当位置，保持 IC 有适当电压。另外，由自激式直流-交流逆变器驱动变

压器 T_2, T_2 用作高频变压器,这种方法也可使变压器小型化,但辅助电源电路变得很复杂,同时有可能出现自激式逆变器(参阅第 2 章)的缺点,因此,需要注意这一点。辅助电源用自激式直流-直流变换器如图 4.6 所示,电路的工作原理请参见第 2 章介绍的自激式逆变器。

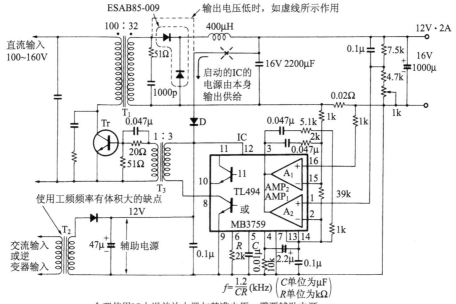

图 4.5 TL494 典型应用实例

图 4.7 是用光耦合器对 1 次与 2 次间进行隔离的控制电路,电路中采用这种 IC 不可能将 1 次与 2 次间的共用线分开,因此,

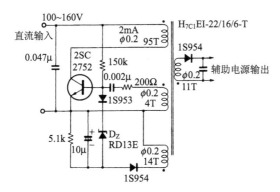

图 4.6 辅助电源用自激式直流-直流变换器

不能使用 IC 内部误差放大器。用光耦合器对 TL494 进行控制时,若理解 TL494 内误差放大器的输出电路,则可任意灵活使用两个放大器。图 4.8 示出了 TL494 内误差放大器的输出电路。如图 4.8 中所示那样,两个放大器的输出采用逻辑或连接方式,输出高的放大器通过 FEEDBACK 端子输出,变为比较器的输入信号。另外,用约 0.3mA 的恒电流将 FEEDBACK 端子拉至地端。

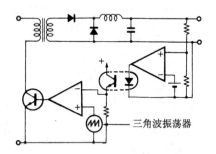

图 4.7 用光耦合器对 1 次与 2 次间进行隔离的控制电路

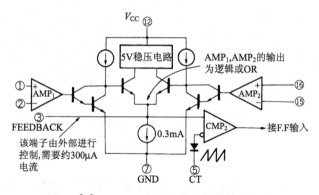

图 4.8[10] TL494 中误差放大器的输出电路

图 4.9 和图 4.10 示出用光耦合进行隔离时,将控制电压送回 IC 的电路实例。图 4.9 所示电路中,在作为误差放大器 AMP₁ 的反相输入端加 5V 电压,其输出为零,禁止电路工作。AMP₂ 作为其输出到输入施加 100% 负反馈的电压跟随器,光耦合器的输出加到 AMP₂ 的同相输入端,这样,构成一个控制脉宽的电路。

图 4.10 是将光耦合器中受光晶体管的发射极输出加到 TL494 的 DT 端子的电路实例。AMP₁ 和 AMP₂ 的反相输入端加 +5V 的基准电压,FEEDBACK 端子变为低电平时,禁止电路工作。来自光耦合器的信号加到 DT 端子以外,还加到 FEEDBACK 端子(3 脚),电路也进行同样工作。这时,如图 4.8 所示那样,

FEEDBACK 端子也用 0.3mA 恒电流拉至地端。脉宽最宽时光耦合器中也有电流流通。这时,可将与接入图 4.10 中的 DT 端子(4 脚)同样的 RC(2kΩ 电阻和 0.01μF 电容)噪声防止电路接到 FEEDBACK 端子(3 脚)。

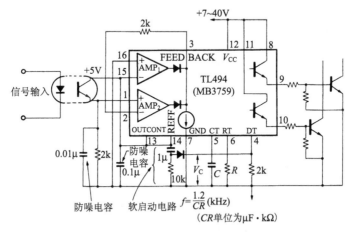

图 4.9 AMP$_2$ 作为电压跟随器在其输入加信号的实例

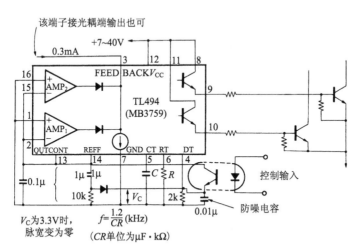

图 4.10 DT 端子加信号的实例

对于使用光耦合器的一般脉宽调制电路,如图 4.11 和图 4.12 所示,容易通过光耦合器及配线的分布电容(C_S)混入噪声,这是电路发生自激与抖动的原因。尤其是使用图 4.11 所示的多谐振荡器电路,光耦合器的受光晶体管的发射极接到高电位端时,就变成容易受到噪声影响的电路。对于使用比较器的图 4.12 所示电路，在光耦合器的受光晶体管的发射极接入 RC 电路，就能防止噪声的混入。对于大功率开关电源，若这部分混入噪声，不仅是使电路产生抖动，在某些情况下，噪声的影响使脉宽不能达到规定值，而且还有时不能得到额定的输出。因此，防止控制电路的噪声成为重要课题，在这点上对于最新 IC 也要注意同样的问题。

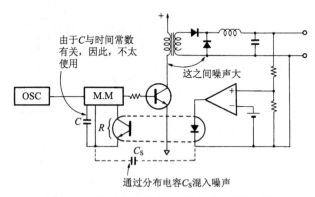

图 4.11 通过分布电容 C_S 混入噪声的说明图

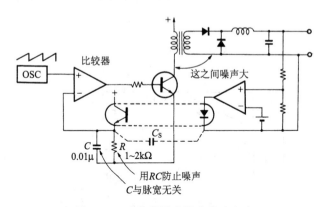

图 4.12 比较器输入噪声防止方法

图 4.13 是通过光耦合器将控制信号加到 DT 端子的实例。由于 IC 内部误差放大器不能作为反馈放大器使用，因此，禁止电路动作代之采用外接运算放大器，即用于恒压反馈的 A_1 和用于限制电流的 A_2，基准电压使用 TL431，可以得到约 2.5V 的电压。晶体管 Tr_1 为启动用晶体管，仅在输入电源接通的瞬间通过 R_1 和 Tr_1 将为 TL494 提供电源。这样，启动了工作电压，通过变压器 T 的辅助绕组提供高频电源。该电压高于稳压二极管 D_Z 的稳定电

压时,电路启动后,Tr_2 截止放电,TL494 的功率都由辅助绕组提供。

开关晶体管 Tr_3 采用 FET,在 Tr_3 截止时其栅极积累的电荷通过 Tr_2 放电,Tr_2 是加快 Tr_3 截止时间的晶体管。若开关电源增设这种电路,则 TL494 也能用到 150kHz 的开关频率。

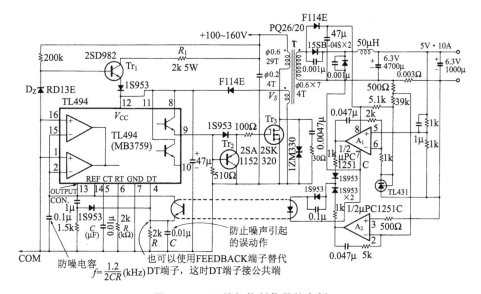

图 4.13　DT 端加控制信号的实例

在图 4.13 所示的采用 TL494 类型 IC 与光耦合器的控制电路中,可以使误差放大器停止工作,但该放大器可用于其他用途。若这种类型 IC 的输入电压降低,图 4.14 所示基准电压也降低。这种基准电压如图 4.4 和图 4.8 所示那样,用作误差放大器输出电路与触发器的电源。因此,输入电压降低时,也有这类 IC 可能

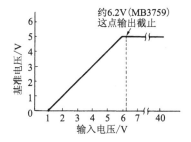

图 4.14[10]　基准电压与输入电压之间的关系

使电路发生误动作。然而,TL494 这种 IC 在输入电压降低时具有保护功能,即在基准电压降低之前输入电压约为 6.2V 时,这时,停止输出脉冲而达到保护的目的。

即使 IC 具有这样低输入电压时的保护功能,但输入电压降低时,在 IC 停止输出之前,偏置电源和辅助电源也降低。这样,使控制功能下降,在输出电压中产生过电压,开关晶体管的驱动功率减小,它变为有源状态而不能完全导通,损耗有时也会大幅度增加。

为了防止出现这种故障,在输入电压降到额定电压以下时,开关晶体管立即停止工作,若具有这种功能,则使用非常方便。图 4.15(a)就是这种电路的实例,IC 内部不用的一个误差放大器用作输入电压检测放大器。电路中,IC 的 16 脚接 5V 的基准电压,因此,15 脚的电压为 5V 以下时,脉冲停止输出。这样,由 R_1 和 R_2 可任意设定输入电压 V_I 的大小,即 $V_I < 5 \times (1 + R_2/R_1)$。图 4.15(a)中,电容 C_F 用于防止噪声,它也有软启动的作用。输入电压中存在纹波时,为了防止工作点为临界点时电路产生抖动,增设如图 4.15(b)所示那样施加正反馈的时滞电路,该电路的工作电压为 10V,时滞电压约为 0.3V。

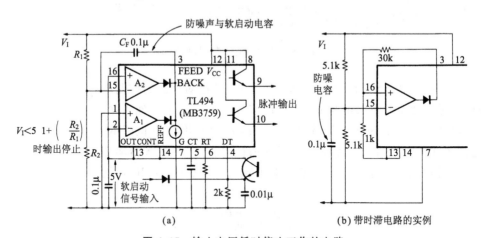

图 4.15　输入电压低时停止工作的电路

最新 IC 多具有输入低电平时全部电路同时截止的功能,与这种功能同等的 IC 不仅已经有内置的产品,而且正朝着电路截止时 IC 消耗电流(待机电流或维持电流,也称为 Standby 电流)减小,其电源也向简单化的方向发展,已经有很多待机电流在 1mA 以下的 IC。

　　软启动电路的目的是,防止电源启动时输出电容的充电电流损坏开关晶体管,以及输出电压上升波形的过冲。采用 TL494 的开关电源,其软启动电路一般是图 4.16(a)所示电路。这个电路采用的方法是,电源启动时,将电容 C_1 的充电电流产生的电压降加到死区控制端子(DT)。

　　然而,这种方法的缺点是,电容充电后就失去了这种作用,而且电源瞬断等时效果也降低了。另外,如图 4.16(a)所示那样,在接入输入电压降低时防止误动作的电路情况下,若输入电压上升变慢,则在输出脉冲之前电容 C_1 进行了充电,这也就失去了软启动的作用。

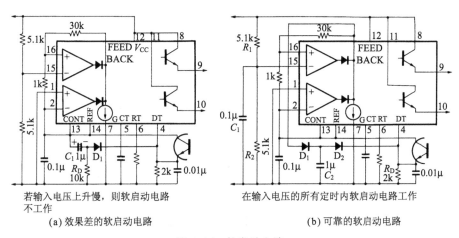

(a) 效果差的软启动电路　　　　　　　(b) 可靠的软启动电路

图 4.16　软启动电路

　　图 4.16(b)的电路克服了这些缺点,这种电路是利用输入电压低到启动电平以下时,FEEDBACK 端子变为高电平,其电压对电容 C_2 充电。若输入电压升到启动电压电平,FEEDBACK 端子变为低电平而输出脉冲。这时,C_2 中电荷通过电阻 R_D 以 $R_D C_2$ 时间常数,按照指数函数形式放电,死区控制端子(DT)的电压从约 4V 减小到 0V,完成了软启动工作。在电容 C_1 使输入电压上升加快,C_2 的电压不能充分充电的条件下,防止脉冲输出,在全部定时范围内即使输入电压上升,软启动也确实能工作。关于这一点也有很多改进的 IC,在变为待机状态的瞬间,软启动电容自动迅速放电,防止出现上述故障,考虑了这种方法的 IC 也正在增多。

4.2 控制用辅助电源与启动电路

开关稳压电源的控制电路由于集成化变得非常简单。然而，这种集成电路的电源受电路构成、元件数量与实装面积的影响较大。控制电路电源的供给方法大致有以下两种方式。

图 4.17 是脉宽调制电路 PWM 用电源与输出电压检测电源共用的电路。它的辅助电源是变压器 T_3 的输出经整流获得的电压供给控制电路。变压器 T_3 由辅助电源用直流-交流逆变器或工频电源进行驱动。采用直流-交流逆变器时，使用自激式直流-直流变换器非常方便。这种电路方式具有如图 4.5 所示那样合理使用集成控制器的优点，但有辅助电源用逆变器的电路元器件较多的缺点。另外，使用工频变压器时，变压器的尺寸与重量也成为问题。

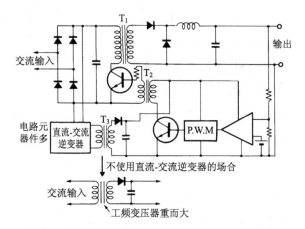

图 4.17 具有独立辅助电源而检测电路与 PWM 电路采用同一电源的实例

图 4.18 是 PWM 电路与输出电压检测电路的电源各自独立的电路。这时，仅启动时由输入的主电源供电，逆变器启动后由主变压器 T 的辅助绕组 NA_1 供电。另外，2 次侧电压检测电路的电源也由辅助绕组 NA_2 供给。这种电路的缺点是，在 1 次与 2 次间需要隔离时，由于 PWM 电路与电压检测电路不能共用，因此，需要如图 4.18 所示那样用光耦合器在隔离状态下传送信号。在这种状态下，集成控制器内误差放大器不能原样使用，需要增设如图 4.13 所示另外的误差放大器。不使用光耦合器时，作为传送要隔

离的原控制信号的电路如图 4.19 所示,通过控制晶体管 Tr_2 对主变压器 T_1 的输出进行调制,用隔离变压器 T_2 将控制信号传送到 1 次侧的 PWM 电路中。这时,在开关晶体管 Tr_1 截止期间,二极管 D 导通,传送控制信号。由于 TL494 类型 IC 在开关晶体管由截止到导通期间进行调制,因此,它与这种定时一致,对于控制定时不同的 IC,变压器 T_1 辅助绕组 N_C 的极性反转。

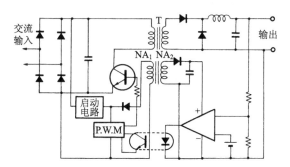

图 4.18 PWM 与检测电路的电源各自独立的电路

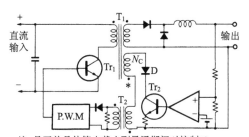

注:是开关晶体管由截止到导通期间对控制IC
进行调制(例TL494)。若由导通到截止期间
进行调制时,其极性变反

图 4.19 使用变压器传送控制信号

开关稳压电源的输入电压一般较高,该电压不能原样加到集成控制器上。另外,用串联线性稳压器使该电压稳定化,但由于串联晶体管的功率损耗大,这种方式不实用。图 4.18 所示启动电路是克服了这些缺点的电路,具体实例如图 4.20 所示。

在图 4.20(a)中,启动时通过 R_2 和 Tr_1 为 PWM 电路提供电源,启动后,由变压器 T 的辅助绕组 N_A 为 PWM 电路提供电源。启动后由变压器 T 的绕组 N_A 供给的电压高于稳压管 D_Z 的稳定电压时,二极管 D_1 反偏而截止,于是 Tr_1 截止。因此,晶体管 Tr_1 和电阻 R_2 仅在启动瞬间工作而消耗功率。由于晶体管 Tr_1 的功率损耗随电阻 R_2 增大而降低,因此,Tr_1 要选用高 h_{fe} 的晶体管。

在图 4.13 的开关稳压电源中,示出了采用这种启动电路的实例。若晶体管 Tr_1 损坏,或 PWM 电路中使用的 IC 损坏,则电阻 R_2 的功率损耗增大,还有可能产生火花。因此,这种电阻要选用能承受大功率的品种,或选用不燃性电阻。

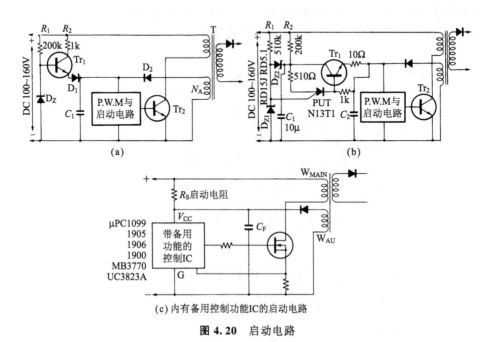

图 4.20 启动电路

在图 4.20(b)中,电源接通时,通过电阻 R_2 对 C_1 充电,C_1 电压随着充电而上升,当 PUT 的阳极电压高于稳压管 D_{Z1} 的稳定电压时,PUT 导通,电容 C_1 上电压通过 Tr_1 加到 PWM 电路上,这是用电容 C_1 中蓄积的能量进行启动的电路。这种电路,启动需要的瞬时功率由电容 C_1 供给,所以电阻 R_2 阻值比图 4.20(a)中高,即使在电路损坏时也比较安全。然而,由于存在 R_2C_1 的时间常数,因此电源接通到电路启动出现延迟时间。

最近已有很多内置启动功能的 IC,因此,都可以不用这样的启动电路。图 4.20(c)是使用内有备用控制功能 IC 的实例,电路非常简单,可以实现启动功能。这种 IC 的电源端通过启动电阻 R_S 加上电压,在上升到规定电压之前只有较小的待机电流流通。因此,通过 R_S 的电流对电容 C_F 充电,若电容上电压上升到启动电压,则 IC 进入启动状态而开始工作。这时,瞬时电流由 C_F 供给,可以防止 C_F 两端电压下降时 IC 再次截止。另外,IC 启动电压与截止电压有滞后特性,这样可防止自激振荡。IC 启动后其消耗电流几乎都由变压器辅助绕组供给,这与图 4.20(a)和(b)一样。

如图 4.17 所示电路那样,1 次侧和 2 次侧控制电源采用单独电源,这时注意之点是输出电压上升波形。这种波形的典型实例如图 4.21 所示,由图可见为各式各样的上升波形。图 4.21(a)为理想波形,图 4.21(b)和(c)的波形有过冲,形成的过电压加到负载上,有可能造成极坏的影响。图 4.21(d)的波形虽然没有出现过冲,但负载为 CPU 等时,也可能使 CPU 的通电复位电路不能正常动作,CPU 发生溢出的情况,需要注意这一点。

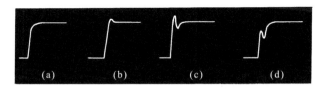

图 4.21　输出电压的上升波形

输出电压上升波形为图 4.21(c)和(d)那样形式的原因是,图 4.18 中,在启动瞬间,2 次侧控制电路的电压较低,控制电路得不到足够使其动作的电平,因此,存在 1 次侧软启动电路与 2 次侧 LC 滤波电路的延迟时间,使输出电压有迅速上升瞬间的缘故。输出电压稍有上升之后,若 2 次侧控制电路的电源还没有足够大的电平时,还要对 2 次侧控制电路的工作电压的上升沿进行控制。因此,在 1 次侧控制使上升速度过快以及 2 次侧电源电路的上升与控制电路的延迟过大时,这时变为图 4.21(b)或(c)所示那样输出电压上升的波形。

即使是输出电压在上升的过程中 2 次侧控制起作用时,最初上升速度过快时的波形如图 4.21(d)所示。在输出电压达到设定电平之前,由 2 次侧进行控制,为了控制输出电压的上升速度,如图 4.22 所示,用电容 C_1 或通过与电压检测电路并联电容 C_2 来延迟基准电压上升时间。1 次与 2 次上升延迟的合成波形如图 4.23 的实线所示。

对于 TL494 类型的 IC,若软启动电路不使用图 4.10 所示那样的电路,则软启动电路就不能正常动作,电源上升波形也变得不确定,使这个问题更加复杂化。最近的 IC 克服了这些缺点,软启动电容在电路截止时迅速放电,还有防止通电定时不同引起软启动电路工作不确定这样设想的 IC。

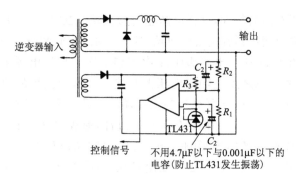

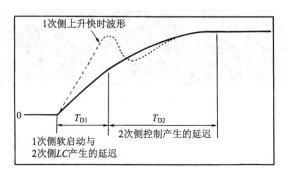

图 4.22　上升波形的补偿方法

图 4.23　输出电压上升波形的放大图

4.3　过电流与过电压保护电路

过电流保护电路是在电源过载或输出短路时保护电源装置，随应用场合不同，也有防止负载损坏的作用。

过电流保护电路的典型方式如图 4.24 所示，它是一种恒流型过电流保护电路。电路中，电阻 R_1 和 R_2 对基准电压 V_R 进行分压，电阻 R_2 上分得的电压 $V_{R2}=V_R[R_2/(R_1+R_2)]$，负载电流 I_O 在检测电阻 R_S 上的电压降 $V_S=I_O R_S$，将电压 V_S 和 V_{R2} 进行比较，若 $V_S>V_{R2}$，A 输出控制信号，这种控制信号使脉宽变窄，输出电压下降，从而控制输出 I_O 使其减小。

这时要注意的是放大器 A 的同相输入电压范围。例如，TL494 类型的 IC，片内误差放大器的同相输入电压范围为 $-0.3\sim(V_{CC}-2)$V。因此，图 4.24 中放大器 A 的负电源从输出侧取出时，若电阻 R_2 上的电压超过 0.3V，则放大器 A 不工作。

另外,电流检测电阻 R_S 上电压降 V_S 也需要在 0.3V 以下。即使检测电阻上电压降 V_S 在 0.3V 以下,但输出短路时,由于滤波电容 C_1 的放电电流,以及过电流保护电路的响应滞后,电阻 R_S 上的电压升高,有可能使放大器 A 发生闩锁,为此,如图 4.24 所示,在电路中接入二极管 D,防止放大器的负电源侧与输入电压之差过大。这时,为了降低二极管正向电压降,D 采用肖特基二极管。

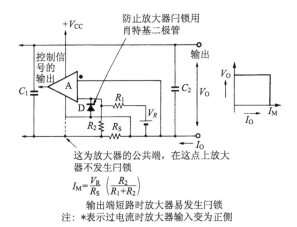

$$I_M = \frac{V_R}{R_S}\left(\frac{R_2}{R_1 + R_2}\right)$$

输出端短路时放大器易发生闩锁
注:*表示过电流时放大器输入变为正侧

图 4.24 恒流型过电流保护电路

另外,图 4.24 电路中虚线表示放大器 A 的负电源没有接到输出侧,而是接到输入侧。这时电阻 R_S 上电压降即使增大,也不会超过放大器 A 的同相输入范围。然而,如图 4.5 所示那样,IC 内部基准电压作为稳压检测的基准电压时,这种情况限于基准电压共用端与放大器共用端可以各自独立的场合。

图 4.25 示出フ字形过电流保护电路。图 4.25(a)和(b)只是电流检测电阻 R_S 接入的位置不同,其工作原理完全相同。电路中,可用电阻 R_1 和 R_2 适当调整放大器输入电平,如图 4.24 所示那样防止放大器发生闩锁。这时,放大器的输入电压不能超过其同相输入电压范围,这样,相对输出电压来说变高了。

フ字形电流检测电路是由 R_1、R_2、R_S 和负载构成的桥式电路,相对负载电阻变化时电流下降比例,随过电流保护反馈放大器的增益而改变,反馈放大器的增益较高时,稍有过载,输出电压就会急剧下降(参见参考文献[9])。在图 4.25 中,即使 $R_4 = \infty$,$R_3 = 0$,但工作原理不变。理论上输出电压为 0,过电流保护工作点也是 0。因此,若有像降低放大器 A 的工作点那样的补偿电压,则会出现输出电压不升高的问题。启动电源 V_{ST} 就是防止启动时出现这种故障的电源,需要电源上升速度比输出电压快。

启动电源 V_{ST} 值的设定使电源启动后二极管 D 截止,对过电流设定值 I_M 没有影响。V_{ST} 决定输出短路时的短路电流,其短路电流用 I_S 表示,如图 4.25(b)所示。

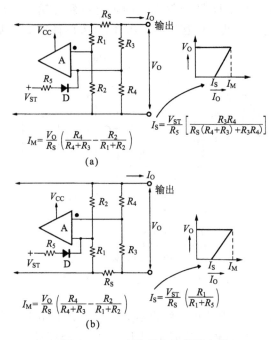

$$I_M = \frac{V_O}{R_S}\left(\frac{R_4}{R_4+R_3} - \frac{R_2}{R_1+R_2}\right)$$

$$I_S = \frac{V_{ST}}{R_5}\left[\frac{R_3 R_4}{R_S(R_4+R_3)+R_3 R_4}\right]$$

(a)

$$I_M = \frac{V_O}{R_S}\left(\frac{R_4}{R_4+R_3} - \frac{R_2}{R_1+R_2}\right)$$

$$I_S = \frac{V_{ST}}{R_S}\left(\frac{R_1}{R_1+R_5}\right)$$

(b)

图 4.25 フ字形过电流保护电路

フ字形过电流保护电路如上所述那样,它也是一种桥式检测电路。因此,若桥电源电压改变极性时,输出特性也改变极性,有可能发生如下故障,需要注意。这种故障如图 4.26 所示,试考察一下两个电源串联时,电源 A 与 B 的上升有时间迟后的情况。例如,电源 A 上升迟后,电源 B 的输出通过电源 B 的续流二极管 D_F 流通,电源 A 的输出电压变为反极性。若输出电压极性变反,则电源 A 的过电流保护动作,电源 A 就永远不会上升。

为了防止出现这种故障,接入如图 4.26(b)所示的二极管 D。二极管 D 的温度特性有问题时,可与电阻 R_1 串联一个二极管,这样就可以使其温度特性得到改善。图 4.24 所示电路的缺点是电阻较多,若这种电阻的偏差与温度特性都偏坏,则电流设定值需要较大裕量。另外,负载为灯泡等,对于启动时等效电阻低的非线性负载,也会出现电源不能上升的故障。

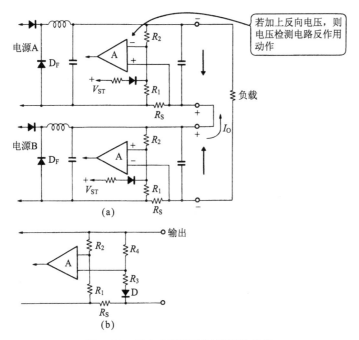

图 4.26 两个电源串联时出现的故障

对于图 4.25 所示的恒流型过电流保护电路,也可以用于灯泡等非线性负载,它是能适应任何种类负载的保护电路。然而,对于机内电源,发生过流时,持续流通较大电流会带来不安全的问题。例如,负载侧为印制板构成的电路,这种电路中发生短路时,印制电路板的配线图案也会被烧毁。

图 4.27 是恒流型限流电路与断开型过电流保护电路的组合型保护电路。电路中用恒压反馈放大器 A_1 的输出控制 PC_{2-2},使电压保持稳定。过电流时,用放大器 A_2 检测过电流,它的输出驱动 PC_{2-1},使其恒流工作。另外,放大器 A_2 的输出控制 PC_{1-1},驱动 PC_{1-1} 受光侧的光激晶闸管 PC_{1-2},IC_1 的 16 脚电平下降,开关晶体管的驱动脉冲信号消失,达到保护电路的目的。

断开电路中光耦合器 PC_{1-1} 的输入由 RC 延迟电路产生一定的延迟,在电源上升与瞬时过载时不会发生误动作。这样,瞬时过载时恒流电路动作,快速防止开关晶体管遭到损坏。另外,对于长时间(一般为 0.1s 左右)过载,晶闸管导通,输出完全截止。

图 4.27 中,放大器 A_2 的输出电路与 PC_{2-1} 串联接入稳压二极管 D_Z,它是用于 PC_{1-1} 与 PC_{2-2} 竞争动作时,防止 PC_{1-2} 难以动作的二极管。即使稳压工作时,由于二极管电压降,PC_{1-1} 也能获

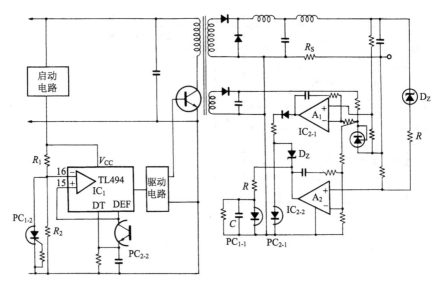

图 4.27 组合型过电流保护电路

得足够大的导通电压。

图 4.28(a)是直接检测开关元件电流而进行过电流保护的电路,它是开关晶体管 Tr_1 和 Tr_2 的发射极接入电阻,检测该电阻上的电压降而检测过电流的方法。在图 4.28(a)所示电路中,若电阻 R_S 上电压降增大,Tr_4 导通,则 Tr_3 也导通,基准电压加到 TL494 的死区端子 DT 上,输出断开,防止了过电流。IC 的输出 Q 截止后,开关晶体管也截止,Tr_4 也截止、Tr_3 也截止,DT 端返回到正常电平,这瞬间,IC 内触发器也翻转(图 4.4)。

这时,DT 端为正常电平,因此,三角波下降前 $\overline{Q}$ 端输出脉冲,这样,从 $\overline{Q}$ 输出到 Q 输出的时间仅是外部电路的延迟时间,时间可能非常短,死区时间不够长。其结果,开关晶体管 Tr_1 与 Tr_2 同时导通,有可能被损坏。

图 4.28(b)是克服了这种缺点的电路,若 Tr_4 导通,则 Tr_3 与 Tr_5 也导通,即使电阻 R_S 上的电压下降,但因 Tr_3 到 Tr_5 加的是正反馈,因此,Tr_3 和 Tr_5 仍继续导通。这样,在 1 个周期期间,DT 端不再返回到正常工作时的电平,此期间触发器不会发生不翻转的问题。若振荡电容 C 放电到电压谷点,则 Tr_5 导通时的电流由于 D_1 分流而截止,其后 Tr_3 也截止,DT 端变为正常工作电平,进入下一个工作周期。最近,像 μPC1906 那样的单管式变换器专用的 IC 也在增多,这种 IC 原理上不需要触发器,不会发生上述那样

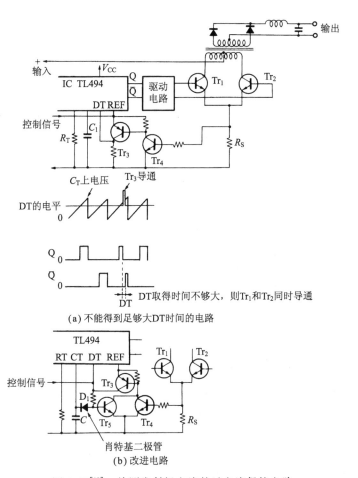

图 4.28[10]　检测发射极电流的过电流保护电路

的故障,即使是内有触发器的 IC,也有能防止上述那样误动作的芯片。

　　现说明一下过电压保护电路,这种电路是防止电压超过额定电压的电路。开关稳压电源与线性稳压电源进行比较,其特点是不易发生过电压。然而,随着最近的电子技术的发展,负载成本下降,但价格高的情况也不少。这时,在图 4.24 所示电流检测电路中,增设电压检测电路,发生过电压时使脉宽变窄,同时输入脉冲消失,防止过电压的发生。

　　最简单的过电压保护电路实例是在图 4.27 电路中增设稳压二极管 D_z,过电压时,D_z 导通,其原理与过电流时一样,它防止过电压的发生。这时,若输出电流发生变化,电流检测电阻 R_S 上电压降也发生变化,过电压的工作点也发生变化,因此,电流检测电压要尽量低。

过电压保护电路存在动作速度快容易产生误动作,动作速度过慢不能得到有效保护的问题。

市售电源在这点上有时也没有认真考虑,因此,这种电源未必安全。最近已有很多内置过电压保护电路的 IC,由此很容易构成过电压保护电路。

4.4 最新集成控制器的发展趋势与关键问题

若 MOS FET 成为开关稳压电源的主流开关元件,则集成控制器的设计方针也要随之改变,而开关频率的提高、消耗功率的降低、启动电路的内置、驱动电路的改进、内有高可靠性的过电流保护电路等多方面改善的 IC 已经出台了。这些性能改善已经在 4.3 节与 TL494 类型 IC 进行了比较并做了说明。最近,与 TL494 类型 IC 的工作方式完全不同的电流与谐振工作方式的 IC 等也已经出台,集成控制器也多样化了。下面,对最新开关稳压电源用集成控制器的性能改善与关键问题进行说明。

▶ 消耗功率的降低与启动电路的内置

在本书旧版发行时期,开关稳压电源用集成控制器主要是 TL494,日本也出台了几乎与 TL494 同一性能的富士通的 MB3759 及 NEC 的 μPC494 等 IC。这时期的开关元件主要还是双极型晶体管,而功率 MOS FET 只在通信设备等价格比较高的领域内使用。

当时集成控制器的最大缺点是消耗功率大,如 4.2 节已经说明的那样,要使这种 IC 工作需要辅助电源,而要得到这个电源则成本与占地空间就成为了问题。当时,驱动双极型晶体管需要的功率较大,降低集成控制器 IC 的损耗在很多情况下毫无意义,这种努力都没有结果。

其后,MOS FET 成为一般化器件时,FET 驱动功率大幅度降低,集成控制器 IC 辅助电源简单化,因此,降低成本的必要性变得很迫切。尤其是获得集成控制器 IC 电源的方法,这是在具有多种特征的图 4.20 所示电路以及依据该电路进行改进的电路中使用的方法,若 IC 的消耗电流小,则启动电路就极其简单。再有,消耗功率小,而且能有待机状态,则 IC 片内也有可能内置启动电路,图 4.20(c)是可以非常简单获得控制用辅助电源的电路。即使启动电流低,启动电阻 R_S 的阻值高,电路不良等原因不能启动时,由于 R_S 消耗功率小,因此,也可以构成一个高可靠性的电源。

以此目的改进的集成控制器 IC 的启动特性如图 4.29 所示,这是一种 IC 的电源电压在规定值以下,只有很小的作为待机电流的流通,当电源电压超过规定值时,内有瞬间变为工作状态电路的器件。也就是说,对于能与图 4.20(b)进行同样工作的电路,认为内置启动电路的 IC 比较好。采用这样的 IC 如图 4.20(c)所示,将输入直流电源通过启动电阻 R_S 接到 IC 的电源输入端。一般来说,直流输入电源多数情况下远高于 IC 的工作电压,启动电流越小其电阻功耗越小,因此,在努力降低启动功率的情况下,最近,启动电流为 $100\mu A$ 量级的 IC 正在增多。

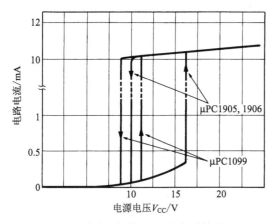

图 4.29[11] 控制用 IC 的启动特性

IC 启动后,电源变压器辅助绕组 W_{AU} 的低电压,通过整流器得到的电压加到 IC 上,辅助电源平滑电容 C 的电容量必须满足 IC 稳定启动所规定的电容量。该电容量由 IC 的消耗电流、驱动电路的输出电流、IC 的启动电压与启动停止电压的时滞特性等决定。为了防止这种电容量减少的故障,这里使用的电容 C_F 为电解电容,为了驱动 FET,有必要选用能充分承受纹波电流的电容。这里使用小容量的电解电容,它与尺寸较大的电容相比容易干枯,需要注意这一点。电解电容 C_F 的容量减小时容易出现难以启动的故障。这种原因引起的故障常在以下情况发生,即连续使用设备中使用的电源装置,或因从年终开始长期休眠希望与电源分离而第二年重新启动的系统,由于采用同一定时,因此,全国同时发生故障的可能性很高,从而带来致命的伤害,尤其要注意这一点。

为此,电容 C_F 不使用电解电容,要使用薄膜电容、OS 电容与叠层陶瓷电容等,这些都是允许纹波电流较大,而且寿命又长的电容。若开关元件的导通时间很短,则通过辅助电源的平滑电容的电流有效值超过预定值很大,因此,电解电容上会出现较大应力。

▶ 驱动电路的图腾柱化

用脉冲驱动 FET 时,由于 FET 的栅-源极间电容量较大,为了使电容能高速进行充放电,需要阻抗低而能吸收与吐出电流的双向驱动电路。例如,对于传统的 TL494,需要增设如图 4.24 所示那样的特殊驱动电路。对于改进的 IC(图 4.30(a)),输出电路为图腾柱式,这样可以直接驱动 FET。最近,也出台了很多驱动用 MOS FET 化缓冲器,可以简单驱动并联使用的 FET。然而,利用这样的缓冲器驱动 FET 时,也有的 IC 由于噪声等影响会发生闩锁,因此需要注意这一点。

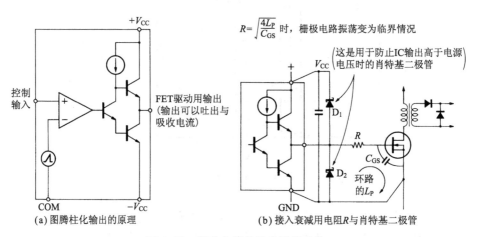

图 4.30 驱动电路的输出图腾柱化

另外,作为内置驱动电路 IC 的使用方法,需要注意的是,IC 的 GND 端子(也有与驱动部分分离的 IC)有驱动 FET 的峰值电流流通,若该电流的环路与控制模拟电路部分是共用的,过电流与过电压保护电路会发生误动作,容易引起抖动等问题。对于片内没有内置末级电路的 IC,这个问题比较难解决,在印制板图案设计时,对于这种 IC 需要充分注意。IC 输出端与 FET 栅极间的配线长,接地的图案配线差,而产生电感 L_P 时,如图 4.30(b)所示,为了防止电感 L_P 与 FET 输入电容 C_{GS} 引起的振荡,需要接入衰减电阻 R。

电阻值 R 是 LC 的临界条件,在满足

$$R=\sqrt{\frac{4L_{\mathrm{P}}}{C_{\mathrm{GS}}}}$$

时振荡停止,而且可使栅极电压波形的延迟为最小。即使印制图案为短粗设计,由于 FET 电极的物理构造原因,L_{P} 值低于 $10\mathrm{nH}$ 比较困难。由于振荡产生的高于电源的电压与负电压加到 IC 的输出端,有时发生的虽然不是所设想那样的误动作,也有必要如图 4.30 那样,在 IC 输出端接入肖特基二极管。

▶ **软启动电路的改进**

软启动电路是防止电源启动时,流经开关元件过大电流而使其损坏的重要电路,开关元件使用 FET 时,在这样过渡过程期间容易产生过电流,因此,软启动电路更有必要。在 4.1 节中用图 4.16 所示电路说明了 TL494 软启动的可靠方法。对于最近带有备用方式的 IC,在这点上也进行了大量的改进。

其原因是,由于增设了备用方式的电路,如图 4.29 的启动特性所示,在电源电压达到启动电平之点,启动特性与输入电压上升速度无关,电路很快进行启动。这时,IC 片内基准电源也快速上升。因此,如图 4.31 所示,基准电压的上升通过软启动电容加到 PWM 控制电路的反馈端子时,可以进行可靠的启动,电源断开时刻,此电压急剧下降,C_{S} 放电。这时,需要使用这样的 IC,即在放大器的内部以该放电电流进行有效的放电。

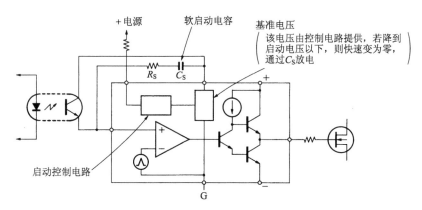

图 4.31　软启动电路

▶ **保护电路性能的强化与误动作的防止**

如第 6 章已经说明的那样,开关元件使用 FET 时,FET 电流

有良好的线性关系,电源接通与过载等过渡过程期间容易发生过电流,因此,过电流保护电路完全有必要,已经出台了很多过电流保护电路改进型 IC。例如,对于 TL494 类型的 IC,高速检测出流经开关元件的过电流,从而防止过电流的发生,为此,需要采用第 4 章中图 4.28 所说明的复杂措施。

　　对于最近的 IC,不必考虑双脉冲防止电路等,能简单且高速进行过电流保护。另外,还有内置对过电压与过电流进行锁存的保护电路等 IC。

　　▶ 反馈放大器的高频化

　　随着开关频率的高频化,输出滤波器 LC 中 L 与 C 的乘积降低,其谐振频率也升高。这样,对于传统带宽反馈放大器的频率特性,在反馈环内也有可能产生振荡。为此,也有必要展宽 IC 片内反馈放大器的频率特性,电压增益变为 1 之点的频率为 5MHz 以上的 IC 也有出售。

　　▶ 电流方式集成控制器 IC

　　电流方式集成控制器 IC 构成的开关稳压电源的原理如图 4.32 所示,它是通过 FET 源极电阻检测出开关元件(FET)的电流值,将检测的电流在电阻上形成的电压与控制电压进行比较,被监视的电流超过规定电平时,开关元件(FET)瞬时截止的电路。由于在升到开关元件电流的规定电平时,开关元件迅速截止,因此,确实能防止通过开关元件的过电流。电路中,开关元件的电流检测电阻使用 R_S,R_S 上电压与反馈放大器的输出电压通过比较器(COMP)进行比较,其输出决定 R/S 锁存器的截止定时。也就是

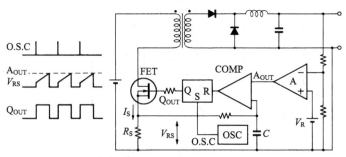

若源电流 I_S 变为 A_{OUT} 输出电流以上,则比较器输出反转,R/S 锁存器也反转,FET 变为截止状态。若输出电压升高,则 A_{OUT} 的电平下降,I_S 值减小时 FET 截止,输出电压下降,从而使输出电压保持稳定。

图 4.32　电流方式集成控制器 IC 构成的开关稳压电源的原理图

说,输出电压高于规定值时比较器输入电平降低,锁存器因快速定时而翻转,送至开关元件的脉宽变窄,输出电压降低,输出电流随之减小,这就达到过电流保护的目的。

对于这种方式,由于开关元件的电流检测电阻使用较低阻值,因此,电流检测电平较低,容易由噪声引起抖动。为了消除这种噪声的影响,电流检测放大器使用不受共模噪声影响而是完全差动输入型 IC,这种 IC 也有出售。开关元件的电流受到变压器 2 次侧整流二极管恢复时间引起的尖峰电流等影响而发生紊乱,这种尖峰电流形成的噪声有时会引起电路误动作。为了防止这种尖峰电流,用电容将其尖峰成分进行衰减。然而,电容量过大时,过电流保护电路的响应速度变慢,因此,为了抑制输出短路等时过电流的上升速度,需要注意的是不要使 2 次侧滤波扼流圈急剧饱和(图 8.6)。

▶ 谐振方式集成控制器 IC

谐振方式的 IC 大致分为两种类型,作为简单实例,有开关元件导通或截止时间保持恒定而改变频率的 IC;检测开关元件的电压或电流,该电压为正的期间,驱动信号自动消失,完全进行零电压开关的 IC。这种 IC 的使用方法参照第 7 章的说明。

▶ 磁放大器用 IC

磁放大器的控制电路如第 2 章说明的那样,由于采用 TL431 等并联稳压器,因此可构成非常简单的电路。然而,这种电路的缺点是没有过电流保护功能,若在电路中增设过电流保护电路,则元器件就要增多,失去了电路简单的优点。图 4.33 所示的 IC 是没有这种缺点的器件。过电流保护电路的工作原理与图 4.25 说明的原理相同。这里,作为启动电压是利用恒压用的基准电压。

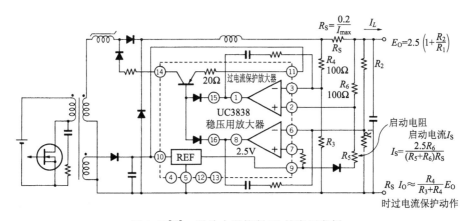

图 4.33[12]　磁放大器控制 IC 的应用实例

▶ 典型集成控制器 IC 的规格表

表 4.1 示出最新的 IC 规格表(随厂家不同,也有将最早类型的 IC 作为最新器件)。这种规格表是集 CQ 出版社发行的 1992 年版的《最新电源用 IC 规格表》与 Unitrode 公司的《数据手册》,并参考了其他资料将其主要规格归纳成的一览表。表 4.1 中示出的 IC 是作者独自选择的而没有特殊意义,但作者认为该表充分代表了最新开关电源用集成控制器 IC 的发展趋势。

表 4.1[12,13] 开关稳压电源集成控制器 IC 的规格表

型 号	最高频率	输出电路	驱动电流	待机电流	工作方式	保护电路及其他	厂 家
1R3M01	200kHz	FF-OC	100mA			Lach,DAMP	夏普
1R3M02	40kHz	FF-TR	200mA			DAMP	夏普
1R3M04	500kHz	S-TP	±20mA	1.5mA			夏普
1R9494	300kHz	FF/S-TR	200mA	1.5mA		DAMP	夏普
μPC1094	500kHz	S-TP	±1.2A	1.6mA		OCL	NEC
μPC1099	500kHz	S-TP	±1.2A	0.1mA		OVL/PBP-OCL	NEC
μPC1100	500kHz	S-OC(Dual)	25mA	2.2mA		OCL(连动)	NEC
μPC1150	500kHz	S-OC(Dual)	25mA	2.2mA		OCL	NEC
μPC1900	500kHz	S-TP(Dual)	±1.2A	0.2mA		OVL/OCL/ON-OFF	NEC
μPC1905	500kHz	S-TP	±1.2A	0.25mA		OVL/PBP-OCL	NEC
μPC1906	500kHz	S-TP	±1.2A	0.25mA		OVL/OCL	NEC
HA16107P	600kHz	S-TP	±2A	0.16mA		OVL/PBP-OCL	日立
HA16654A	500kHz	S-TP	±20mA	1.5mA			日立
HA16664A	200kHz	S-TP	±20mA	1.5mA			日立
HA16666P	600kHz	S-TP	±500mA	0.15mA		OCL,DAMP	日立
MB3769	500kHz	S-TP	±600mA	1.5mA		OVL,2AMP	富士通
MB3770	1MHz	S-TP	±2A	0.25mA		OVL/OCL	富士通
MB3775	500kHz	S-OC(Dual)	75mA	1.3mA		OCL	富士通
MB3776	500kHz	S-TP	±50mA	0.5μA		Drive Cont'	富士通
MB3778	500kHz	S-OC(Dual)	±75mA	10μA		OCL	富士通
AN5900	500kHz	S-OC	50mA			OVL/OCL	松下电子
AN8090	500kHz	S-TP	±2A	100μA		OVL/OCL/THP	松下电子
M51995P	500kHz	S-TP	±2A	100μA		OVL/PBP-OCL	三菱电机
M51996P	500kHz	S-TP	±1A	100μA		OVL/PBP-OCL	三菱电机

型 号	最高频率	输出电路	驱动电流	待机电流	工作方式	保护电路及其他	厂 家
M51997P	500kHz	S-TP	±1A	100μA		OVL/PBP-OCL	三菱电机
BA6122A	41kHz	S-OC(Dual)	80mA			同步二电路	罗姆
MC4320	100kHz	FF-OC	50mA				Motorola
MC34065	500kHz	S-TP(Dual)	±1A	0.6mA		OCL	Motorola
MC34129	300kHz	S-TP	±1A		Current	OCL	Motorola
LM1578	100kHz	S-TR	±1A				Texas Ins'
LT494	300kHz	FF-TR	200mA			DAMP	Texas Ins'
TL594	300kHz	FF-TR	200mA			DAMP	Texas Ins'
TL1451	500kHz	S-OC(Dual)	20mA	1.8mA		OCL	Texas Ins'
TL1453	500kHz	S-OC(Dual)	20mA	1.3mA			Texas Ins'
TL5001	500kHz	S-TR	20mA			OCL	Texas Ins'
SI9105	1MHz	S-OD	250mA		Current		Siliconix
SI9111	1MHz	S-TP	±10mA		Current		Siliconix
SI9112	1MHz	S-TP	±10mA		Current	Shutdoun	Siliconix
SI9120	1MHz	S-TP	±10mA		Current	Shutdoun	Siliconix
UC1524A	300kHz	FF-OC	200mA	4mA		OClim/THP	Unitode
UC3823A	1MHz	S-TP	±1.5A	0.5mA	Volt/Current	PBP-OCL	Unitrode
UC3825A	1MHz	FF-TP	±1.5A	0.5mA	Volt/Current	PBP-OCL	Unitrode
UC3838A					MAG-AMP	Controller	Unitrode
UC3842A	1MHz	S-TP	±1A	0.5mA	Current	PBP-OCL	Unitrode
UC3844A	1MHz	S-TP(50%)	±1A	0.5mA	Current	PBP-OCL	Unitrode
UC3846A	500kHz	FF-TP	±1A	0.5mA	Current	OClim	Unitrode
UC3854	55kHz	S-TP	±1A	1.5mA	PowerFact'	Power Factor	Unitrode
UC3860	3MHz	FF-TP	±2A	0.15mA	Resonant		Unitrode
UC3861	1MHz	FF-TP	±1.5A	0.15mA	Resonant	ZVS	Unitrode

注:FF 为交互输出(中心抽头式,桥式用),S 为单一输出;OC 为集电极开路方式,TR 为晶体管 EC 输出,
TP 为图腾柱方式;OD 为 FET 的漏极输出,Dual 为双路输出,±输出电流值为电流峰值。

OVL＝over voltage；OCL＝over current lach；DAMP＝dual AMP；OClim＝over current limiter；
PBP＝pulse by pulse over current lach；THP＝Thamal shutdoun protection；ZVS＝zero volt switching。

第5章
开关稳压电源应用实例

5.1 三个有源元器件构成带磁放大器的直流-直流变换器

图 5.1 是开关晶体管使用 FET 的自激式直流-直流变换器。在电路的 2 次侧接有磁放大器 L_S，该磁放大器受并联稳压器 TL431 和晶体管 Tr_2(2SA1009)的控制。因此，这种电路包括开关晶体管在内总共只使用了三个有源元器件。

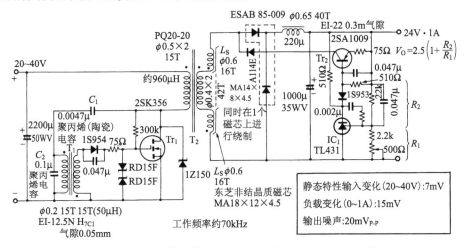

图 5.1 开关晶体管使用 FET 的自激式直流-直流变换器

电路中，T_1 的电感(50μH)和电容 C_2(0.1μF)构成并联谐振电路，其谐振电压经 T_1 反转，然后加到 FET 的栅极，从而形成带有正反馈的振荡电路。C_1 是从 FET 的漏极加正反馈的电容，同时有吸收浪涌的作用。电容 C_1 和变压器 1 次绕组电感的谐振频率也接近变换器的振荡频率。FET 栅极波形接近正弦波，输入电压较高时，可与栅极并联接入稳压二极管对其峰值电压进行钳位。

变压器 T_2 的 2 次侧接入的磁放大器使输出电压保持稳定，这种磁放大器是将绕在 1 个环形磁芯上的绕组分为 2 个绕组,绕组不分开也能进行同样的工作,但作为这样的绕组,磁放大器也就变成共模扼流圈的工作方式,可以降低输出噪声。

TL431 是并联稳压器,其等效电路如图 5.2 所示,内有 2.495V 带隙构成的基准电压。图 5.1 中,电压检测用 R_1 和 R_2 分压器的输出超过 2.495V 时,TL431(IC$_1$)导通,Tr$_2$ 也导通。这样,Tr$_1$ 截止期间,Tr$_2$ 的集电极电流送至磁放大器 L_S,磁放大器的复位量增加,其作用是使输出电压降低。输出电压低于规定电平时,其动作与上述相反,这样使输出电压保持稳定。

这种电路的特长是电路简单,轻载时 TL431(IC$_1$)的电流增加,由于其具有自动调节假负载的作用,因此不需要假负载电阻。

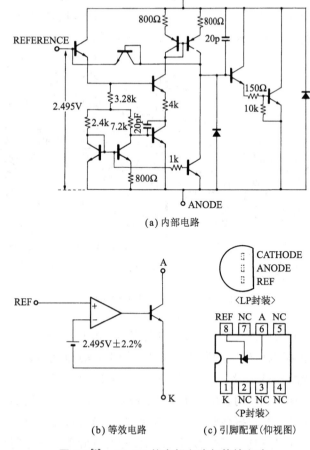

(a) 内部电路

(b) 等效电路　　(c) 引脚配置(仰视图)

图 5.2[9] TL431 的内部电路与等效电路

FET 栅极波形不是方波而是接近正弦波,因此,认为效率较低,但如图 2.17 所说明的那样,由于磁放大器的作用,开关晶体管导通瞬间的漏极电流,仅因为励磁电流与电容 C_1 放电电流使其减小,并且 FET 截止瞬间,由于电容 C_1 的作用,电压上升变慢,起接近谐振电源的作用,因此,开关晶体管的开关损耗也变小,如图 5.3 所示,在宽输入电压范围可得到非常高的效率。

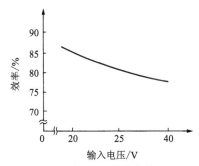

图 5.3　输入电压-效率特性

这种电路用于输入电压高的电路,自激式逆变器启动时,FET 中有过大电流流通。这时,为了防止过电流损坏 FET,如图 5.4 所示,增设过电流保护电路。在电流稍低于 FET 最大额定电流时,电流检测电阻 R_S 上的电压使晶体管 Tr_2 导通。若增设这样的电路,输出端即使不接入正式的过电流保护电路,仅接入熔丝等简单的保护电路,在电源发生过电流时也能得到有效的保护。

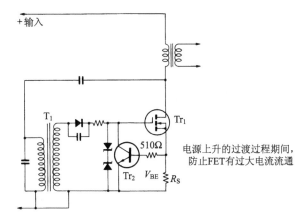

图 5.4　输入电压高时的保护电路

5.2 使用电流控制型磁放大器的三路输出电源

图 5.5 是使用电流控制型磁放大器的三路输出电源,这是在半桥双管自激式逆变器的 1 次回路中使用电流控制型磁放大器,对变压器 1 次侧进行控制,同时输出三路稳压的电路。

图 5.5 电路中,晶体管 Tr_1 和 Tr_2 构成自激式逆变器(参见第 2 章 2.5 节)。逆变器与变压器 1 次侧串联接入线圈 L_S,它是由晶体管 Tr_3 驱动的电流控制型磁放大器,这种磁放大器由 5V 电路中接入的反馈放大器 A_1 的信号进行控制。反馈放大器 A_1 将 +5V 输出电压通过分压器分得的电压,与由 TL431 得到的 2.5V 基准电压之差进行放大,其输出对 Tr_5、Tr_4 和 Tr_3 进行控制。也就是,输出电压趋向升高时,Tr_5 的电流减小,Tr_4 趋向导通,而 Tr_3 趋向截止。这样,磁放大器控制绕组 L_C 中电流减小,由此,磁放大器趋向脱离饱和,绕组 L_S 的电感变大,输出电压降低。输出电压高于规定值时,其动作与上述完全相反,Tr_3 中控制电流增大。这样,磁放大器的动作趋向饱和,绕组 L_S 的电感减小,输出电压趋向增大。因此,在上述两种情况下,最终的结果是使输出电压保持稳定。

电流控制型磁放大器的工作原理请参见第 2 章 2.7 节的说明。磁放大器 MA 绕组 L_A 是得到辅助电源的绕组,该辅助电源为磁放大器的控制绕组提供电流。这种绕组在原理上与由主变压器 T_2 的 2 次绕组提供电流的工作一样,但采用这种方式可以减小损耗。

放大器 A_2 为过电流保护用放大器,它将接在 5V 电路中 0.01Ω 的过电流检测电阻 R_S 上的电压降,与接在 A_2 的同相输入端的 $2k\Omega$ 电阻上的电压降(约 0.25V)进行比较。过电流保护电路只是针对 5V 电路,±12V 电路中没有接入过电流保护电路。若±12V 电路也需要进行过电流保护时,可增设双运算放大器,接入与 5V 一样的保护电路。

电源的输入电压-效率特性如图 5.6 所示,虽然输出电压值较低,但有 80％ 的高效率。开关晶体管的损耗也小,可不用安装散热器原样使用 TO-220 封装的晶体管。其他控制电路中使用的晶体管也都不用安装散热器,这样,可以减小由散热器产生的噪声。

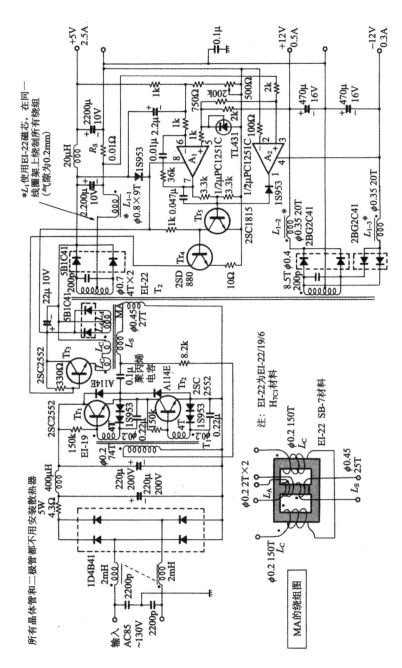

图 5.5 使用电流控制型磁放大器的三路输出电源

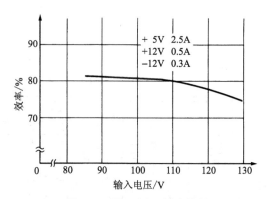

图 5.6　输入电压–效率特性

　　图 5.7(a)示出 5V 电路的负载变化特性,表明了电压的稳定性,输入变化相对负载变化其值非常小,可以忽略不计。图 5.7(b)示出了±12V 电路的负载变化特性,对于电流在 0.1～0.5A 范围内变化,电压变化约 0.25V。变化最大的是,改变 5V 输出电路的电流时,引起±12V 输出电路的电压变化。该特性如图 5.7(c)所示,若 5V 电路为轻载时,变化幅度非常大。因此,这种电路适用于 5V 而负载变化小的电路。

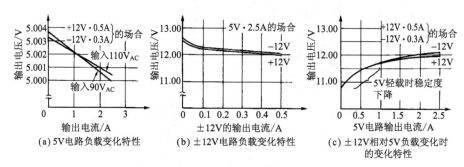

图 5.7　负载变化特性

　　过电流保护电路的特性如图 5.8 所示,这是フ字形电流下垂特性。其原因是,5V 电路的电流下降,+12V 电路的电流也下降,这样,由+12V 电路为 TL431 提供的偏置电流也下降,TL431 就失去稳压作用,其端子电压也下降的缘故。

　　扼流圈 L_{1-1}～L_{1-3} 是同时绕制在 EI-22 型磁芯上,以互感方式相互进行耦合。这样,输入变化与负载变化都比采用其他扼流圈时影响小,因此,占空系数也非常高。这种扼流圈绕组的关键是匝比接近输出电压比,电流都是从绕组的始端流向末端。

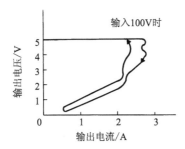

图 5.8 过电流保护电路的特性

图 5.5 中使用的磁芯为 EI-22 型磁芯,外形称为 EI-22/19/6,对于 EI-22 可使用的绕线窗口面积也大。在磁放大器控制绕组 L_c 上因过渡过程发生高电压,因此,要充分注意 L_c 绕组层间的绝缘。

使用电流控制型磁放大器的电源有如第 2 章已经说明的缺点,即对负载电流急剧变化时过渡过程响应速度慢。然而,正如该例所示那样,可对变压器的 1 次侧同时进行控制,因此,有可能同时控制多路输出。在负载电流变化小时,这种电路的过渡过程响应也不会有问题,可构成效率高的小型电源。

5.3 半桥脉宽调制的开关电源

图 5.9 是半桥脉宽调制的开关电源,脉宽调制电路使用 MB3759,控制信号通过光耦合器加到 MB3759 的 DT(4 脚)端。

电路的工作原理按照顺序作如下说明:加上输入电压时,该电压通过冲击电流防止电阻 R_1,对滤波电容 C_4 和 C_5 进行充电。其时间常数为 22ms,经 3 个周期后,充电到接近输入电压的峰值。这时,若输入电压为 100V,则冲击电流为 $100 \times \sqrt{2} \div 20$,约等于 7A。

另外,晶体管 Tr_1 的基极通过 R_5 加上电压,该电压的上升时间常数即为 R_5 和 C_3 的时间常数,为 300ms。该电压变为 Tr_1 电压跟随器的输出,并通过 D_2 加到 IC_1 上。IC_1 的 15 脚变为 5V 时,其输出端开始输出脉冲。因此,V_{CC} 为 10V 时,开关电源启动工作。由于 R_5 和 C_3 时间常数的影响,从接通输入电源到启动的时间约延迟 3 个周期,即从 C_4 和 C_5 充足电开始启动。

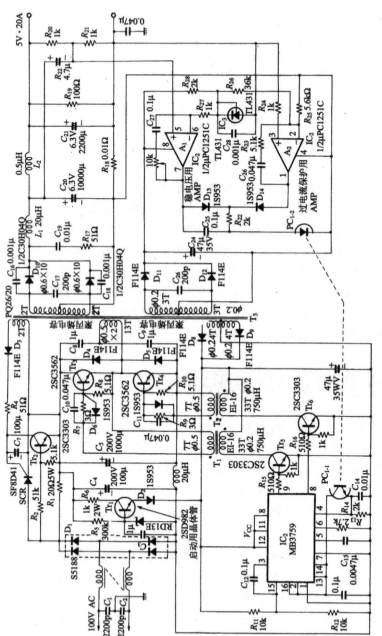

图 5.9 半桥脉宽调制的开关电源

　　IC_1 输出脉冲时,Tr_5 和 Tr_6 交互导通,通过 T_1 和 T_2 将驱动电压加到开关晶体管 Tr_3 和 Tr_4 的基极,逆变器启动工作。逆变器启动时,通过 D_3 和 D_4 将电压加到 SCR 的门极使其导通。这时,由于电容 C_4 和 C_5 已充足电,因此,SCR 导通,也不会有冲击电流流通。

　　另外,逆变器启动时,通过 D_8 和 D_9 为 IC_1 提供电源电压 V_{CC},该电压约 20V。这样,二极管 D_2 截止,IC_1 以及 Tr_5 与 Tr_6 的工作电源都由变压器 T_3 的辅助绕组提供,Tr_1 变为截止。

　　2 次侧放大器 A_1 是稳压用反馈放大器,它将输出电压经 R_{20} 和 R_{21} 进行 1/2 分压得到的电压与 IC_2 得到的 2.5V 基准电压进行比较,并将电压差进行放大,其输出作为光耦合器 PC_1 中发光二极管的驱动电压。

　　放大器 A_2 为过电流保护用反馈放大器,它将 2.5V 的基准电压经 R_{26} 和 R_{25} 分压得到约 0.35V 的电压,与电流检测电阻 R_{18} 上电压降进行比较。输出电流为过电流时,若 R_{18} 上电压降超过 0.35V(电流约 35A),放大器 A_2 输出高电平,其输出驱动 D_{14} 与 PC_1 中发光二极管。这样,输出电压降低,输出电流变为约 35A 的恒定电流,达到过电流保护的目的。

　　采用 L_1 与 C_{20} 以及 L_2 与 C_{21} 构成的 2 级滤波器,可以使常态纹波降到 30mVp-p 以下。输入电源断开后立即再接通情况下,输入电压峰值与 C_4 的电压差较大时,C_7 的电荷通过晶体管 Tr_a 放电,SCR 导通时间变慢,防止了冲击电流的发生。

　　Tr_1 为启动用晶体管,若接通输入电源,则电压通过 R_5 加到 Tr_1 基极上,其最大电压为稳压二极管的 13V 电压。该电压经 Tr_1 射极跟随器进行电流放大,变为 IC_1 的电源电压。为了减少 R_1 的功率损耗,它需要使用高阻值电阻。2SD982 是称为超高 β 的高 h_{fe} 晶体管,其特性如图 5.10 所示,这种晶体管的优点是集电极电流下降,h_{fe} 下降也比较少。因此,使用这种晶体管时,可以构成功率损耗小的启动电路。达林顿晶体管的特性也如图 5.10 所示,集电极电流小的区域 h_{fe} 小,不能达到这个目的,要注意这一点。

　　再增大输出功率时,可采用图 5.11 所示的倍压整流电路。若解决了晶体管的射-集电极间耐压问题,采用这种方法用同一个晶体管可以输出 2 倍功率。另外,用开关晶体管构成全桥电路时,有可能再得到 2 倍输出功率。

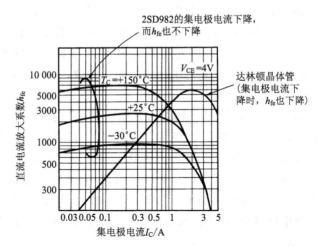

图 5.10[4] 2SD982 超高 β 晶体管与达林顿晶体管的 h_{fe} 特性

开关晶体管上加的电压低,桥式逆变器加的电压不能超过电源电压。因此,输入电压高而输出功率大时,要灵活运用其特征。图 5.11 所示电路中,①～②间接地输入电压为 200V,②～③间接地输入电压为 100V,100V/200V 可以共用。

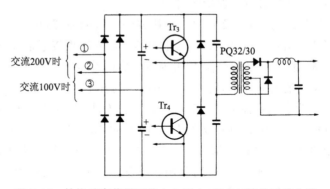

图 5.11 输出功率倍增而输入电压 100V/200V 共用的电路

在图 5.9 所示电路中,C_8 和 C_9 将高频信号送至变压器,它是用于隔断直流的隔直电容。电容中有高频电流流通,因此,请注意电容的选择。作为流经高频电流较大的电容,适宜使用聚丙烯薄膜电容。这里每一个电容都与图 5.12 中 C 的工作原理完全相同。然而,在图 5.12 所示电路中,隔直电容 C 的电荷为零时,若 Tr_3 导通,则过渡过程时加到变压器 1 次绕组上的脉冲电压是稳态时的 2 倍,这样,整流二极管 D_{10} 上产生的峰值电压也是稳态时的 2 倍,因此,要注意二极管的耐压。在图5.9所示电路中,逆变器启动前,电容C_8和C_9上加的电压各自为电源电压的一半,因此,不会出现这样的问题。

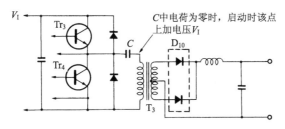

图5.12 启动时二极管上加有峰值电压的电路

另外,如图5.13所示那样,若开关晶体管的基极电路中接入分压电阻R_1和R_2,则在启动前,隔直电容C已充电到一半电源电压,启动时不会发生过渡过程的电压。D_8是用于防止通过R_1的电流被驱动用变压器分流的二极管。为了同样的目的,也有与D_4和D_5并联接入电阻的方法,但电阻值小时功率损耗大,阻值大时电容C的充电时间长,若从电源接通或从完全待机不能启动,则失去了这种作用。

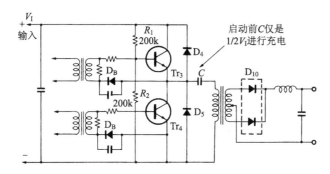

图5.13 防止启动时加有峰值电压的电路

为了用较小的驱动功率控制较大功率,如图5.14所示,在驱动变压器T_D上增设一个自反馈绕组W_F,用于进行正反馈。驱动晶体管Tr_5和Tr_6相对图5.9来说,加上相位相反(开关晶体管导通时,Tr_5和Tr_6截止)的信号。

电路的工作原理是,IC_1输出脉冲信号,Tr_5或Tr_6中一个晶体管截止,另一个晶体管导通时,通过电阻R_D将电压加到驱动变压器的1次绕组上。这样,开关晶体管Tr_3或Tr_4导通,变压器

T_3 的 1 次绕组中有电流 I_O 流通。这时,驱动变压器 T_D 作为电流互感器工作。若反馈绕组匝数为 N_F,基极绕组匝数为 N_B,开关晶体管 Tr_3 与 Tr_4 中一个晶体管(导通的晶体管)有基极电流 I_B,若逆变器输出电流为 I_O,则 $I_B=I_O(N_F/N_B)$,开关晶体管完全导通。

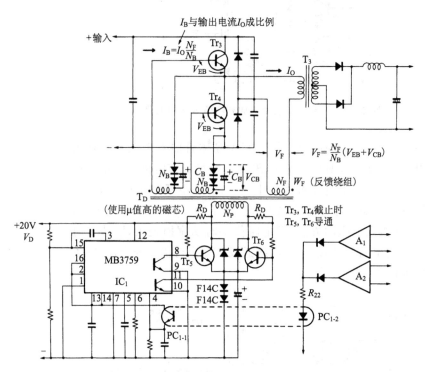

图 5.14 驱动电路施加正反馈而输出功率下降的电路实例

若开关晶体管仅 T_{ON} 时间导通,则截止方的驱动晶体管导通,驱动变压器的 1 次绕组变为短路状态。因此,驱动变压器的 2 次绕组电压也变为零,开关晶体管的基极加上对基极电容 C_B 进行充电的反向电压 V_{CB},则开关晶体管截止。重复同样的动作,逆变器按驱动电路提供的脉宽方式进行工作。

若开关晶体管的基极电流为 I_B,集电极电流为 I_C,基极绕组匝数为 N_B,反馈绕组匝数为 N_F,则驱动变压器 T_D 的匝比 N_B/N_F 与 I_C/I_B 之间的关系为

$$I_C/I_B=N_B/N_F$$

I_C/I_B 随开关晶体管不同而异,但其值一般为 5 倍。另外,若驱动用电源为 V_D,开关晶体管基极正向偏置电压为 V_{EB},基极中串联接入二极管的电压降为 V_{CB},则 1 次绕组匝数 N_P 与基极绕组匝数

N_B 之间的关系为

$$N_B/N_P = (V_{EB} + V_{CB})/V_D$$

按照匝比决定绕组的匝数与一般变压器一样(参见第 3 章)。

由于正反馈作用这种电路的驱动电流小,而且开关晶体管的基极电流与集电极电流成比例,常以最佳的驱动电流进行驱动,可以构成效率高的电源电路。采用同样的电路,输出功率为 5kW,峰值电流为 20kA 的大功率电源已经实用化了。

专 栏

仅由电平不能判断开关电源的纹波与噪声是否良好

交流输入的开关电源的纹波与噪声的规格可以表现为:噪声 100mV、纹波 300mV。然而,这样表现的噪声与纹波的意义随厂家与机种的不同而异,电平低的不一定好。

开关电源的纹波成分有以下 4 种:①工频电源频率 2 倍的成分与其高次谐波;②开关频率的纹波;③异常振荡产生几千赫的正弦波;④各电路干扰产生的纹波(多路输出电源)。

① 　频率为工频电源2倍的纹波(100Hz)

② 　频率为开关频率的纹波(开关频率)

③ 　异常振荡频率的纹波(几千赫)
(不良电源输出这种纹波)

④ 　电路间干扰产生的纹波(几赫至几千赫)

若将这些纹波波形整理如上图所示,有时这些纹波也互相叠加在输出中作为输出。

声音电平成为问题时,②类纹波影响小;反之,高频成为问题时;②类纹波有影响。另外,用简单的低通滤波器就可以消除②类纹波,但较难衰减其他低频纹波。因此,即使为相同电平的纹波,其成分随机种与厂家的不同而发生变化,装置实装时其影响是不同的,需要注意这个问题。

━━━━━━━━ 专 栏 ━━━━━━━━

电源瞬断时冲击电流防止电路完全不动作

使用开关电源电路时,成为问题的是电源接通时冲击电流使熔丝熔断。开关电源的输入电路使用电容输入型整流电路,因此,在电源接通瞬间,整流电路的电容有充电电流流通,如图 A 所示的冲击电流。该电流有时可达到 100A 以上,使输入电路的熔丝熔断、开关的触点熔化等。一般的开关电源为了防止这种冲击电流,接入如图 B 所示的冲击电流防止电路。这种电路在电源接通时通过电阻 R 对电容 C 充电,充电结束后,SCR 导通,从而限制了冲击电流。

然而,输入电源瞬断时,由于电容 C 的充电电压的存在,这种电路为逆变工作方式,SCR 继续导通。若在这种状态下,电源再次接通,SCR 失去了电流限制的作用,有冲击电流流通。为此,如图 C 所示,增设电源瞬断检测晶体管 Tr_1,若在晶体管基极电路中,其 $R_B C_B$ 时间常数的时间,比输入电源的半个周期稍长一些,则可得到电流瞬断时的信号,几乎在输入电源瞬断的同时,该信号也使 SCR 的门极信号中断,这样,可以防止电源再次接通时产生的冲击电流。

一般市场销售的开关电源,多数没有接入这种电源再次接通时冲击电流防止电路,输入电源瞬断或输入开关快速通-断时,考虑到会有规格中规定以上的冲击电流流通,需要选择输入熔丝与输入开关。

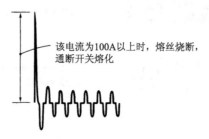

该电流为100A以上时,熔丝烧断,通断开关熔化

图 A 无冲击防止电路时冲击电流波形

冲击电流防止电阻要使用功率型热敏电阻,除了晶闸管 SCR 电路外,还有热敏电阻的热时间常数引起的电流流通,从电阻值降低到再次复原需要时间,会发生上述同样的问题,需要注意这一点。

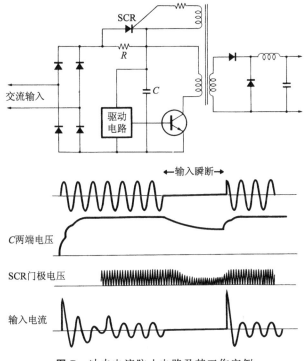

图 B 冲击电流防止电路及其工作实例

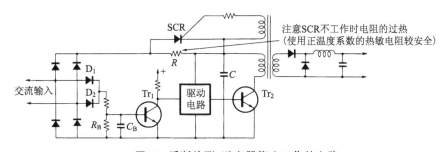

图 C 瞬断检测,逆变器停止工作的电路

5.4 多路输出电源实例

对于电子设备使用的电源,若电路数量少,则电源电路简单、成本低,而且工作也可靠。例如,IC 存储器等,作为传统的电源电压也需要三类电源,还有需要按顺序加电压的情况。

现在的 IC 存储器与 CPU 不仅是采用统一的 5V 单电源,而且消耗电流也非常小。这样看来,若考虑与计算器发展相吻合,将来也可能不需要电源电路,都用 1 次电源或太阳能电池等。

然而,若考虑计算机与通信设备等,则处理的信息量与速度在急剧增加,这样,电源装置也需要较大功率。尤其是光通信的电源装置,需要的电源路数多,最少也要 6 路以上的电源。光通信有较强的抗噪声能力,装置中处理的每单位频率内的功率非常小,电源装置产生的噪声也有必要比传统装置的小。

采用开关电源得到多路输出电压时,如图 5.15 所示,有接入多个独立的直流-直流变换器的方法,这种方法使用的元器件最多,实装面积也大。然而,这种电路设计简单,变压器设计也容易。电路的缺点是直流-直流变换器各自需要独立的振荡电路,因此,振荡频率不同会发生差拍,各自振荡频率差的纹波电压会呈现在输出中。

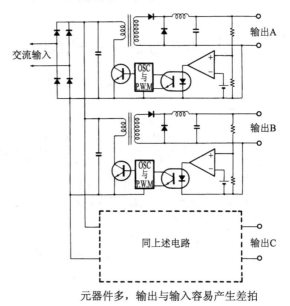

元器件多,输出与输入容易产生差拍

图 5.15 独立变换器的多路输出电源

这种差拍也随印制板内元器件位置的不同发生较大变化,作为消除差拍影响的方法是,使直流-直流变换器的振荡频率各自错开 10kHz,用 2 次侧滤波器对差拍也有衰减作用,或者用相同振荡器使各频率同步的方法。图 5.16 是对使用的 TL494 类型 IC 的振荡电路采取同步的方法。这时,若元器件配置不适当,配线之间产生噪声,也会发生差拍现象。元器件配置的关键是各自 IC 的位置尽量靠近,最重要的是减少噪声的影响。印制电路板设计时,若各电路的印制图案相似,则图案设计容易,但为了得到同步,图案要变长,易受噪声的影响,需要注意这一点。

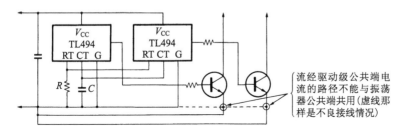

图 5.16 振荡器与元器件使用多个的配置情况

对于最近作为多路输出的专用 IC,其中也出台了很多内有同步的 2 路输出的专用 IC。还有新日本无线的 NJM2048(输出电压跟踪作用)、2049(独立输出)、NEC 的 μPC1100(与保护电路连动)、μPC1150(保护电路独立)、1900(可独立进行通-断控制),富士通的 NB3775(独立输出)、MB3778(独立输出),罗姆的 BA6122(独立输出,一路可通-断输出),德克萨斯的 TL1451(独立输出,定时锁存保护)、1453(独立输出)等,利用这类 IC,完全可以解决差拍问题。

对于输出为正、负两路,输出电流为 2 路共用时,如图 5.17 所示,可以从 1 个逆变器中同时得到 2 路输出。电路中,控制 IC_1 各输出之和为稳压状态,负载为运放那样正、负对称负载时,稳定性较差。负载为非对称负载时,如图 5.18 所示,晶体管和 IC 构成的带有可调假负载时,可以提高稳定性。这种电路是在负载电流对称时,R_{S1} 和 R_{S2} 上电压之和为零,IC_1 的输出也为零,Tr_1 和 Tr_2 不工作。负载电流变化。例如,若正输出负载电流变大,则 IC_1 输出变为低电平,Tr_2 导通,假负载电阻 R_D 中有电流流通,可以防止负输出电路的电压增大。同样,输出电流调节相反时,Tr_1 导通,由负载引起的输出电压变化小。最大负载电流正负不同时,改变 R_{S1} 和 R_{S2} 之比,也可以得到同样的效果。

控制直流-交流逆变器的 1 次侧,同时控制 2 次侧方法的特征是电路简单、元器件少,而且这是 1 个变换器,不会引起差拍的问题。但是,负载变化较大时,其他电路的负载变化会在输出中出现交叉调节的问题,有时这种电路也不实用。然而,对其用途决定的

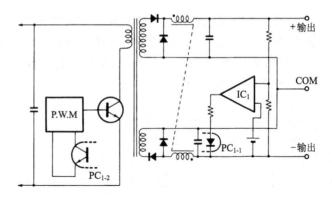

图 5.17 1 个逆变器可以得到 2 路输出的电路

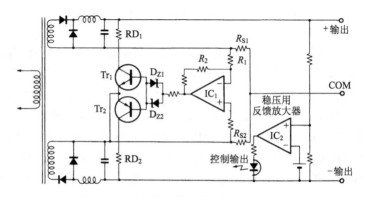

图 5.18 可变假负载改善负载变化的实例

专用电源,这种方法完全能实用,它降低了成本。

在图 5.17 所示电路中,各自电路的扼流圈是绕在同一磁芯上的,因此提高了输出电流变化相互影响的稳定性,同样的实例还有图 5.5 所示的电路。

图 5.19 是直流-交流逆变器的输出端接有斩波式直流-直流变换器,其他电路中也接有同样变换器的稳压电路实例。它与图 5.14 所示电路一样,输出电压独立控制,因此,交叉调节的问题少,对于负载变化较大的负载也能使用,而且 2 次侧直流-直流变换器的振荡频率与 1 次侧的逆变器同步工作,因此,也不会出现差拍问题。

电路中,由逆变器 2 次侧接入的二极管 D_2 和 D_3,通过电阻 R_1 将同步信号加到晶体管 Tr_3 上,该信号经其反转再加到 Tr_4 上。这样,电容 C 上电压为三角波,其频率是逆变器振荡频率的 2 倍。三角波与误差放大器 A_2 的输出加到比较器 A_1 上而产生 PWM 信号。这种 PWM 信号经 Tr_2 放大,加到 2 次侧开关晶体管 Tr_1 上。

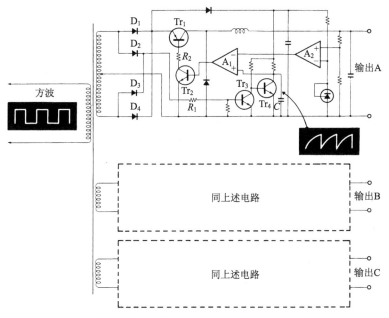

图 5.19 2次侧接有斩波器的多路输出电源

对这种电路进行脉宽调制时,在 1 次侧逆变器的开关晶体管通-断瞬间,2 次侧开关晶体管 Tr_1 不导通。因此,1 次侧开关晶体管的开关损耗变小。然而,由于在输出电路中串联接入开关晶体管,该晶体管的饱和电压引起了损耗,总效率也比图 5.20 所示采用磁放大器进行稳压的开关电源低。

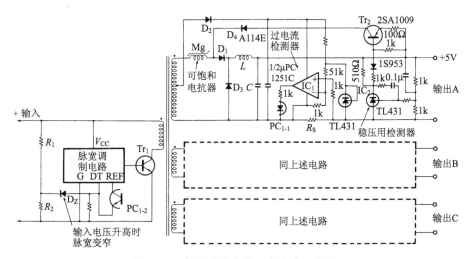

图 5.20 使用磁放大器的多路输出电源

图 5.20 是使用磁放大器的三路输出电源,其 1 次侧使用自激式直流-交流逆变器。使用自激式逆变器的理由是输入电压升高时,1 次侧开关晶体管的导通时间变短,这样,减轻了磁放大器 Mg 的负担。另外,使用自动复位式过电流保护电路时,使用自激式逆变器电路可极大地增加磁放大器的负担。若输出电压下降到零的磁放大器,则磁放大器绕组的匝数增多,由于增大了稳定状态时死区时间,因此,开关晶体管与变压器的利用率都降低了,磁放大器的损耗也同时增大,这就是效率降低的原因。

这种电路是由 IC_1 检测过载时的过电流,其输出不是控制磁放大器,而是由光耦合器 PC_{1-1} 与 PC_{1-2} 控制 1 次侧脉冲宽度,这就起到防止过电流的作用。这样,不必考虑过电流与输入电压高而进行磁放大器的设计,可以构成效率高的电源装置。

电路工作原理简述如下:开关晶体管 Tr_1 接受到脉宽驱动电路的驱动信号,与该脉宽成比例的信号送到变压器的 2 次侧。电阻 R_1 和 R_2 将输入电压进行分压,分得的电压通过稳压二极管 D_z 加到脉宽调制电路的 DT 端。DT 端如第 4 章说明的那样,若该端子电压高,则脉宽变窄。因此,输入电压升高时 DT 端子电压也升高,脉宽变窄,减轻了磁放大器的负担。这种电路动作开始点由 R_1 与 R_2 以及稳压二极管 D_z 决定。

变换了的交流电压通过磁放大器 Mg 和整流二极管,由 LC 滤波器平滑成为输出电压。若考虑 Tr_2 截止时,磁放大器 Mg 自身稍微有点电流流通,磁芯就会饱和,等效于空心线圈,输入的电压原样变为输出电压。

IC_2 与 Tr_2 工作的目的是控制磁放大器使输出电压稳定,输出电压升高时,IC_2 导通,Tr_2 的电流也增大。因此,开关晶体管截止时,该电流使磁放大器复位,增大了磁放大器的电压吸收能力。

电路的工作过程是,输出电压随着晶体管 Tr_2 导通程度而降低,这样,使输出电压保持稳定。由于电路只有 1 组逆变器,因此,不会出现差拍故障,而且各路输出为独立控制,也不会出现交叉调节的问题,电路元器件也少,可以构成高效率多路输出的电源。

第6章
开关稳压电源
效率的改善措施

电源效率的概念

效率是作为开关稳压电源本身,以及内置开关稳压电源的电子设备进行散热设计时的重要参数。但是,对效率概念理解的偏差,使很多电子工程技术人员产生了误解。例如,"输出 100W,效率 70％ 的开关稳压电源的损耗为 30％",对于这种说法,还有很多对效率概念理解不透的人找不着错在何处。现有必要确认一下效率的概念,当然效率可以表示为:

$$效率 = \frac{输出功率}{输入功率} \times 100$$

若输出功率为 P_O,损耗为 P_L,则效率 η 为:

$$\eta = P_O \times 100 / (P_O + P_L)$$

因此,损耗 P_L 为:

$$P_L = P_O(100/\eta - 1)$$

这样,输出 100W,效率为 70％ 的开关稳压电源,功率损耗约 43W。该值与上述所说的 30W 相比还要多 43％,请注意这个问题。

效率与相对输出功率损耗如图 6.1 所示。例如,由图 6.1 可见,效率由 70％ 变为 80％ 仅有 10％ 的改善时,这意味着损耗有 58％ 的较大改善幅度。另外,67％ 效率表明,损耗约为输出功率的一半,对于效率低的开关稳压电源,这种损耗绝不是小数,请注意这一点。

从市售的开关稳压电源的规格看,效率的表示方法非常不明确。有时也将这种表示方法作为同样功率线性电源效率最大值的

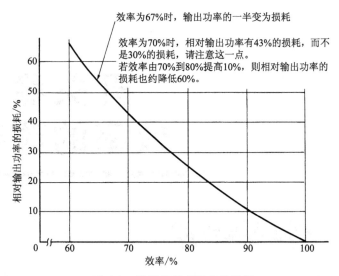

图 6.1 效率与相对输出的损耗

方法;有时根据此种方法表示的效率不能确定这种电源是否良好。另外,以上表示的损耗包括输入电压不同与产品特性的离散性,以及温度引起效率变化等产生的损耗,这样,有可能引起热故障与可靠性的降低等,需要注意这个问题。

开关稳压电源除了输出功率外一般都系列化了。然而,开关稳压电源的损耗主要由 2 次侧整流二极管电压降引起的损耗所支配,输出电压越高,其与二极管电压降的比例越低,效率越高。图 6.2 示出同一系列开关稳压电源的效率。对于输出 5V 和 12V 的开关稳压电源,其效率相差很小,这是由于输出 5V 以下的电源使

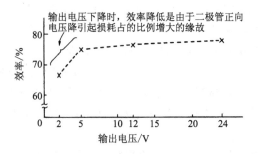

图 6.2 开关稳压电源的输出电压-效率特性

用正向电压降低的肖特基二极管,12V 以上输出的电源,由于耐压高的关系使用正向电压高(约为肖特基二极管的 2 倍)的 PN 结二极管的缘故。这样,若将效率不同的开关稳压电源实装在同一金属盒内,则输出电压低的电源最好降额使用。

另外,近年来开关稳压电源高频化的呼声越来越高,然而,只是高频化,效率必然降低。例如,有一个时期有一家非常著名的公司将开关稳压电源的开关频率提高到 100kHz,但这个公司的电源事业现在落得悲惨的下场。开关稳压电源的高频化技术的确引起人们的兴趣,而且这是电源小型化、降低成本的重要手段。然而,不能给用户带来实惠,高频化也毫无价值。

高频化的结果是使元器件小型化,电源装置也小型化。然而,小型化相对应的是效率也提高了,或者温度升高而可靠性也不降低,除非使用这样的元器件,否则,高频化就没有什么意义。

作为高频化的手段在于功率 FET、大容量叠层陶瓷电容、小型薄膜电容、高耐压肖特基二极管等元器件迅速实用化,这些问题也都能得到解决。

6.2 效率提高的关键

一般认为,开关稳压电源的效率高、损耗低,然而,这种损耗在很多情况下不能忽略,损耗引起的发热量是决定电源工作可靠性的重要参数。元器件小型化,与其损耗相比裕量大有可能使开关稳压电源小型化。因此,尺寸与损耗不相称的电源装置,发热使可靠性显著降低。提高电源效率是提高电源装置可靠性的最有效方法。

提高效率虽然是一句简单的话,但提高开关稳压电源效率的方法最复杂,效率越高,其难度成倍增大。例如,对于输出 5V 的开关稳压电源,效率 70％的电源提高 5％,这比效率为 82％的电源提高 1％的难度一般也要高几倍。

这里,说明提高效率的具体方法,首先,作为提高效率的方法是消除使效率降低的原因。效率降低有以下等诸多原因(图6.3)。

(1)开关晶体管驱动方法不佳。

包括:①过驱动;②驱动不足;③反偏置电流不足。

(2)变压器设计不佳。

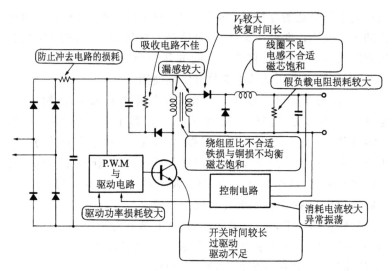

图 6.3 开关稳压电源效率降低的原因

包括①变压器饱和;②变压器漏感大;③绕组与磁芯的选用不适宜。

(3)浪涌吸收电路参数不适当。

(4)整流器特性不佳。

包括:①整流器电压降大;②整流二极管反向恢复时间长。

(5)扼流圈的原因。

包括:①电感不合适;②绕组与磁芯损耗大。

(6)辅助电路的原因。包括:①辅助电路的功耗大;②假负载电流过大;③控制电路产生异常振荡。

这些原因中与效率关系最密切的是开关晶体管的损耗与整流二极管的损耗。整流二极管的损耗是由使用二极管的特性决定的,要采用正向电压降低,反向恢复时间短的二极管,别无其他方法。除了选择二极管外,为了降低二极管正向电压降,尽可能地留有足够大的电流裕量,降额使用也是关键问题。

使用反向恢复时间短的肖特基二极管,开关频率到几百千赫也不会出现问题。但肖特基二极管的反向耐压较低,一般只有 $40 \sim 60 \mathrm{V}$。需要耐压高的二极管时,可使用 p-n 结快速恢复二极管,但这种二极管的恢复时间为 100ns 以上,如果工作频率超过 50kHz,这样长的恢复时间就会成为问题,100kHz 以上频率时损耗较大,有时就不能使用。目前,已有反向恢复时间为 $60 \mu \mathrm{s}$ 以下的高耐压快速恢复二极管,以及反向耐压为 200V 的肖特基二极

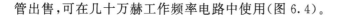

管出售,可在几十万赫工作频率电路中使用(图6.4)。

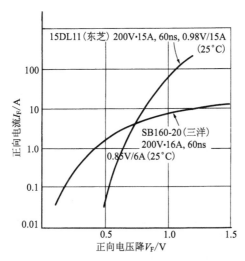

图 6.4 高耐压、超高速二极管与肖特基二极管的 V_F-I_F 特性

对于二极管的损耗,要注意的是在二极管电流上升较快时,在电流上升的过渡过程中会出现正向电压增大、损耗也增大等问题。在这种过渡过程中,正向电压增大情况作为二极管的特性在产品数据表中也没有记载。尤其是在这种二极管用于高频变压器的绕组作为辅助电源的电容输入型整路电路中,会出现问题。这时,若将两个二极管串联连接,虽然正向电压降变为2倍,但开关损耗却降低了,弄不清这是何种原因。

现考察一下变压器和扼流圈对效率的影响,变压器与扼流圈为最佳设计时,对效率没有多大影响。对效率影响考虑不周到时,变压器与扼流圈发热、线圈的可靠性也会有问题。作为损耗较大的原因大致有以下几点:①磁芯饱和;②1次与2次绕组的漏感大;③多个绕组时,因绕组匝数差异将不同匝数并联使用;④铜损与铁损的不平衡;⑤磁芯选择不当。

设计上的问题已在第3章的最佳设计方法中做了说明,若采用这种方法进行设计是不会有问题的。变压器饱和时,变压器的有效电流增大,不仅是变压器的损耗增加,而且开关晶体管的集电极电流也增大,其开关损耗也增加。另外,变压器的漏感较大时,其自身的损耗虽然很小,但在开关晶体管截止瞬间,开关晶体管的电压上升速度快,而且电压也高,因此,增加了开关晶体管截止损耗。

对于变压器与扼流圈的绕组,为了降低集肤效应的影响,要采用细线多圈绕制,这时,若绕组各自只有 1 匝之差,但绕组相互间电压差形成的电流的影响,也会使损耗增加。用简单的测试电压比与匝比的方法,不能发现这种有问题的绕组,而要测试这种绕组与良好绕组的损耗比,这样,才能发现不良绕组。

磁芯损耗特性如第 3 章说明的 PC30 材料与 PC40 材料、2500B 与 2500B3 材料、SB7、SB9M 材料、6H10、6H20 材料等随厂家的不同而异,但各自是损耗小的材料,要在符合其特性的条件下使用。为了在最佳条件下使用这些磁芯,需要准确了解以磁通密度与温度、频率等作为变量的损耗特性。由于厂家的不同也不容易得到这些磁芯的完整数据,因此,也使用不上最好的材料。最近,高频且损耗小的磁芯也有出售。

图 6.5(a)示出 TDK 的 PC40 材料与 PC50 材料的损耗特性。在频率为 700kHz 附近、磁通密度为 25mT(250G)的条件下,PC50 材料的损耗也比 PC40 材料低 1/4。这样,这种磁芯使用的最佳频率在兆赫附近,但在频率降低的条件下,其损耗也比传统材料的大,需要注意这一点。另外,图 6.5(a)的特性是 Bf 之积(磁通密度与频率之积)为恒定条件下,与磁通密度恒定时不同条件的数据。

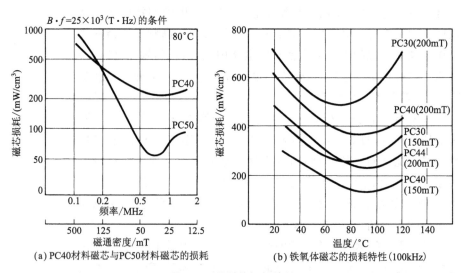

(a) PC40材料磁芯与PC50材料磁芯的损耗　　(b) 铁氧体磁芯的损耗特性(100kHz)

图 6.5　磁芯的损耗特性

图 6.5(b)示出最近出售的 PC44 材料的损耗特性,也同时示出上述材料的损耗特性。同样,其他厂家也有新的材料出售,如特津的 B25、B28、B40 材料,富士电气化学的 6H30 和 7H20 材料,日

立铁氧体的 SB3M、SB9M 和 SB1M 等新材料。这些材料对应电源高频化,同时也向表面实装等薄型化的设计方向发展。现在,什么样的材料成为主流,也是厂家在观察的阶段。

================= 专 栏 =================

仅由输出电流与效率不能计算出开关电源的输入电流

开关电源的优点是效率高,然而,对于开关电源的用户,不能期待得到购入电源的效率,还有,在电流超过规定值时,外接的熔丝会发生熔断等缺陷。开关电源的用户群非常广,也有很多不是电子技术工作者的用户,并且还在增加,这也是产生这种趋势的原因。

这是由于输入为交流的开关电源,几乎都使用如图 A 所示的电容输入型整流电路,输入电流的有效值变大的缘故。若输入电压为 V_I,输出功率为 P_O,效率为 η,则输入电流的有效值 I_I 为:

$$I_I = P_O/(V_I \eta K)$$

由此可见,输入电流随有效功率因数 K 而变化。电容输入型整流电路的输入电流不是正弦波,它是如图 B 所示的间歇波形。因此,K 为用于正弦波的功率因数是不正确的。电容输入型整流电路的输入电流如图 A 所示那样,它随整流电路的串联电阻 r(包括整流器的等效串联电阻)而变化。这是由于电阻 r 越小,电容 C 的充电时间越短,充电电流的峰值增大的缘故。

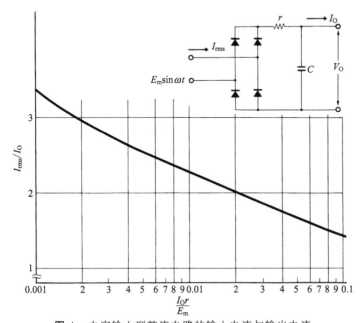

图 A 电容输入型整流电路的输入电流与输出电流

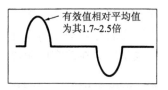

有效值相对平均值
为其 1.7~2.5 倍

图 B 电容输入型整流电路的输入电流波形

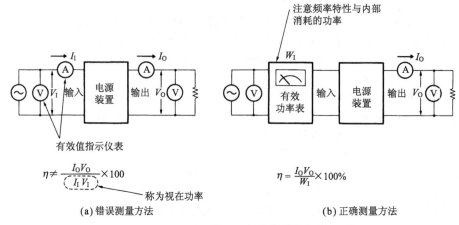

(a) 错误测量方法　　　　　　　　　　　　(b) 正确测量方法

图 C 电容的测量方法

　　一般开关电源的 K 值为 $0.4\sim0.6$,因此,测量电源效率时,不能采用图 C(a)所示方法,用这种方法测量的功率称为视在功率,不是有效功率。正确的测量方法使用功率表,其方法如图 C(b)所示。功率表是将输入电压与电流的瞬时值进行合成,然后,在一周期内将其平均化,其值作为测量的功率。这时要注意的是,输入电流不是图 B 所示那样的正弦波,而是含有高次谐波,因此,测量时应使用高频特性良好的功率表。

正态噪声与共模噪声的不同点

　　输出电压噪声有正态噪声成分与共模噪声成分,正态噪声是叠加在输出端子的正负之间的直流电压上的噪声,而共模噪声是大地与输出端子间产生的噪声,即输出端子间的共模噪声(图 A)。

　　用示波器测量输出端子时,它是测量正态与共模两种噪声。可用示波器原样测量正态噪声。测量共模噪声时,虽然在输出端子不产生这种噪声,但其测量方式如图 B 所示,由于测量探头对地的阻抗不同,在大地与探头间要产生电压,这正如正态噪声那样的观察方式。

　　因此,正态噪声随示波器探头外套的特性阻抗不同而变化,用这种方法不能进行定量测量,但可以测量噪声的大小。示波器的输入接到电源装置的输出端子时,可以观察正态噪声与上述原因形成的噪声。

　　测量共模噪声的大小时,示波器的输入端子短路,可将其接到电源装置

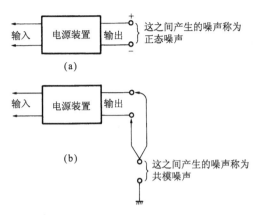

图 A 正态噪声与共模噪声的不同点

输出的任一端子,如图 B 所示。用这种方法测量的噪声都是共模噪声影响形成的噪声。

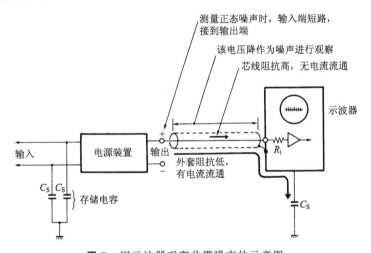

图 B 用示波器观察共模噪声的示意图

通过在负载端增设旁路电容可以减小共模噪声,但用这种方法不能防止共模噪声的产生。与图 B 说明的原因相同,若电路不平衡,则共模噪声变为正态噪声,对装置带来不良影响。另外,一般来说,共模噪声较大时,向外辐射的噪声也变大。

对于市售开关电源的噪声规格,根据说明书不能推断正态噪声与共模噪声的区别。同样,输出电压的噪声也是用示波器能观察的噪声,共模噪声非常有害,对其采取对策也很难,因此,需要注意这一点。

6.3　开关晶体管驱动方法对效率的改善

　　开关晶体管的损耗随其基极驱动条件的不同而发生较大变化,基极驱动信号的理想波形如图 6.6 所示。

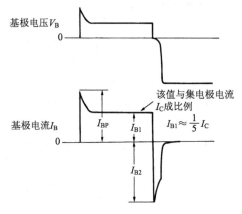

图 6.6　开关晶体管的理想驱动电压与电流波形

　　脉冲上升时峰值电流 I_{BP} 是为了缩短晶体管的导通时间。在开关晶体管导通瞬间,晶体管加上比 $V_{CE(SAT)}$ 还要高的电压,如图 6.7 所示,其电压下降到 $V_{CE(SAT)}$ 时需要时间,则晶体管功耗增加,因此,要防止晶体管开通瞬间产生高电压。在一般开关晶体管特性表中,一般不给出这种特性,因此,除实测外别无其他办法。

　　测试晶体管导通特性时,需要注意的是,示波器的探头要完全调整好,而且要在示波器内部放大器不饱和电平上进行测试。若示波器探头的频率特性没有调整好,不仅不能正确显示电压上升特性,而且工作到晶体管的饱和电平 $V_{CE(SAT)}$。

　　到晶体管完全导通时的延迟时间随晶体管不同有较大差异,即使上升时间 t_r 快的晶体管,其中也有很多有较长的延迟时间,为 t_r 的 5~10 倍。对于这样大多数的晶体管,即使在基极电压上升时提高瞬态电压,基极电流上升仍有延迟,如图 6.6 所示那样,还有基极电流不能流通的情况。

　　图 6.6 中 I_{B1} 是为了使晶体管继续导通的电流,该电流较大时,发射极-集电极间饱和电压要下降。然而,若 I_{B1} 过大,晶体管的截止特性就变坏。I_{B1} 的最佳值一般为集电极电流 I_C 的 1/5 左右,其值随晶体管不同而异。图 6.6 是集电极电流在晶体管导通

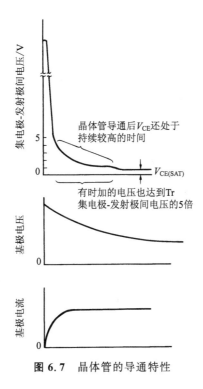

图 6.7 晶体管的导通特性

后不变化的情况,集电极电流随时间变化时,理想情况是基极电流
也随集电极电流成比例变化。

使晶体管基极电流随集电极电流成比例变化的方法如第 5 章
中图 5.14 所示,它是使用电流互感器并施加正反馈的方法。单管
电路实例如图 6.8 所示,基极电流 I_B 与集电极电流比例关系为
$I_B = I_C(N_1/N_2)$。

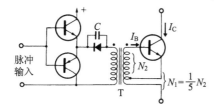

图 6.8 基极电流与集电极电流成比例的驱动电路

基极电流过大时,作为防止存储时间增长的方法,可采用图
6.9 所示的贝克(Baker)钳位电路。电路中,基极电流增加,晶体
管(Tr)饱和电压低于 V_{EB} 时,二极管 D_1 导通,防止了基极电流的

增加,这是一种防止过驱动的电路。

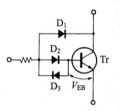

图 6.9 贝克钳位电路

如图 6.6 所示那样,在晶体管截止时加反向偏置电压,而晶体管导通时抽出积累在基极的载流子,这样就可以缩短存储时间,这是一种提高效率的最重要方法。

施加反偏置的最有效方法是图 6.10(a)所示电路,电路中,开关晶体管截止时 Tr_2 导通,将其反向电压 V_2 加到开关晶体管的基极。这种方法的优点是,即使脉宽很窄也能加足够大的反向偏置电压,但缺点是,需要反向偏置用电源 V_2,这样需要较多的辅助电源电路。Tr_2 的电源采用图 6.10(c)所示电路,可以从变压器抽头获得此电压。

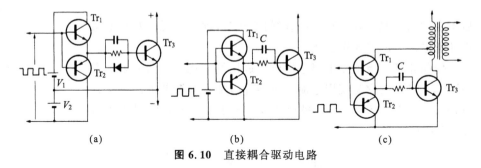

图 6.10 直接耦合驱动电路

在图 6.10(b)所示电路中,开关晶体管导通期间电容 C 充电,截止期间电容 C 放电,通过 Tr_2 对开关晶体管加反向偏置电压。这种电路的缺点是,开关晶体管导通时间(T_{ON})较短时,过驱动期间,电容 C 的充电电流使开关晶体管变为截止。这种状态下,过驱动期间存储载流子较多时开关晶体管截止,而且电容 C 没有充足电时,截止能量不足,不能获得较好的截止特性。

图 6.11 是用电感中能量使晶体管截止的电路。在图 6.11(a)所示电路中,晶体管 Tr_1 导通期间,流经电感 L 中电流 I_L 在 Tr_1 导通后变为峰值电流 $I_P = V_1 T_{ON}/L$。Tr_1 截止时,为了维持该电流,流经 Tr_2 基极的反向电流峰值 I_{B2} 就变为 I_P,这就加速了 Tr_1

的开关时间。这种电路的缺点是,由于反向电流 I_{B2} 与晶体管导通时间(T_{ON})成比例,因此,脉宽较窄时得不到足够大的反向电流。稳压二极管 D_Z 是为了在 Tr_2 截止期间,防止过高反向电压加到 Tr_2 的基极。晶体管加反向电压时,在超过其反向耐压之点晶体管发生击穿,其动作与稳压二极管一样。若在这种状态下使用晶体管,则其 h_{fe} 急剧减小,晶体管使用寿命变短,需要注意这一点。

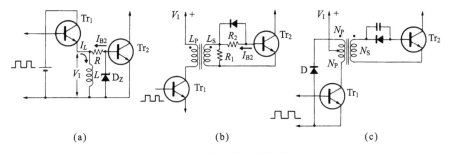

图 6.11 用电感中能量使晶体管截止的电路

图 6.11(b)所示电路工作原理与(a)相同,变压器的电感 L_S 中储能使开关晶体管截止。这时,反向电流 I_{B2} 变成 $V_I T_{ON}/L_S$。电阻 R_1 是为了在 Tr_1 截止期间,防止 Tr_1 的基极加过高的反向电压,反向电压峰值为 $V_I T_{ON} R_1/L_S$。R_1 也可用稳压二极管替代,其作用完全相同。图 6.11(c)是晶体管截止时剩余能量通过稳压二极管馈送到电源的电路,$N_S V_I/N_P$ 超过 Tr_2 的反向耐压。上述电路的共同缺点是脉宽较窄时截止能量不足。

图 6.12 是窄脉宽也能加足够大反偏置的电路。图 6.12(a)所示电路中,当 Tr_1 导通时,电流通过 R_2 流经 Tr_3 的基极,同时作为反向偏置电源的电容 C 也进行充电。若 Tr_1 截止,二极管 D_2 使反向偏置的 Tr_2 导通,电容 C 的能量反向加到 Tr_3 的基极。若 Tr_3

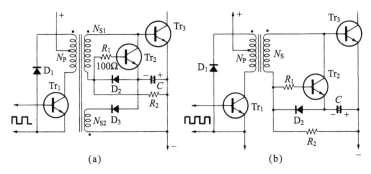

图 6.12 脉宽较窄时也能工作的驱动电路

中的载流子完全抽出,通过 R_2 将 N_{S1} 上的电压反向加到 Tr_3 的基极。对于图 6.12(b)所示电路,反偏置电容 C 上电压也是通过 R_2 获得的,工作原理与图 6.12(a)相同。

开关晶体管加反向偏置时,如图 6.13 所示,若增大相对正向电流 I_{B1} 的反向电流 I_{B2},开关特性会得到较大改善。然而,这里要注意的是,开关特性即使得到改善,但如图 6.14 所示,反向偏置时安全工作区(ASO)变窄,而且开关特性得到改善时,晶体管截止时电压上升速度与电压值都要增大,因此,需要增设电压吸收电路,避免晶体管进入二次击穿范围。

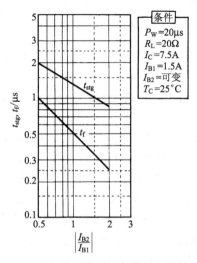

图 6.13 2SC2245 的开关时间与基极电流之间的关系

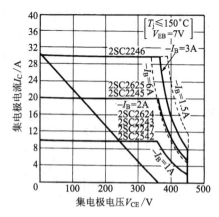

图 6.14 高速开关功率晶体管的反向偏置安全工作区

6.4 吸收电路的改进对效率的改善

开关晶体管中增设的吸收电路,用于防止开关晶体管截止瞬间发射极-集电极间电压的急剧上升,使该电压在安全工作区内,同时减小向外辐射的噪声。这种吸收电路一方面减小了开关晶体管的截止损耗;另一方面,在开关晶体管截止时释放出蓄积在吸收电路中的能量,由此也产生功率损耗,这也是使效率降低的一个原因。因此,吸收电路也变成改善效率的重要课题。

图 6.15 是吸收电路实例,这些电路中有使用单一元件的电路,也有各自组合使用的电路。图 6.15(a)和(b)是各自内部有损耗的吸收电路。

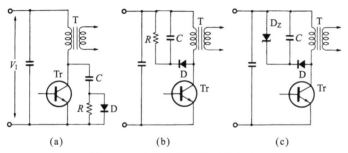

图 6.15 内部有损耗的吸收电路

在图 6.15(a)所示电路中,开关晶体管截止瞬间,电容 C 和二极管 D 中有电流流通,降低了晶体管的发射极-集电极间电压的上升速度。电阻 R 用于防止开关晶体管导通瞬间,电容 C 中电荷迅速放电,使开关晶体管的集电极电流上升过大。二极管 D 的作用是在开关晶体管截止时将电阻 R 短路,增大电容 C 对电压吸收的效果。

这种电路主要用于正向激励逆变器,电容 C 值过小时,晶体管截止时电压上升速度过快,开关损耗增大;电容 C 值过大时,电容 C 中能量不能有效地返回电源中,因开关晶体管导通,吸收电路的损耗也增大了。因此,要在电路效率为适当值的情况下,选用电容 C 的值,该值参见 6.5 节的说明。

图 6.15(b)是变压器 T 的 1 次与 2 次间蓄积的能量转移到电容 C 中,该能量通过电阻 R 消耗的电路,这种电路多用于回扫式变换器中。电路的缺点是,由于电容 C 的电压经常充电到高电平,

因此,在开关晶体管的集电极电压上升部分全无吸收效果,只有在集电极电压高于电容 C 上电压的瞬间才有吸收效果。然而,电容 C 值对效率影响不大,若与图 6.15(a)电路相比,可以选用较大容量的电容 C。因此,在过渡过程状态下,开关晶体管即使有过大电流流通时,也能发挥吸收电路的效果。

在图 6.15(b)电路中,输入电压低与轻载时,电阻 R 中经常都有功率损耗。图 6.15(c)是克服了这种缺点,用二极管 D_Z 替代电阻 R 的电路。该电路中,仅电容 C 上电压达到稳压二极管的工作电压时才有电流流通。

图 6.16 是由吸收电路所吸收的能量返回到输入电源端的电路,在效率不降低时也能发挥吸收电路的效果。图 6.16(a)为钳位电路,电路中,主绕组 N_1 与同步绕组 N_2 为紧耦合,绕组 N_1 上电压与绕组 N_2 上电压成比例。这样,开关晶体管的集电极电压 $V_C = 2N_1 V_I / N_2$ 时,二极管 D 导通,将集电极电压钳至 $2N_1 V_I / N_2$ 以下。对于这种电路,要注意的是,开关晶体管的导通时间与截止时间分别为 T_{ON} 和 T_{OFF},若不满足 $T_{OFF} N_1 > T_{ON} N_2$ 的条件,则变压器 T 不能完全复位而处于饱和状态。

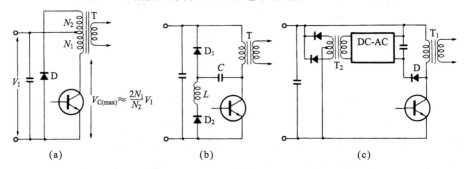

图 6.16 吸收功率返回到输入电源的吸收电路

图 6.16(b)是电容 C 吸收的能量转移到线圈电感 L 中,在开关晶体管截止瞬间,能量返回到输入电源的电路。

图 6.16(c)所示电路是大功率逆变器中使用的最有效的方法,其吸收效果与图 6.15(c)的电路一样,但吸收的功率经直流-交流逆变器变为交流,再通过变压器 T_2 返回到输入电源。

这样,若吸收电路所吸收的能量返回到电源端,则可以构成效率高的吸收电路,进一步将这些电路相互组合可以得到吸收效果更好的电路。

由集电极电压与电流波形判断逆变器的工作情况

　　开关稳压电源的逆变部分是直流功率变换为高频功率的重要电路,若电路发生异常,则会影响开关稳压电源的所有部分。通过开关晶体管的电压与电流波形几乎都能发现逆变器部分出现的故障,现对这种方法进行说明。

　　首先,对图 6.17 所示正向激励逆变器进行说明,晶体管集电极-发射极间波形如图 6.18 所示。电路中,作为吸收电路是电容 C,它并联接入开关晶体管的发射极-集电极间。这个电容的作用如 6.4 节所说明的那样,使变压器 T 中蓄积能量的一部分返回到电源端,提高了效率,同时也降低了开关晶体管截止时的损耗。在图 6.18(a) 所示电路中,T_F 期间变压器中能量转移到电容 C 中,T_B 期间电容中能量通过变压器的 1 次绕组返回到输入电源。若该能量转移结束,则电容 C 上电压等于电源电压 V_I。

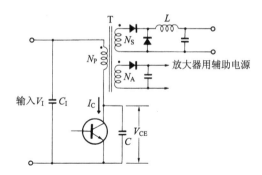

图 6.17　正激式逆变器电路

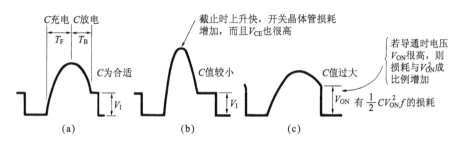

图 6.18　带有电容吸收电路逆变器的 V_{CE} 波形(正向激励电路)

开关晶体管导通时,电容 C 中蓄积的能量为 $CV_{\mathrm{I}}^2/2$,该能量变为开关晶体管电阻部分的无效功率被消耗了。因此,若开关频率为 f,则有 $CV_{\mathrm{I}}^2 f/2$ 的功率被消耗了。

电容量的选择很重要,电容量 C 小,吸收电路的功率损耗少,但电容量 C 过小时,如图 6.18(b) 所示,开关晶体管截止时电压上升速度变快,开关损耗也增加,而且发射极-集电极间电压也增高;反之,电容量 C 过大,电容中能量不能完全返回电源端,开关晶体管处于导通状态,因此,吸收电路消耗的功率增加。

对于图 6.18 示出的波形,它是输出电压低,变压器的 1 次与 2 次间漏感中蓄积的能量少,少到几乎可以忽略的实例。若输出电压高,变压器漏感中蓄积的能量也增多,该能量转移到电容 C 中,这时波形如图 6.19 所示。图 6.18 和图 6.19 都是在开关晶体管导通前,电容 C 的值是使 V_{CE} 降到输入电压 V_{I} 的最佳值。

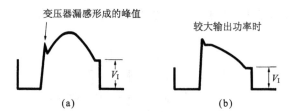

图 6.19　受到漏感影响的集电极电压波形

另外,变压器的漏感较大时,开关晶体管截止时电压尖峰增多,电压上升速度也变快,增大了损耗(有关变压器漏感的说明参见第 3 章)。

在开关晶体管截止,漏感产生的尖峰信号之后,发生如图 6.20 所示的振荡,在很多情况下,引线电感等使变压器 T 的输入部分电压产生振荡,为此,这部分的引线应越短越好。

图 6.20　输入电源振荡时集电极电压波形

如图 6.21 所示,集电极电压波形的一部分被钳位时,辅助电源用绕组 N_{A} 的极性变反,该绕组进行回扫工作。在同样波形情况下,有必要检查一下,加在与开关晶体管并联的稳压二极管等过电压保护元件上的电压是否有问题。

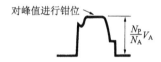

图 6.21 辅助电源用绕组的极性变反时 V_{CE} 的波形

另外,可以根据集电极波形判断 2 次侧扼流圈 L 的电感是否适当。图 6.22(a)示出的是正常时波形。若该电感量小,如图 6.22(b)所示,集电极电流波形上升非常快。图 6.22(c)示出变压器或 2 次侧扼流圈磁芯饱和时波形。扼流圈饱和时,若输出电流稍有下降,则电流上升也变慢,但变压器饱和时,负载电流多少有些变化,急剧上升部分不变,总电平只是上下变化。

(a) 正常波形　　　　　(b) 电感 L 较小时　　　　(c) 变压器或扼流圈
　　　　　　　　　　　　　 波形　　　　　　　　　　　 饱和时波形

图 6.22 开关晶体管的集电极电流波形

如上所述,根据电压与电流波形可以了解逆变器的工作情况,这里的说明仅限定正向激励电路,其他电路方式的波形也完全不同,但可以应用这种方式了解逆变器的工作情况。

6.6 开关元件使用功率 FET 注意的问题

功率 FET,在日本最初公布的是索尼结型 FET,其后公布的是日立称为横形结构的耐压为 $160\sim200\mathrm{V}$ 的功率 FET。这时期的功率 FET 有导通电阻高的缺点,但其最重要的优点是承受损坏能力强,传统双极型晶体管中没有这种特征的功率元件。对于这个时期的 FET,作为制造厂家大概也是根据用途考虑是否作为成果公布的。公布当时,对于索尼,它只不过作为声频放大器使用的元件,当然也是成本高的元件,但作者从这个时期开始使用 FET 元件,在功率用特殊装置中充分体现其利用价值,其使用量超过声频放大器。然而,在日本到能作为开关使用的导通电阻低的功率 MOS FET 公布没有太长时间,美国也公布了这种元件,但在日本几乎还没有使用这种元件。

其后,如通信设备中使用的开关电源等那样,认识到如其只是重视电源的成本,不如重视效率与尺寸、可靠性等综合成本,这样确定了功率 MOS FET 在开关电源中是十分有利用价值的元件,随即它的使用范围迅速扩大。作者在从事新目标的电源事业时,FET 也不是普通的元件了,开关用 FET 与非结晶质磁芯成了最主要的元件。现在,普通使用的功率 FET 已作开关元件,但完全取代双极型晶体管还需要一段时间。

功率 FET 的历史暂说到此,它有以下一些优点,有很多性能最适用于作为高速开关元件。

① 驱动功率小,驱动电路简单。

② 开关速度快,而且不需要加反向偏置。

③ 不会因电流集中产生二次损坏,承受损坏能力强(图6.23)。

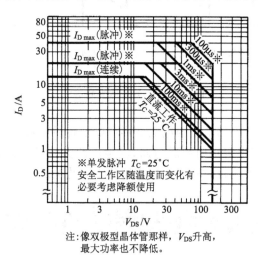

注:像双极型晶体管那样,V_{DS}升高,
最大功率也不降低。

图 6.23 功率 FET(2SK387)的安全工作区

④ 可简单并联工作。

⑤ 可简单控制开关速度。

⑥ 开关速度受温度影响非常小。

⑦ 可有望作为同步整流器工作。

其缺点是成本问题,这也导致其应用范围迅速缩小,包括驱动电路的综合成本超过双极型晶体管,尤其是在开关频率提高的情况下,功率 FET 是不可缺少的元件。

功率 FET 用于开关电源时,若使用双极型晶体管技术,几乎可原样使用,但使用时还需要注意以下几个问题:

① 栅极电路的阻抗非常高,易受静电损坏。

② 直流输入阻抗高,但输入电容量大,高频时输入阻抗低,因此,需要降低驱动电路的阻抗。

③ 并联工作时容易产生高频振荡。

④ 导通时电流冲击大,易产生过电流。

⑤ 在很多情况下,不能原封不动地用于双极型晶体管的自激振荡电路。

⑥ 逆向二极管的反向恢复时间长,在很多情况下与 FET 开关速度不平衡。

⑦ 开关速度快而产生噪声,容易使驱动电路产生误动作。特别是开关方式为桥接电路,栅极电路的电源为浮置时,易出现这种故障。

⑧ 漏栅间电容量大,漏极电压变化容易影响输入。

⑨ 加有负反馈,热稳定性也比双极型晶体管好,但用于电流值较小的情况下,不能获得这种效果。

⑩ 理论上没有电流集中而产生二次损坏,但寄生晶体管因 dv/dt 受到损坏,从而 FET 也受到损坏。

要注意以上这些与双极型晶体管不同的地方。

首先,对 MOS FET 的驱动电路进行说明,典型的驱动电路如图 6.24 所示。在图 6.24 的电路中,驱动信号为高电平时,信号通过二极管 D_1 加到 FET 的栅极。这期间,晶体管 Tr_1 因反向偏置而截止。驱动信号为低电平时,晶体管 Tr_1 导通,FET 栅极电容中蓄积的电荷通过 Tr_1 迅速放电,其作用是缩短了 FET 的截止时间。

FET 栅极中接的稳压二极管是抑制过电压而用于保护栅极电路,当 FET 损坏时,多数情况是漏栅极导通,该稳压二极管同时也防止驱动电路流经主电源的反向电流而使 FET 二次损坏。

电阻 R_2 是有意减慢驱动信号上升与下降速度的,R_2 与 FET 的输入电容确定时间常数,从而控制 FET 的开关速度,R_2 阻值的设定要满足输出噪声电平与效率两个条件。接入二极管和电阻串

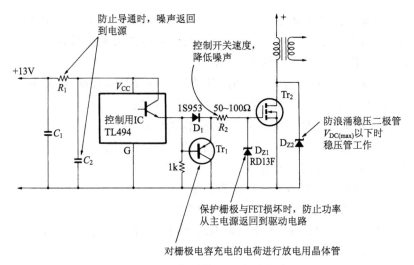

防止导通时，噪声返回到电源

控制开关速度，降低噪声

+13V

R_1

V_{CC}

控制用IC TL494

G

C_1

C_2

1S953
D_1

50~100Ω
R_2

Tr_1

1k

D_{Z1}
RD13F

Tr_2

D_{Z2}

防浪涌稳压二极管 $V_{DC(max)}$ 以下时稳压管工作

保护栅极与FET损坏时，防止功率从主电源返回到驱动电路

对栅极电容充电的电荷进行放电用晶体管

图 6.24　典型的 FET 驱动电路

联电路与 R_2 并联,改变二极管方向也可以独立控制驱动信号上升与下降速度。目前,已有较多的 FET 驱动专用 IC 出售,但 FET 开关的噪声易引起误动作,有时也可能被闩锁,因此,需要注意 IC 的选用与布线方式。

FET 并联工作虽然简单,但易产生振荡,开关通断期间有可能产生 50～100MHz 频率的振荡。若发生这种振荡,则通过漏栅间电容经栅源极间阻抗分压,在栅极也会产生较高电压,此电压可能超过栅极耐压。脉宽非常窄时,用示波器观察到的电压没有超过 FET 的耐压,也没有达到锁存器内部的电压,或电压高不至于损坏栅极,但由于产生振荡有时也使 FET 遭到损坏。

为了防止这种振荡,如图 6.25 所示,可在互为并联的栅极电路中串联接入 50～100Ω 电阻,或穿上高频用铁氧体磁珠。FET 多个并联使用时,为防止振荡需要高超的专门技术。另外,振荡的难易程度也随厂家的不同而异。并联电路用于图 6.24 所示电路时,稳压二极管要尽量靠近 FET 配置,这样可以防止出现多种故障。现在已经公布了内有栅极保护用稳压二极管的 FET,也有承受损坏性能不够强的情况,因此,需要注意这一点。

另外,FET 并联工作时,在其导通电阻较低场合,由于配线阻抗不同破坏了电流的均衡,因此,FET 的源与漏极需要尽量对称配线。上述的导通电阻之差也原样变为使电流流通的路径,也需要考虑这些问题。当然,并联连接时,在很多情况下,并联的 FET

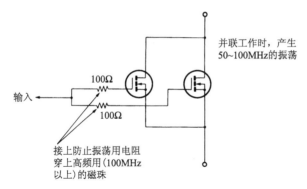

图 6.25 防止并联工作时产生振荡的方法

安装在同一个散热器上,开关工作时,若只考虑元件的热阻,功率损耗也较小,元件的各自功率损耗虽然不同,但对于发热的影响几乎不会出现同等问题。FET 与双极型晶体管进行比较,峰值电流与损坏强度在很多情况下都有足够的裕量,温度引起开关速度的变化也很小,因此,并联工作时电流均衡引起的故障几乎不成为问题。

但是,FET 与双极型晶体管不同,电流的线性非常好,不管遇到何种条件,也有电流流通,限制电流的仅是 FET 的导通电阻。因此,电源启动时与输出短路等的过渡过程中产生的峰值电流在多数情况下超过预定值,有可能损坏元件。并联工作时需要注意,由于散热不佳的原因,在过渡过程期间要使电流值不得超过最大额定值,完全有必要增设软启动电路与过电流保护电路等。在下面将要说明的桥式开关稳压电源中也会出现这种问题。

FET 与双极型晶体管最大的不同是,由于 FET 的构造原因,反向特性取决于二极管的特性,这种二极管称为内部二极管,二极管的反向恢复时间比 FET 开关的时间长,这时会发生多种故障。为此,如桥式或半桥式电路那样,多个 FET 串联连接时,效率的降低有时也与 FET 的损坏有关。

这个问题的解决方法如图 6.26 所示,Tr_1 和 Tr_2 串联连接交互通断工作,负载为电感时,一个 FET 虽然截止,但导通时蓄积在电感中能量要释放,因此,通过另一个 FET 内部二极管释放,形成电流流通。内部二极管导通时,另一个 FET 导通,则在内部二极管反向恢复期间电源为短路状态,有过大电流流通。

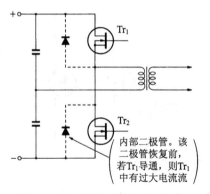

图 6.26 内部二极管引起的峰值电流

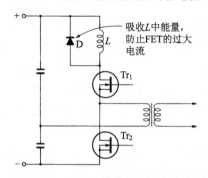

图 6.27 防止电感引起的过大电流

为防止这种原因引起的过大电流,可采用如图 6.27 所示电路,在电路中增加一个与 FET 串联的电感,或者采用如图 6.28 所示电路,与 FET 串联快速恢复二极管 D_{S1} 和 D_{S2}。这种二极管作用是阻止内部二极管加反向电压时快速导通,由于加的电压没有超过正向电压,因此可以采用反向恢复时间非常短的肖特基二极管。由于采用这种方法,其动作可能不会影响 FET 内部二极管的反向恢复时间,其反向恢复时间是取决于流经反向电流的 D_{F1} 和 D_{F2} 的反向恢复时间,因此,D_{F1} 和 D_{F2} 尽量采用高速二极管。

在图 6.27 所示电路中,与 FET 串联电感的作用有两点:其一,例如,下面二极管恢复导通前,上面的 FET 也导通,串联接入的电感 L_S 就限制了电流的上升,防止了 FET 的过大电流;其二,FET 截止时,此电感与 FET 漏源间电容抑制电压的上升,防止过高 dv/dt 损坏 FEF。这种方法的最大不足之处是,在 FET 导通期间,若不想办法使蓄积在串联连接电感中能量返回到输入电源与负载端,这些能量都消耗了,降低了电源的效率。

桥式电路中使用 FET 时的另一个问题是,上桥臂中 FET 的

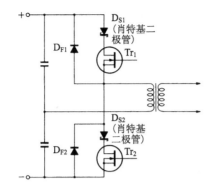

图 6.28 消除 FET 内部二极管影响的电路

驱动电源相对于输入电源为浮置状态。这时,如图 6.29 所示,驱动电源使用工频变压器,当 FET 开关工作时,通过变压器寄生电容 C_S 流经 FET 中较大的峰值电流,使驱动电路误动作,并产生辐射噪声。对于在一块印制电路板上安装这样小型装置时不会出现这些问题。然而,电源装置的输出功率大,装置的尺寸越大时,这个问题越容易发生。

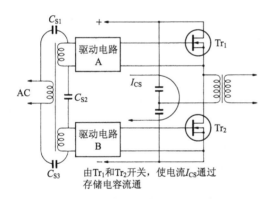

图 6.29 桥式电路中寄生电容对驱动电路电源的影响

为此,驱动电源电路要一点接地,如图 6.30 所示,栅极电路或电源电路之间接入共模扼流圈,若提高的不是环路阻抗,则有较好的效果。这时,驱动电路靠近 FET 时,共模扼流圈接入电源侧,驱动电路远离 FET 时,共模扼流圈接入 FET 侧,而且扼流圈尽量靠近 FET 配置。为了与下桥臂中 FET 共用电源的控制电路进行隔离并传送驱动信号时,有采用脉冲变压器电路,变压器的寄生电容量大,也会存在同样的问题,这时变压器输入或输出要接入共模扼流圈,可以防止驱动电路误动作以及噪声的产生。上桥臂 FET 采用光耦合器隔离并传送驱动信号时,需要采用高速光耦合器。这样,若光耦合器与光电晶体管之间加有上升速度快的噪声,也会使驱动电路误动作,这时也可以用共模扼流圈解决此问题。

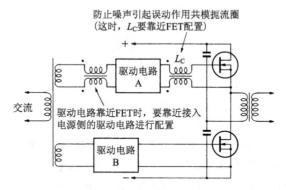

图 6.30 防止噪声与误动作的共模扼流圈

这样,FET 作为开关元件用于桥式电路时,需要注意的是,双极型晶体管不易发生的故障。桥式电路是开关元件的电流利用率高,而且在原理上开关元件上加的电压不会超过电源电压,因此,对于输出功率较大时这也是一种优良的电路,但与小功率使用的单管式电路相比较,为了使其有效工作,需要一些专门技术。

还需要注意的问题是,FET 不会像双极型晶体管那样因电流集中产生二次击穿。然而,实际使用时发现,由于使用方法不同也会产生相当于二次击穿的故障,尤其是桥式电路,输入电压较高时会发生这种现象。这种损坏的难易程度随 MOS FET 的类型与厂家的不同而异。造成 MOS FET 损坏的原因,从构造上看,如图 6.31 所示那样存在寄生晶体管的缘故,FET 截止,漏极电压升高的瞬间,漏源极间加上较大电压变化率 dv/dt,该值变大时,通过寄生晶体管的寄生电容 C_P 的电流增大。这样,寄生电阻 R_B 上电压增大,若该电压超过界限,则寄生晶体管 Tr 导通。这样,寄生晶体管加上过大电压,就有损坏的可能性。为了防止这种原因引起 FET 的损坏,需要采取的措施是降低 dv/dt。这是半导体厂家解决的问题,但设计时需要降低寄生电阻 R_B 与寄生电容量 C_P。若对 dv/dt 有较强的承受能力,即使超过 FET 的耐压,也可以制造出能吸收规定的能量而不损坏的 FET,若使用具有这样承受损坏能力的 FET,就可以省去吸收电路。这是厂家一定能实现且迫切期待的事情。

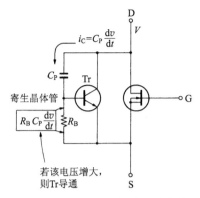

图 6.31 MOS FET 的寄生晶体管

第 7 章
谐振变换器

7.1　谐振变换器的特征

　　谐振变换器是利用谐振电路,使加在开关晶体管上的电压或电流波形为正弦波状,在开关晶体管导通或截止瞬间,其电压或电流为零,这样,可使开关晶体管的功率损耗大幅度降低。这时,电压为零时进行开关工作的方法(Zeor Volt Switching)简称 ZVS,电流为零进行开关的方法(Zero Current Switching)简称 ZCS。

　　在现代开关电源出现之前,高频开关使用晶闸管作为开关元件。其原因是,在当时作为功率用高频开关晶体管,只有电视机水平偏转用开关晶体管,但为了进行大功率开关工作,使用开关速度慢的晶闸管,用谐振电路减小开关损耗,除此以外别无其他方法,而且晶闸管关断时需要加反向电压,并需要利用一部分谐振能量。

　　在高频开关电源成为普通电源的现在,作为超过开关晶体管能力进行高频化的方法是,重新考虑采用谐振变换器,或只在低频时利用的磁放大器再次用到高频,两者在这方面是共同的,这就是新元件的开发还需要采用古老技术的实例。

　　由于使用谐振变换器,开关电源高频化的频率达到无线或其以上的频率,现在,对于开关电源的设计方案也需要像短波发射机一样。若频率增高,则变压器漏感与寄生电容等都不能忽略。为了高效率取得功率,有效利用漏感与寄生电容也成为关键问题。

　　这类似于无线发射机天线的匹配问题,在开关电源中逆变器后接整流电路那样的非线性电路,这两种电路同样难以分析。发射机中采用 C 类放大器,而且电子管的输出阻抗高,虽然是不利条件,但可高效率地取得高频功率并由天线发射出去。

　　谐振开关电源的缺点是,多数场合开关元件上加的电压或电流比普通方式大,而且元器件也多。另外,作为谐振元件使用的电容与电感,多数情况下,流经这些元件的电流较大,其产生的功率损耗也较大,采取措施虽然能减小开关损耗,但有时也不能得到所期望的高效率。原理上是理想方式的谐振电源,从引人关注起,虽然经历了相当长的时间,但这些问题较难解决,这就是谐振开关电源应用有限的原因。

具有开关元件性能的 FET 与 GaAs 二极管等高性能开关元件与整流元件的出台,即使不是谐振工作方式,也能构成性能非常好的开关电源,这种解决方式也随着开关电源的用途不同发生较大变化。这方面与下述问题是共同的,即在开关稳压电源不像现在这样实用化的年代,采用非常普通的晶闸管构成了谐振变换器,由于高速开关晶体管与 FET、高速二极管等的出现,这些元件构成的谐振变换器要取代普通的脉宽调制开关稳压电源。这里,尽量以通俗易懂的方式,说明分析与理解都较难的谐振开关稳压电源的有关事项。

7.2 无变压器的电压与电流谐振变换器

图 7.1 是第 2 章说明的升压型直流-直流变换器的开关损耗。其电路的工作原理已经详细说明了。图 7.1 中示出的波形是开关晶体管的电压与电流波形,在开关元件导通或截止的过渡过程期间,就是开关元件上同时施加电压与电流期间,两者之积的功率就是开关损耗,它非常高,如图 7.1 中虚线所示。开关元件的开关时间越长,这种损耗越大。开关频率低,开关元件处于过渡过程期间与开关周期比较非常短时,由于开关损耗的平均值是长时间的平均值,因此,忽略不计也不会出问题。然而,开关频率升高时,开关损耗不能忽略。

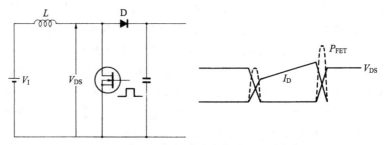

图 7.1 升压型直流-直流变换器的开关损耗

减小这种开关损耗的方法如图 7.2(a)所示,它与图 7.1 所示电路不同的是与开关元件串联二极管 D_2,并增设谐振电容 C_R。由于这个二极管的作用,在谐振电容两端电压变负时,阻止反向电流流通。这时,将电容 C_R 与电感 L 的串联谐振周期与开关元件的截止时间加在一起。

这种方法的工作波形如图 7.2(b)所示,在开关元件截止瞬间,电容 C_R 两端电压几乎为零,随后,电感 L 中蓄积的能量转移到电容 C_R 中,其电压升高。电容 C_R 两端升到高于输出电压时,二极管 D_1 导通,供给输出功率。这里,剩下的能量再反向蓄积在电感 L 中,在下半个周期,谐振电容 C_R 反向充电,变为图 7.2(b)所示的电压波形。因此,在开关元件导通与截止瞬间其上加的电压几乎为零,开关期间的损耗也几乎为零,只有开关元件的电压降产生的损耗。

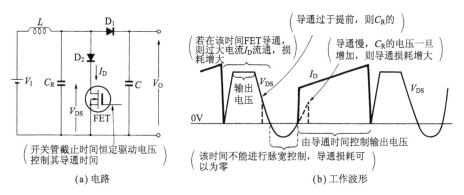

图 7.2 电压谐振升压型直流-直流变换器的原理图

对于这种电路,由于没有变压器,因此,谐振电容的两端电压高于输出电压时,对输出电容进行充电,从而抑制谐振电容两端电压的升高,而且可有效地利用电感中的能量(轻载时,仅转移到输出侧的能量减少了谐振能量,这样,会出现谐振电容两端电压不可能变为零的问题)。实际电路中,较多情况是接入变压器,2 次侧还接入扼流圈,如图 7.2 所示,没有对 FET 漏极电压进行钳位。

对于这种方式,输出功率控制需要的条件是,开关元件的截止期间保持恒定。例如,在开关元件加有电压期间,若开关元件导通,则电容 C_R 的较大放电电流要经开关元件流通,功率损耗与普通方式相比,大幅度增加。若在开关元件导通瞬间,电容 C_R 两端电压为 V_C,开关元件频率为 f,则这种损耗 P_L 为:

$$P_{\text{L}} = \frac{1}{2}CV_{\text{C}}^{2}f$$

开关元件使用 FET 时,这种方式 C 的电容量是谐振电容 C_{R} 加上 FET 的漏源极间电容量。

谐振电容 C_{R} 两端为负电压期间,开关元件 FET 也不导通,因此,控制脉宽也不能控制输出电压。若开关元件截止期间比谐振周期长,则靠电感 L 中的蓄积能量对谐振电容进行充电,而使其电压再次正向升高。若这种状态时开关元件导通,则电容中电荷经由导通的开关元件放电,形成较大的峰值电流流通,因此,损耗急剧增加。输出电压的控制是开关元件截止时间保持不变,而控制其导通时间,这样,改变开关频率对输出电压进行控制。在谐振电路中,使用这种方法控制开关元件导通的附加条件很多,控制电路也比普通方式复杂,这是其缺点。电路中,谐振电容 C_{R} 两端电压低于输出电压时,二极管 D_1 截止,谐振电路变为空载,因此,即使负载变化,谐振周期也不变,这也就达到使开关元件截止时间保持不变的目的。

然而,谐振周期受到负载变化的影响较大时,需要将开关元件截止时间准确地与谐振周期合在一起,这就需要采用特殊电路。例如,需要采取措施,监视开关元件上的电压,在该电压为负的期间停止输出驱动信号等。

在图 7.2 实例中,在开关元件的电压上升与下降期间,其电压为正弦波状的波形,因此称为电压谐振变换器,即进行零电压开关(ZVS)工作。这种电压谐振变换器的最大特征是,由于是在 FET 的漏源极间电容 C_{DS} 中蓄积的能量为零期间进行开关工作,因此,可以防止 C_{DS} 中蓄积能量产生的损耗。其次,说明电流谐振变换器,在很多情况下,开关工作时,C_{DS} 上加的电压超过电源电压,若该电压为 V_{DS},开关频率为 f,则必会产生较大损耗,即为 $C_{\text{DS}}V_{\text{DS}}^{2}f/2$,这是电流谐振变换器的缺点。为了减小这种损耗,降低 V_{DS},或在开关元件导通时,想办法使电容中蓄积的能量返回到输入或输出端,否则损耗将与频率成比例增加。

再说明一下无变压器的电流谐振变换器,图 7.3(a)是将第 1 章的图 1.8 所示降压型变换器改为谐振变换器的电路。它对图 1.8 电路来说,与开关元件串联了阻止反向电流流通的二极管 D_1,增设了谐振电感 L 与谐振电容 C_{R},还接入二极管 D_2,它用于阻断输出电压加到谐振电容上。在图 7.3(a)电路中,加在开关元件上的电压波形如图 7.3(b)所示,在开关元件通-断瞬间,其电流可以

为零。这种电流波形相当于在 FET 的栅极加上与 L_R 和 C_R 谐振
频率相等的驱动脉冲时的波形。这样,开关元件进行开关工作时,
由于谐振的作用使其电流为零,因此,称为电流谐振变换器,即进
行零电流开关(ZCS)工作。

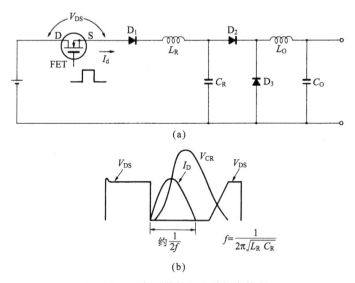

(a)

(b)

图 7.3　无变压器的电流谐振变换器

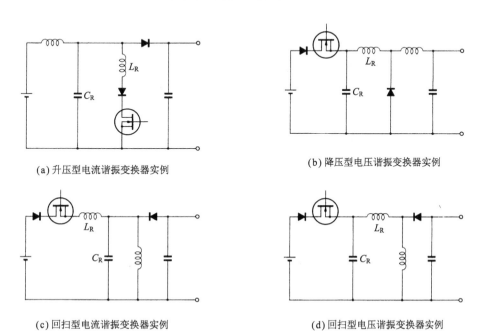

(a) 升压型电流谐振变换器实例

(b) 降压型电压谐振变换器实例

(c) 回扫型电流谐振变换器实例

(d) 回扫型电压谐振变换器实例

图 7.4　各种谐振变换器

　　到目前为止,说明了可用升压型变换器改为电压谐振电源和用降压型变换器改为电流谐振电源。如实例中那样,在普通开关稳压电源中增设谐振电容或电感,若与开关频率进行谐振,则可以构成电压或电流谐振工作方式的电源。图 7.4(a)是图 7.2 的升压型变换器改为电流谐振变换器的实例,图 7.4(b)是图 7.3 的降压型变换器改为电压谐振变换器的实例。另外,回扫式变换器改为谐振变换器的实例如图 7.4(c)和(d)所示,各自为电流谐振变换器和电压谐振变换器。对于任何场合,用开关元件通-断谐振电容的电压时就变为电压谐振,若开关元件的电压为零可进行 ZVS 工作方式;用开关元件通-断谐振电感的电流时就变为电流谐振,若开关元件的电流为零可进行 ZCS 工作方式。

7.3　带变压器的桥式谐振变换器

　　7.2 节对无变压器的普通直流-直流变换器改为谐振变换器进行了说明,这里,说明交流电路中最常用的串联谐振电路。图 7.5(a)是在 FET$_1$～FET$_4$ 构成的桥式逆变器输出端接入由 L_R 和 C_R 构成的串联谐振电路,并将串联谐振电容与变压器 1 次绕组并联连接的实例。从逆变器看,这种电路作为串联谐振电路的工作方

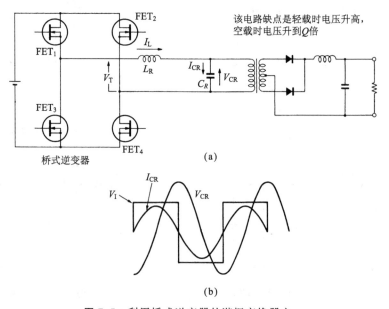

(a)

(b)

图 7.5　利用桥式逆变器的谐振变换器之一

式,其串联谐振电容与负载并联,但经常称为并联谐振变换器(接收机等的天线输入绕组的 2 次线圈与电容并联的电路不是并联谐振而是串联谐振工作方式,在电容两端得到 Q 倍电压)。图 7.5 (b)示出逆变器的输出电压波形 V_I、电流波形 I_{CR} 与变压器 1 次电压波形 V_{CR}。如图 7.5 所示那样,在开关元件通-断瞬间,可进行电流为零的 ZCS 工作方式。

对于这个电路,改变脉宽时,由于不符合 ZCS 工作条件,因此,不能通过脉宽调制改变输出电压,而是开关元件的导通时间几乎保持不变,控制驱动频率,并在 2 次电路中增设磁放大器等电压稳定电路,这样对输出电压进行控制。

这种电路的特征是,谐振电路中 L_R 和 C_R 具有低通滤波器的作用,因此,变压器 1 次绕组上加的电压是接近正弦波而高次谐波少的电压,这样有可能减小输出噪声。如图 7.6 所示,若将谐振电感分为两个部分,并对称地接在逆变器的输出端,则有可能大幅度地减小共模噪声。这种电路的缺点是轻载时输出电压升高,但非常适合用作恒流电源,也很方便得到较大输出功率,因此,用作海底光缆中继器的供电电源等。

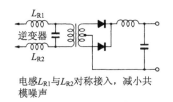

电感L_{R1}与L_{R2}对称接入,减小共模噪声

图 7.6 共模噪声的降低方法

图 7.7(a)是与桥式逆变器的输出接入串联谐振电路,再与该电路串联接入变压器的 1 次绕组的实例。由于这个电路使用串联谐振电路,因此,称为串联谐振变换器(对于谐振电路,可以考虑将

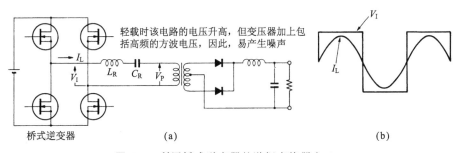

桥式逆变器　　　　　　(a)　　　　　　　　　　　　　(b)

图 7.7 利用桥式逆变器的谐振变换器之二

并联谐振电路的串联电阻作为负载)。电路的电压与电流波形如图 7.7(b)所示,在开关元件通-断瞬间电流为零,可进行 ZCS 工作方式。这个电路的特征是轻载时输出电压不升高,但缺点是,变压器 1 次侧加的电压波形中含有多种高次谐波,噪声也比图 7.5 所示电路大。

7.4 利用变压器漏感的电流谐振变换器

开关稳压电源中使输入与输出电路进行隔离,同时使变压器的 2 次电压为合适的电平,为此一般使用变压器。变压器的 1 次与 2 次绕组为松耦合时,会带来漏感增大、开关元件上加的电压过大、2 次侧整流器上加的电压增大等诸多问题。为了消除漏感的影响,需要在叠层绕制等方法上采取措施。

下面说明的方法是,作为谐振电路可反过来利用这种漏感的情况。这种电路的工作原理看起来较复杂,但可以完全与 7.3 节中无变压器的电流谐振变换器一样处理。作为从输入端看时等效电路,可将图 7.8(a)所示变压器的电路转换成三端子等效电路,这时可以采用图 7.8(b)所示的转换方法。这里,K 是 1 次绕组 L_P 与 2 次绕组 L_S 的耦合系数。若用这样的电路进行替换,则 2 次侧元件的阻抗变为 L_P/L_S 倍。从 2 次侧看时,1 次侧元件阻抗为 L_S/L_P 倍,电源电压为 L_S/L_P 倍,谐振电路的漏感变为 $(1+K)L_S$,在图 7.10 所示电路中,这种漏感与电容 C_R 可构成谐振电路。

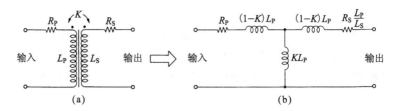

图 7.8 变压器的等效电路

利用这种等效电路,若将图 7.9(a)所示正向激励电路的变压器转换成从 1 次侧看的等效电路,则变成图 7.9(b)所示的等效电路(从 2 次测看时变成图 7.9(c)所示的等效电路)。这样,带变压器的电路也完全与图 7.3 所说明的无变压器的电流谐振变换器等效,这就变为漏感与谐振电容 C_R 构成的谐振电路。因此,从等效电路看,利用变压器漏感的电路可以完全与无变压器的电流谐振变换器一样处理。

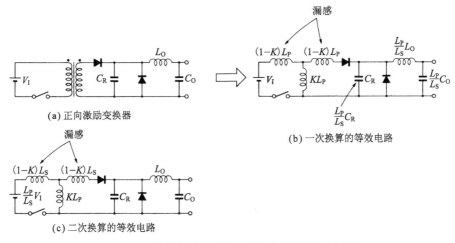

(a) 正向激励变换器

(b) 一次换算的等效电路

(c) 二次换算的等效电路

图 7.9 根据等效电路与无变压器进行同等的二次换算

为了构成这种电路,从图 7.10(a)所示电路看,完全与普通正向激励变换器一样,但与变压器 2 次侧续流二极管 D_F 并联的 C_R 电容量比普通变换器大,这种电容与变压器漏感构成谐振电路。这种电路的逆变器采用全桥方式也能达到同样的目的,而且开关元件上加的电压也可以由电源电压进行钳位。这时,作为谐振电感即使不用漏感,外接独立的电感也可以达到同样的效果。

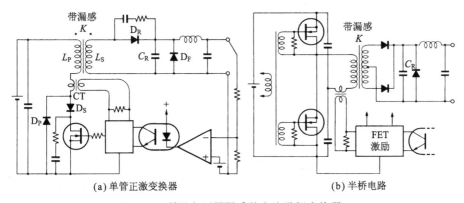

(a) 单管正激变换器

(b) 半桥电路

图 7.10 利用变压器漏感的电流谐振变换器

7.5 增设谐振电感的正向激励电流谐振变换器

图 7.11(a)是增设谐振电容 C_R 的电流谐振变换器。这是与变压器串联接入电感 L_R、并联接入谐振电容 C_R 的方式。这种电路可与图 7.5 所示桥式电路一样处理。电路中,在双向流通的谐振电流路径中,增设阻止电流反向流通的二极管 D_P。与 FET 串联的 Ds 是用于消除 FET 寄生二极管反向恢复时间影响的二极管。电路的主电压与电流波形如图 7.11(b)所示,谐振电流中反向电流通过并联二极管 D_P 返回到电源端。由于该电流的一部分流经变压器的 1 次绕组,因此,2 次绕组的电压经全波整流时,也可以获取该功率的一部分。然而,采用这种方法能获取较大功率,因此如何看待电路元件的增多,这就是意见分歧所在。这样,开关元件的电流双向流通的方式称为全波式。

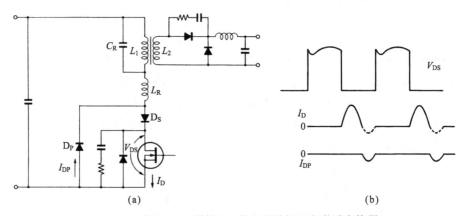

(a)　　　　　　　　　　　(b)

图 7.11 增设 LC 的电流谐振正向激励变换器

全波式与半波式比较如图 7.12(a)所示,对于全波式,由于与开关元件并联了反向二极管 D_P,空载时也有谐振电流流通的环路几乎不受负载的影响,因此,可以维持谐振状态。然而,对于图 7.12(b)所示半波式,通过开关元件的反向电流不能流通,由于电容或电感中蓄积的能量要通过负载释放,因此,开关元件的电流波形也照样受到负载的影响,这个问题需要注意。

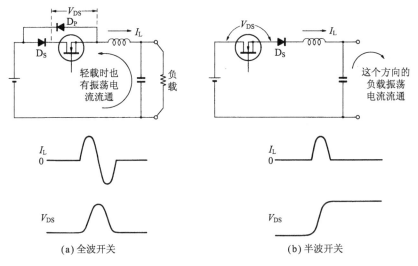

图 7.12 开关方式

到目前为止说明的谐振工作的开关稳压电源,其电压与电流波形随电路方式不同而发生变化,而且有时也随负载状态发生变化。因此,为了进行理想的 ZVS 和 ZCS 的工作方式,对开关元件的驱动信号的定时非常重要。对于谐振电源,控制脉宽时多数情况不符合 ZVS 与 ZCS 的条件,而且较多场合是开关元件导通时供给的能量几乎恒定,一般是开关元件的驱动脉宽保持在规定条件下的状态,对频率进行控制的方法。这时,如图 7.13 所示,用反馈放大器的输出控制频率可变振荡器(VFO)的频率,由 VFO 的输出驱动单稳态多谐振荡器,从而得到规定宽度的脉冲信号,该脉冲信号作为开关元件的驱动信号。这时,单稳态多谐振荡器或后接的开关元件在损耗较大时(电流方式是开关元件流经电流的场合,电压方式是开关元件上加电压的场合)要增设停止驱动信号的功能,需要采取措施使开关元件经常处于理想开关工作状态。已经有很多这种工作用途的 IC 在出售,它能解决复杂驱动电路的定时,这样,可以构成谐振电源的控制电路(参见第 4 章)。

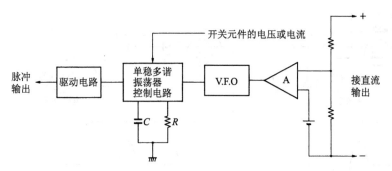

图 7.13 谐振电源控制电路的原理图

第 8 章
仿真软件 PSPICE
在开关电源中的应用

8.1 计算机的电路仿真

和根据电路原理图或描述电路的文字制作实际电路一样,可以用计算机的软件对电路进行评价,这种方式称为电路仿真。随着计算机性能的提高,现在可以轻松获得以前只用通用计算机与工作平台进行的电路仿真器。作者利用计算机仿真,对溶液中的交流引起电解反应的有关问题进行了分析,从中得到启示,开发了称为 CLCC 方法的新式电解着色方式。这时,用电路的非线性模型替代几微米薄的氧化膜与溶液分界面的状态,并用 PSPICE 对此进行分析。在生产线上用的电解着色电源,其电源功率为几十万瓦,而且需要在直流上叠加低频输出的高精度交流电源。作为适合这种用途的开关电源,由于需要开关频率接近兆赫,输出功率大,采用 PWM 控制方式的高效交流电源,因此,电源装置非常大,但为了开发工作,确是需要这样的工作电源。

这样,仿真不仅用于电路,在电化学等领域,也可用电路模型替代实际不存在的电路,对此进行仿真,因此,本来不能测量的电压也能进行预测了。

这样的仿真用于开关稳压电源的分析时,可同时评价开关稳压电源的整体性能,包括反馈环路,若采用 CPU 为 386 计算机对此分析,由于分析时间慢不实用。然而,对电源的部分电路进行评价,386 计算机已足够用了,而对谐振开关稳压电源的评价有出众的效果(见图 8.1)。另外,如后面叙述的那样,将开关部分转换成连续系统进行评价,并包括反馈环路,也可以得到近似过渡过程响应等图像。尚没有使用过,但市场上已有销售用美国制的评价,开关稳压电源的特定的高速仿真软件。从 Inter 系列 CPU 中选最常用的 386 或 486,再采用过激励处理程序等就能进行高速仿真,分析时间慢的问题也得到了解决。

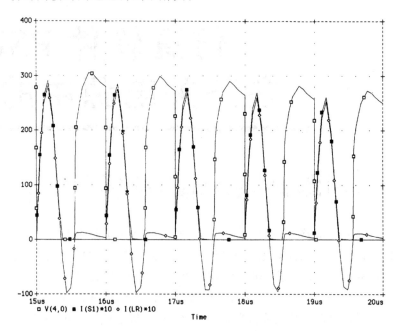

图 8.1 电流谐振电源开关元件的波形

作为使用非常方便的电路仿真软件,MICROCAP3 与 PSPICE 等评价的书籍已经由 CQ 出版社出版,有关电路仿真软件的报道与出版物也出版发行了。MICROCAP3 可进行电路图输入,若用像操作 CAD 那样的程序输入电路图,则有利点是可用仿真软件对电路图的原状进行分析。然而,也有因习惯问题产生意见分歧,但都认为电路图输入非常不容易。PSPICE 最新版本是 DESIN CENTER,在称为 CIR 文卷(电路文卷)的节点间编制输入元件的表格,由于是对表格进行原样分析,因此,缺点是根据 CIR 文卷不能想像到直观的电路图像。为了掩盖这种缺点,可使用 OR-CAD 等中 CAD 软件,根据电路图输入能进行仿真的软件 PSEDITOR 等也由 CQ 出版社公布了。

作者认为使用何种方式输入也是个人爱好问题,但习惯 CAD 输入的人感到拙笨时,也要习惯 CIR 文卷的输入,这非常不方便。但根据前述那样的 CIR 文卷,电路的图像很难呈现在脑海里,因此,留下输入手写节点号码的电路图的备忘录非常有必要。作者采用笨输入法时,在电路图输入阶段就有否定 MICROCAP3 的想法,感到改为由 PSPICE 那样 CIR 文卷输入的好处。这里,对 PSPICE 用于开关稳压电源的方法进行说明,PSPICE 在计算机中使用最多的 MS-DOS 下工作。

PSPICE 使用说明书开始也是很厚的手册,内容也特别多,但使用非常方便,因此不可不用。然而,最近说明书的写法也做了改进,虽然改进不多,但实例与记载的内容都做了改进,对于初学者开始就是一本很难的书,因此,也有在购书阶段就不想使用。有关说明书的问题比较特别,实际上使用了这种仿真软件,不得不感叹这是非常好的仿真软件。无论如何,但从说明书的不完善到仿真软件使用前,很多用户对此持否定态度是非常可惜的。

作为解决此问题的最好参考资料是,1990 年 7 月号《晶体管技术》的特刊上刊登由冈村迪夫氏编写的"将来的电路仿真"。这里,记载了很多 PSPICE 说明书中最欠缺的实例,还有本来是方便用户的附加文卷,并否定了由 PS. EXE 启动的称为控制外层的软件(绝不能说使用简单),采用 MS-DOS 成批文卷由 CIR 文卷的编辑进行分析,单按键可以做到由 PROBE 进行画面显示。对附加说明书持否定态度,坚决不用这种软件的人,这些资料也值得一读,可进一步体验使用这种软件的方便。另外,冈村迪夫氏的有关此方面的文章也在《晶体管技术》月刊杂志上进行了连载,并刊登了很多有关开关电源的报道。CQ 出版社的有关 SPICE 说明书(编写成书)也出版了,有关廉价并操作方便而带手控的评价版也出版了。为了避免重复,说明书中已经记载的内容在这里尽量省略。

8.2　PSPICE 使用时的准备工作

对于使用 PSPICE 时的准备工作,采用 PSPICE 软件的同时,还采用称为编辑的简易字处理那样的文字输入软件,这样用起来就非常方便。这是用于程序开发的文字输入软件,若用惯了,用这种软件就可以高速输入文字(原草稿也可以由 MIFES 进行输入,最后用字处理软件对文字进行加工整理)。

利用上述 PS. EXE 启动控制外层时,这种软件内也有简易编辑功能。由这种控制外层启动有关软件,从而确认与设定称为 STMED 的输入波形,这种软件具有带状判断的求助等其他很多便利功能。作者认为这也是爱好与习惯问题,因此,没有道理不利用这种软件。

若忽略启动时间与多余后缀的文卷,作为编辑的替代软件可用一太郎那样字处理软件进行半角输入(这时,有必要用成批文卷将文卷后缀 JXW(V.3)或 JSW(V.4)

变换为 CIR、CMD。作为专用编辑软件有市售编辑软件 MIFES 与同类软件 RED 等,在上述列举的书中有 MIFES 应用实例。

没有硬盘时,最好是从 VZ 编辑那样的自由软件中能免费获取容量小的编辑软件,将其中分析到由 PROBE 进行图形显示的软件装入两张软盘里,也同时装入这个编辑软件。由于编辑软件容量小,因此,装入 CIR 与 CMD 文卷的空间较大,不必进行软盘倒换,即可进行从始至终的分析。用这种编辑软件可以同时关闭 CIR 和 CMD 等多个文卷,这样减少了键操作次数。

对于正式方案,当然需要适合计算机 CPU 的运算处理程序(对于评价方案,可不需要这种程序),需要有安全插头,将此接到与有保护的 RS232C 连接器上。另外,将 PSPICE 分析的结果一边频繁地写入磁盘上,一边进行分析,磁盘上的写入时间对分析时间有很大影响。因此,正规分析要考虑速度,这时需用硬盘,推荐使用容量大的 RAM 盘或高速硬盘等。

对于熟悉计算机的读者,即使是一个人也不要申辩,很多读者期待要学会使用仿真软件,因此,下面从最基本的知识开始介绍。

▶ **程序的安装**

首先,购进 PSPICE 仿真软件,需要将程序安装在计算机里。为了方便使用程序,这里进行分层安装,因此,有必要了解有关 MS-DOS 的基本操作知识。感到这种操作很麻烦时,若利用市场出售的原版文卷与生态学那样的文卷操作专用软件,则操作非常方便。

安装程序时,利用文卷的其他功能编制目录,用以下说明的 CONFIG.SYS 对应各自的目录设定 PATH。PATH 的设定并不麻烦,但不擅长此设定时,若将所有的文卷都置于同一目录下,也就不必要进行 PATH 的设定。由于文卷除各自功能外还带有后缀,因此,即使在同一文卷上,也很自由。在 CQ 出版株式会社出版的评价版中,添加了称为 SETUPCQ.BAT 的安装用成批文卷。

▶ CONFIG. SYS 的编制

计算机启动时,需要用于设定工作环境等称为 CONFIG. SYS 的文卷,但对于 PSPICE 的工作,BUFFERS 和 FILES 都要设定为 20 以上,参照 LIBLARY 时,用 SET 指定其目录。若有 PRINT. SYS(不用 MSDOS-3.0 以下版本),则可作为设备驱动程序工作。再有,用鼠标对控制外层进行操作时,也要编入 MOUSE. SYS。尽量不进行其他的设定,但存储器可利用容量增加时,可对较大电路或用较长时间进行细化分析。尤其需要避免像 DEVICE＝ATOK ∗. SYS 那样,编制称为前端处理机(FEP)的日文转换系统等。

在 PSPICE 处于工作状态时,由于不用识别日文等中使用的 2 字节全角文字,因此,不用 FEP。除了扩充存储器等能够减少常驻存储器的容量 FEP 以外,还大量消耗了存储器,随场合不同,有时 PSPICE 也不工作。在 CIR 和 CMD 文卷里命令可用日文,但按照这种要求,仅编辑程序工作时要编入 FEP,PSPICE 工作时要与该系统分离。

这时,在用 MS-DOS 命令 ADDRV 启动编辑程序之前编入 FEP,启动结束时用 DELDRV 命令将 FEP 分离,其后启动 PSPICE(对于小规模电路,即使原样编入 ATOK. SYS,PSPICE 也可能工作)。使用时,作者编入由艾希爱木提供的 EO 系统,再利用扩展 CONFIG. AZM,将使用的很多功能等都集中于子窗口,用单触键进行选择,这样得到非常方便的使用环境。若使用这个系统,则可非常自由地对 FEP 进行切换与分离。

▶ 成批(BAT)文卷的编制

成批文卷为各种程序提供必要的数据文卷与工作环境等,它有按决定的轮流次序进行工作的功能。因此,若很好地使用这种文卷,则不需要用键输入动作的软件文卷名与数据文卷名等,可用单触键进行一系列的动作。若使用添加在上述特刊或评价方案中称为 SP. BAT 的成批文卷,仅在这个成批文卷后输入文卷名,就可调出编辑程序,编辑结束时,可自动进行分析到显示。这时,若 CIR 文卷中有错,则在编辑程序上显示 OUT 文卷,可用这种文卷检查出错处与原因,CIR 文卷立即变为纠错状态。

不使用这种成批文卷时,PSPICE 启动后,若输入记载有进行分析的电路状态的 CIR 文卷名,则对此进行分析,PROBE. DAT 文卷就被编成了(手动时,进行图形显示的 PROBE 用的分析结果都变成同一文卷名 PROBE. DAT,进行其他电路分析时,文卷名自动消失,不可能再使用)。这里,启动 PROBE,用图形显示根据 PROBE. DAT 数据分析得到的结果。成批文卷自动进行这些工作的同时,用 RENAME 将 PROBE. DAT 文卷换成与 CIR 相同的文卷名。用这种方法,若编制已经进行一次分析的 DAT 文卷,则可以不需要等待分析时间,用图形很快显示出来。由 PROBE 再次显示仅是已经分析的结果时,编制下述内容的成批文卷。若考虑 PROBA. DAT,如 SAMPLE. DAT 中存在 RENAME 时,则有

```
CD   A:¥MIFES
MIFES A:¥PSPICE¥CMD¥%1.CMD
CD A:¥PROBE
PROBE   /C   ¥CMD¥%1.CMD %1.DAT
```

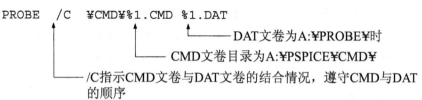

DAT文卷为A:¥PROBE¥时

CMD文卷目录为A:¥PSPICE¥CMD¥

/C指示CMD文卷与DAT文卷的结合情况,遵守CMD与DAT的顺序

这里,1％意味着成批文卷相继输入的文卷名。A：¥PROBE ¥CMD ¥指示装入 CMD 文卷中的目录。编制这样的成批文卷可取任意文卷名,如加上 PR. BAT 与名字。这时的工作方式是,如 CIR、CMD 文卷名为 SAMPLE 时,若按下 PR SAMPLE 与输入返回键,首先,SAMPLE. CMD 的文卷引入编辑程序中,若该编辑程序结束,就由 PROBE 显示图像波形,可以节省分析时间。这样,用 RENAME 将 SPICE 在动作中用 BAT 文卷编制的 PROBE. DAT 变换为任意的文卷名时,仅在 PR 后面输入该文卷名,就可以节省分析时间,由 PROBE 可用很短时间进行显示。这种成批文卷也能适用于后面说明的输出打印表格中。

成批文卷如下所述,必定能编制出与 CIR 同名的 DAT 文卷,节省了编制 RENAME 所花费的时间,可以达到与 SP. BAT 同样的目的。

```
：START
CD A： ¥ PSPICE
ECHO ON
A：¥ MIFES ¥ MIFES -@ -H4 A：¥ PSPICE ¥ CIRCMD ¥ ％1.CMD
                    A：¥ PSPICE ¥ CIRCMD ¥ ％1.CIR：REPT
PAUSE
```

PSPICE1 A：￥PSPICE￥CIRCMD￥％1 A：￥PSPICE￥OUT￥％1.OUT

A：￥PSPICE￥DAT￥％1.DAT

IF NOT ERRORLEVEL 1 GOTO PROBE

A：￥MIFES￥MIFES -@ -H4￥PSPICE￥CIRCMD￥％1.CIR

￥PSPICE￥OUT￥％1.OUT

GOTO REPT

：PROBE

a：￥PSPICE￥PROBE／C A：￥PSPICE￥CIRCMD￥％1.CMD

A：￥PSPICE￥DAT￥％1.DAT

DEL A：￥PSPICE￥OUT￥％1.OUT

PAUSE

ECHO OFF

ECHO￥

ECHO￥

ECHO　　　　可用 STOP 键进行中止。

GOTO START

这种 BAT 将系统从目录 A：PSPICE 中挪开，在下一层编制 CIRCMD、OUT、DAT 的目录时才有效。

▶ 电路文卷（CIR 文卷）的编制

用于分析编制的文卷，有称为电路文卷的 CIR 文卷和称为命令文卷的 CMD 文卷。在各自固有文卷名称后面加有后缀 CIR 和 CMD。这种文卷的工作过程做如下说明：CIR 文卷是用文字表示电路图，将电路状态变为分析用的程序。对程序不习惯的人见到这种文卷感到难以理解，也有人不会安装这种文卷，因为，这里见到的所谓程序全是另外一种形式，其最大不同点是，CIR 文卷是用文字将电路图写入存储器中，因此，除标题与 END 外，按什么顺序写入都不会出问题。写入电路图后，在所有节点处按任意顺序编写号码。再利用编辑程序，在接着元件符号后记载任意的识别符号，用一个文字以上空格写上这种元件连接的节点号码。再在节点号码后面标上电阻值与电容量。这时，标上欧［姆］（Ω）或法［拉］（F）单位，可以编成容易观察的一览表。另外，用"；"符号宣告其行的结束，可以记载任意的注释，也可以使用全角文字。作为行开始的注释符号也可以使用"＊"。

▶ 命令文卷（CMD 文卷）的编制

CMD 文卷在用 PROBE 显示图形后，如可以记载范围切换等所有的操作。在使用示波器的实例中,这意味着在这 CMD 文卷中写入旋钮与开关等所有的操作。这种 CMD 文卷的记载方法很简单,在用 PROBE 进行画面显示时,若用大写字母记载画面下部显示方式与范围切换等操作,则手动时其操作完全一样,按照记载的顺序自动显示。在途中需要停止时,键入 PAUSE,也可以边进行时间轴与电压范围等切换,边观察波形。看起来这种文卷的工作类似 BAT 文卷,但 BAT 文卷是在每个程序启动前工作的,在MS-DOS 下所有程序都可以起作用。然而,在 PROBE 的图形显示用程序启动时,CMD 文卷仅在这时引入 SPICE 这种特有的文卷。这种文卷虽然使用非常方便,但说明书中对这种文卷的使用方法说明得很少,因此上述特刊上记载的内容可作为最好的参考。

使用 CMD 文卷应注意的是,不能使用在 CIR 文卷中使用的注释宣言符号";"。在所有行开始写入"＊"之后,若没有接着注释就会出错。

8.3 开关电源中使用的元件与电路方式及关键点

开关稳压电源中有很多使用的符号与电路方式的实例,这里,将其容易使用的实例归纳如下:

> V 独立电源

VIN 1 2 DC 100V   ;直流100V
VI 2 3 AC 100V 90°   ;交流振幅100V,相位90°
VDRV 5 6 PULSE(0V 5V 0.1U 0.1U 5U 10U);10kHz Pulse Duty 1:1

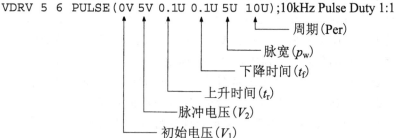

周期(Per)
脉宽(p_w)
下降时间(t_f)
上升时间(t_r)
脉冲电压(V_2)
初始电压(V_1)

作为同样独立型电源是 I(独立型电流源)电源。

(参考图 8.2~图 8.4)

L 电感

　　LF　　5　6　1mH
　　LNL　4　5　10mH　KPOT　3C8　　;使用KPOT3C8磁芯的电感
　　　　　　　　　　　　　　　↑—— 模型名称(另外，需要对模型进行定义)

K 总耦合电感

　　L1　1　2　500uH
　　L2　3　4　100uH
　　K12　L1　L2　0.99　　　;L_1 与 L_2 的耦合系数为 0.99

C 电容

　　C　7　8　10μF　　　　　　;10μF

R 电阻

　　R　5　6　1MEG　　　　　　;1MEGΩ

E 二极管

　　　　D1　1　2　1S123
　　　　　↑　↑　↑—— 模型名称(需要对模型进行定义)
　　　　　│　│—— 阴极
　　　　　│—— 阳极

二极管简化模型实例

.Model DSI1A(Is = 3U　Rs = 50m)　　;1A 硅二极管
.MODEL DSI20A(Is = 1E10-8 Rs = 10m);20A 硅二极管
.MODEL DSC30A(Is = 1U Rs = 3m)　　;30A 肖特基二极管

Q 双极型晶体管

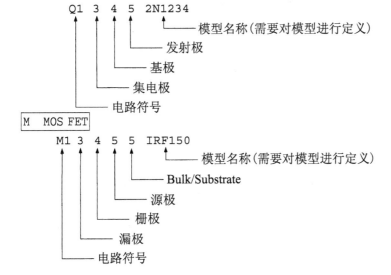

M　MOS FET

作为同样元件有 J（结型 FFT，有 D、G、S 三个端子）FET。

S 电压控制开关 （有必要用下段的 MODEL 宣告开关规格）（电压控制开关等效于工作电压为导通电压，释放电压为截止电压的继电器）

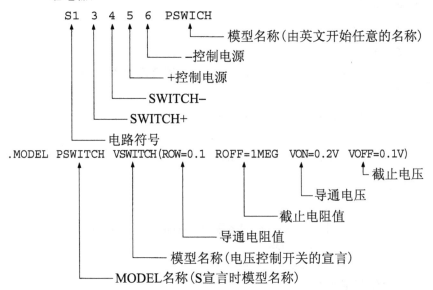

注：有必要用 VSWITCH 开关模型宣告 S。在开关稳压电源中可利用 S 作为开关元件的简化模型，分析时间也比实际的开关元件的模型短，可进行简单的仿真。同类开关有 W（用 ISWITCH 模型进行规定）的电流控制开关。

E 电压控制型电压源 （可使用理想运算放大器）

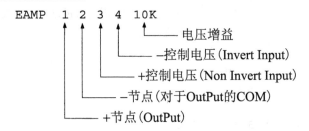

（ ）内是理想运算放大器时端子功能

（理想运算放大器是输入阻抗为无限大，最大输出电压没有限制的放大器）

同类控制电源是 F（电流控制型电流源）、G（电压控制型电流源）和 H（电流控制型电压源）等。

在上述的实例中,按照常用元件表示中使用的符号顺序还有很多,很难记住。这里,除记载的元件外,还有在开关电源中几乎不使用的结型 FET 与多种类型电源。

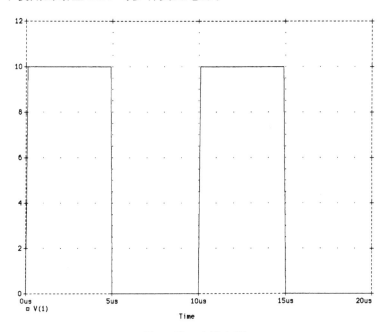

图 8.2① 方波电压

(a) CIR文卷

```
Rectangle Wave Generator
. TRAN 10U 20us 0us                              ;表示0~20μs的期间
*               初始值  波峰值  Td   Tr   Tf   Pw   Per
VR  1   0   PULSE(0       10V    0   .1u  .1u  4.8u 10u)  ;方波
RL  1   0   1K
. PROBE
. END
```

(b) CMD文卷

```
*Y_axis
Y
*Set_rang
S
0 12V
*Exit
E
*Add Trace
A
V(1)
```

图 8.2② 方波电压的 CIR/CMD 文卷

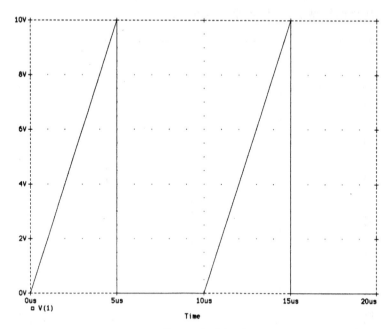

图 8.3① 三角波电压(1)

(a) CIR文卷

```
Ramp Fanction Generator
.TRAN 10us 20us 0us                                        ;表示0～20μs的期间
*              初始值    波峰值    Td   Tr   Tf   Pw   Per
VR  1  0  PULSE(0         10V      0    5u   .1p  .1p  10u)  ;三角波1
RL  1  0  1K
.PROBE
.END
```

(b) CMD文卷

```
A
V(1)
```

图 8.3② 三角波电压(1)的 CIR/CMD 文卷

实际记载 CIR 文卷时,采用英文对各自元件进行定义,英文后面可添加任意的固有文字(数字也可以,但对于同一电路,若采用相同文字则会出错),其后写上节点号码。这种节点号码仅是元件的端子数目所需要的,再在其后记载元件值或模型名称。需要记

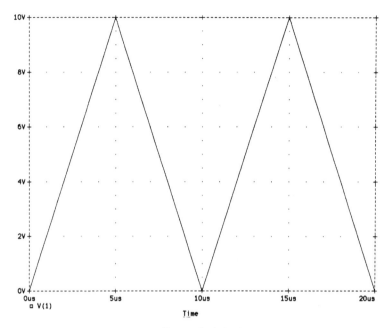

图 8.4①　三角波电压(2)

(a) CIR文卷

```
Triangle    Generator
.TRAN 10U 20us 0us                                           ;表示0～20μs的期间
*                初始值    波峰值   Td   Tr   Tf   Pw   Per
VR   1   0   PULSE(0        10V     0    5u   5u   1p   10u) ;三角波2
RL   1   0   1K
.PROBE
.END
```

(b) CMD文卷
```
A
V(1)
```

图 8.4②　三角波电压(2)的 CIR/CMD 文卷

载模型名称时,对于电压开关如上例那样,英文必须要大写,添加上任意的模型名称,有必要宣告与该名称对应的模型。若对这种模型名称已经进行了定义,则在任意分析部分可重复使用,每当这时不必再定义。

　　在对元件已经定义的模型中,像开关那样,也有用户能简单定义的模型,但对半导体器件的定义不会那么简单。在有关附录或其他数据库里可以查到这种模型,日本半导体数据库一般是收费

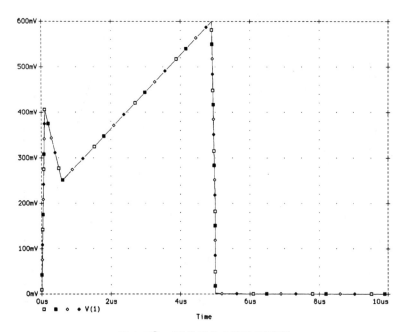

图 8.5① 开关元件电流检测波形

(a) CIR 文卷

```
FET Drain Current Simuration
.TRAN 1us 20us 0us
*               初始值    波峰值   Td  Tr     Tf   Pw   Per
IRE 0  1  PULSE(0       2A    1p  1p     1p   5u   10u) ;方波电流源
IRA 0  1  PULSE(0       3A    0   4.998u 1p   1p   10u) ;三角波电流源
IRP 0  1  PULSE(0       1A    0   .1u    .5u  1p   10u) ;噪声  Tf=0.5u
RS  1  0  0.1                                           ;电流检测电阻
.PROBE
.END
```

(b) CMD 文卷

A
V(1)

图 8.5② 漏极电流的 CIR/CMD 文卷

的,但有些模型也可以从 IC 等厂家免费得到。另外,用户可以使用称为 PARTS 的软件建成任意模型。用计算机进行自动设计时,很难找到需要利用的磁芯的数据。同样,若半导体厂家也不能提供 SPICE 模型,则影响其的销售只是时间上的问题,这种提供方式对销售有很大影响,也有可能出售根据实际元件试样编制 SPICE 模型的测量器。

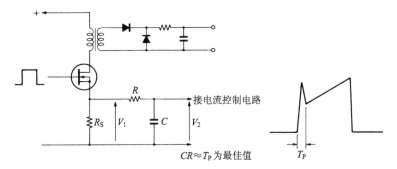

图 8.6①　源极电流检测电路

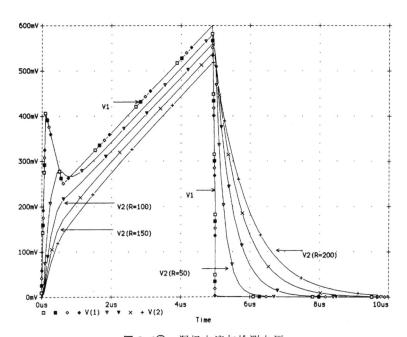

图 8.6②　漏极电流与检测电压

(a) CIR文卷

```
1D Current 2
. TRAN 1U 10us 0us
*              初始值    波峰值  Td  Tr   Tf   Pw  Per
IRE 0   1  PULSE(0       1A    1p  .1u  1p 4.9u 10u)  ;方波电流源
IRA 0   1  PULSE(0       2A    0  4.9u .1u   1p 10u)  ;三角波电流源
IRP 0   1  PULSE(0       1A    0  .1u  .5u   1p 10u)  ;噪声      Tf=0.5u
RS  1   0  0.2
C   2   0  .005u                                     ;R=100 （CR≒Tf为最佳值）
R   1   2  RMOD 1                                    ;R=50Ω×1 To 200Ω×1
. MODEL RMOD RES(R=1)
. STEP RES RMOD(R) 50,200,50                         ;R=50Ω TO 200Ω STEP 50
. PROBE
. END
```

(b) CMD文卷

```
*不能省略以下命令，要记载
All_Transient_analysis
A
V(1),V(2)
```

图 8.6③ 漏极电流的检测与由 CR 抑制噪声的 CIR/CMD 文卷

8.4 CIR 文卷编制的关键点

▶ 电路名的编排

编制 CIR 文卷（电路文卷）时需要注意的是，文卷的第一行经常作为识别电路名称，因此，该行中即使输入电路信息及类型也不能识别。电路名称省略时，这一行也必须是空行。另外，在这行中输入电路名称时，必须使用半角输入方式。如上述那样，用 PSPICE 不能正常识别全角文字，可以识别半角的 2 个文字，因此，使用全角输入也不会出错，但在工作中的画面，仿真软件可以改变 SimulatingCircuit 的显示与打印输出时的电路名称。

▶ 评价方法的语句

下面记载了如何评价电路的语句，在开关稳压电源评价中，经常使用语句的主要内容为

.TRAN 过渡过程分析

从时间 0 到 Final Time 的过渡过程的分析是开关分析不可缺少的内容。

例 .TRAN 1nS 100US 80uS 0.1uS

（分析时间短到几个周期时，Step Ceiling Time可以省略）

（参考图 8.6）

.AC　AC 分析

主要是放大器与滤波器的频率特性等的分析

例 .AC LIN 10 10KHz 100KHz

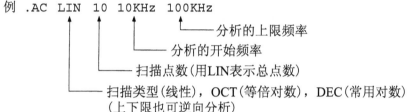

（参考图 8.7）

.DC　DC 分析

　主要是直流电压或电流变化时的特性分析

例 .DC LIN -1V 1V 0.1V

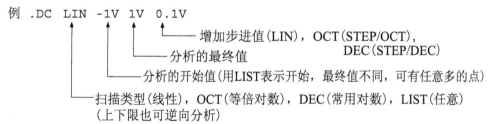

.FOUR　傅里叶分析

　必定与 TRAN 并用,对于任意节点间的高次谐波进行分析

　（即使 CIR 文卷没有宣言,也可用 PROBE 进行分析）

例 .FOUR 100KHz V(OUT) V(4,5)

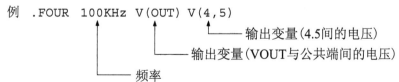

　（用.FOUR 语句.不用 PRINT.PLOT.PROBE 语句）

（参照图 8.8）

有以上等语句,还有其他很多语句。

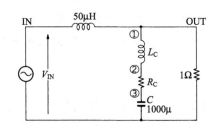

图 8.7①   *LC* 滤波器的频率特性与电容的阻抗

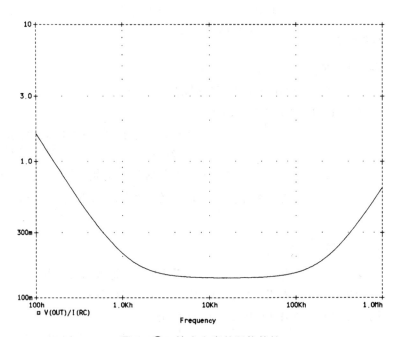

图 8.7②   输出电容的阻抗特性

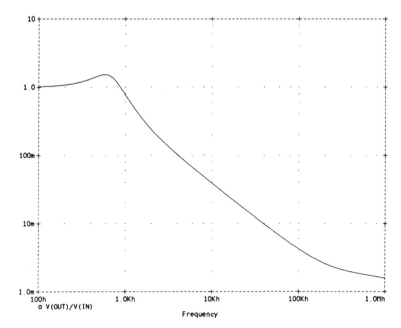

图 8.7③ *LC* 滤波器的频率特性

(a) CIR文卷

```
Gain/f    Zout/f
.AC DEC 200   100  1MEG      :从100Hz到1MHz点数为200,以对数进行刻度
VAC  IN   0      AC  10V      :输入电压
L    IN   OUT    50u          :滤波扼流圈
RC   OUT  1      140m         :电容的等效串联电阻
LC   1    2      .1u          :电容串联电感
C    2    0      1000u        :电容量
RL   OUT  0      1            :负载电阻
.PROBE
.END
```

(b) 表示电容阻抗的CMD文卷

```
A
V(OUT)/V(IN)
Y
L
```

(c) 表示滤波频率特性的CMD文卷

```
A
V(OUT)/I(RC)
Y
L
```

图 8.7④ 电解电容的仿真与 *LC* 滤波特性的 CIR/CMD 文卷

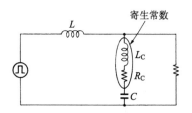

图 8.8① 具有寄生常数电容的纹波电压

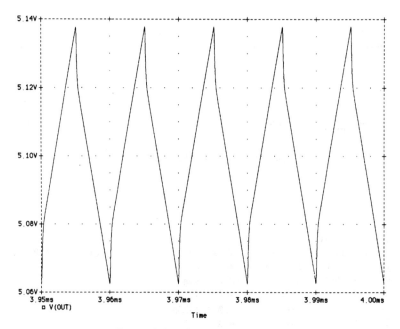

图 8.8② 具有寄生常数 LC 滤波器的纹波电压

▶ 电路信息的输入

按照电路图记载电路符号与节点号码,其后,根据规定用编辑程序编制必要事项,按照 8.2 节所说明的要领输入电路图信息。电路信息的输入顺序是任意的,从哪个节点开始记载也不会出错。

▶ 探头用数据编制的定义

由成批文卷指定 PROBE 时,采用图形显示分析结果的数据,编制 PROBE.DAT 需要的命令如下所示:

例 . PROBE

若不指定节点,将对所有节点的电压和电流数据写入

(a) CIR文卷

```
Output Lipple (LC Filter)
*具有内阻与电感的电解电容的纹波电压波形
*Output 5V 5A DILP=5/5=1A
. OPTION ITL5=0
. TRAN 1U 4000us 3950us UIC                    ;3.设有95ms～4ms的分析时间、初始条件
*                初始值 波峰值 Td  Tr   Tf   Pw  Per
VR   IN   0   PULSE(0    10V   0 100n 100n  5u  10u)
L    IN   OUT  50u                             ;滤波扼流圈
RC   OUT  1    140m                            ;电容的寄生电阻
LC   1    2    .1u                             ;电容的寄生电感
C    2    0    1000u IC=5V                      ;电容量
RL   OUT  0    1                               ;负载电阻
. PROBE
. END
```

(b) CMD文卷

```
A
V(OUT)
```

图 8.8③ 电容(具有寄生常数)滤波器的纹波电压的 CIR/CMD 文卷

PROBE. DAT 文卷中,由于这种文卷的尺寸变得很大,因此,磁盘的容量也要很大。

例 . PROBE V(I) V(OUT) I(RS)

用图形表示节点 1,节点 OUT 的电压与通过电阻 RS 的电流
(节点数越少,PROBE. DAT 的尺寸越小)

▶ 结束信息的定义

最后输入表示电路记载结束的 . END,这个 . END 一定要记载不能省略。

若在这个 . END 之后写入电路文卷,则作为新的电路进行识别,这样,可连续对多个电路进行分析。

8.5 开关稳压电源中使用 PSPICE 时的注意事项与关键点

编制 CIR 文卷时有关比例符号如下:

F$=10^{-15}$

P$=10^{-12}$

N$=10^{-9}$

U$=10^{-6}$;μ 的意思

M$=10^{-3}$;对于 PROBE 使用小写 m。大写 M 变为 10^{6}。

K$=10^{3}$

MEG＝10^6 ；注意不要与 M 混同。对于 PROBE 用大写 M。

G＝10^9

T＝10^{12}

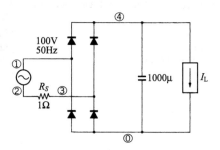

图 8.9① 电容输入型全波整流电路

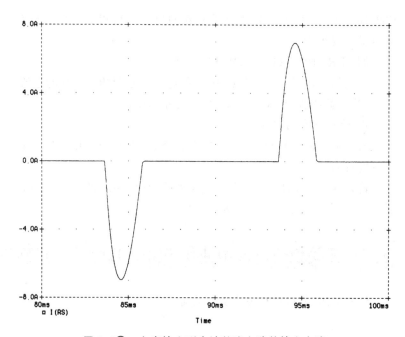

图 8.9② 电容输入型全波整流电路的输入电流

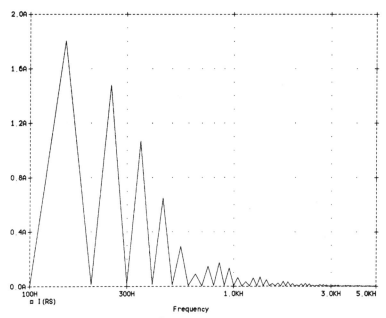

图 8.9③ 输入电流的 FET

　(a) CIR文卷
```
Full Bridge C-input Rectifier      ;电路名称(这一行不能输入命令与电路信息)
.TRAN 1us 100ms 80ms .1m           ;过渡过程分析、80ms到100ms步进1ns进行显示
.OPTION ITL4=100
.MODEL DSI20A D(IS=3u RS=50m )      ;二极管简化模型
VI 1 2 SIN(0 141V 50Hz)            ;输入电压（DC OFFSET=0 SIN 141Vp 50Hz 相位 0）
RS 2 3 1                           ;
D1 1 4 DSI20A
D2 3 4 DSI20A
D3 0 3 DSI20A
D4 0 1 DSI20A
C  4 0 1000U                       ;滤波电容
IL 4 0 1A
.PROBE
.END
```

　(b) 表示输入电流波形　CMD文卷
```
A
I(RS)
```


　(c) 表示FFT的结果　CMD文卷
```
A
X
F
S
100-5K
L
```

图 8.9④　电容输入型整流电路与 FET 的 CIR/CMD 文卷

这样,可以使用与通常电气工程学中使用的同等比例符号。这里不同的是,键输入时,μ 为 U,m 为 M。因此,需要注意的是兆 (10^6) 用 3 个字母 MEG 表示。还要注意的是,对于 PROBE 的命令文卷与图形画面的范围指定,大写字母 M 不是表示毫 (10^{-3}) 量级,而是表示兆 (10^6) 量级动作的符号,因此,希望是毫量级动作时,需要输入小写字母 m。探头图形画面是用毫量级的大小,若输入 M 就是将波形部分放大了,因此,波形完全出了画面。

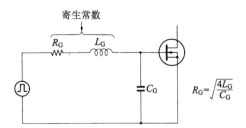

图 8.10① 栅极驱动电路的振荡

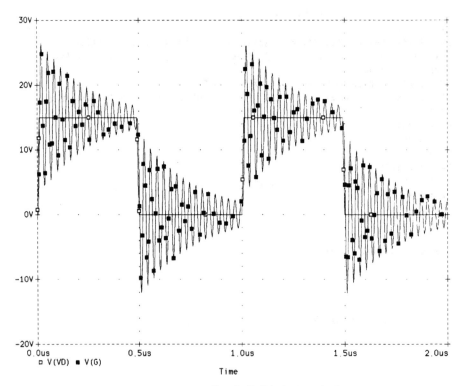

图 8.10② 振荡的栅极电压波形 VG

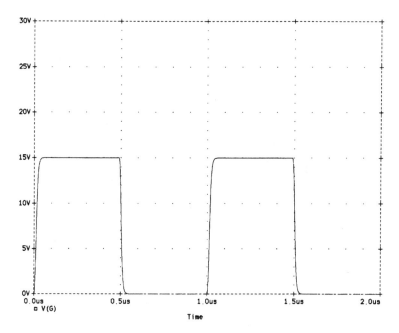

图 8.10③　$R_G = \sqrt{4L_G/C_G}$ 时栅极电压波形

(a) CIR文卷

```
MOSFET Driver
*FET栅极电路的电压振荡的仿真
.TRAN 1U 2us 0us                    ;表示0～2μs的期间
.MODEL DSC30A D(IS=1u RS=100m)       ;肖特基二极管简化模型(额定电流30A)
*                初始值 波峰值  Td   Tr    Tf    Pw    Per
VD      VD   0  PULSE(0    15V   0u   10n   10n  0.48u  1u)
RG      VD   3  0.1                 ;RG＝SQR(4LG／CG)时停止振荡
LG       3   G  15n
CG       G   0  1500p
.PROBE
.END
```

(b) CMD文卷

```
A
V(VD),V(G)
```

图 8.10④　FET 驱动电路振荡的 CIIR/CMD 文卷

▶ PROBE 使用的关键点

PROBE 是一种显示分析结果的非常方便的软件,它就像操作示波器那样简单。最初的方案没有这种功能,使用非常不便。由于具有了这种功能,PSPICE 的使用价值大大提高了。由于上述的命令文卷可自动进行范围切换,因此,使用非常方便。PROBE 中有"+"、"−"、"*"、"/"等四则运算功能,而 EXP、LOG、PWR(X^Y)、sin、cos、tan、arctan 等多种函数也可以使用,还可以用作函数的图形显示。还有 DB(X)功能以及微分 d(X)、积分 s(X)、平均值 AVG(X)、有效值 RMS(X)等功能,并具有带运算功能的高级数字存储示波器那样的功能。作为开关稳压电源使用时,有效值的功能在求出有效电流时非常方便,平均值功能在求出效率,即输出功率与输入功率之比时非常方便。

这种运算功能非常方便,但进行很多运算时,存储器容量不够,有时不能显示出来。这时,对于过渡过程分析,将 No Print Value 近似为 Final Time Value。另外,采取提高 Step Ceiling Value,降低时间轴分辨率的方法。过渡过程分析时,CIR 文卷的标准实例如下:

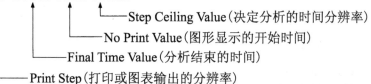

.TRAN 1nS 100US 80uS 0.1uS

　　　　　　　　　　Step Ceiling Value(决定分析的时间分辨率)
　　　　　　　　No Print Value(图形显示的开始时间)
　　　　　Final Time Value(分析结束的时间)
　　Print Step(打印或图表输出的分辨率)

即使省略了 Step Ceiling Value(步进的上限值)的时间轴分辨率,用 PROBE 也能说明自动设定相对最佳时间轴的分辨率。的确,在近一个周期这么短的时间,省略时间轴分辨率也不会出现问题,而且非常方便。然而,显示波形的周期数增多,图形开始时间与结束时间的间隔变大,同时对多个周期进行分析时,时间轴的分辨率变坏,产生较大误差,有时不实用。即使改变 PrintStep 与 OPTION 等的值,在很多情况下这个问题也得不到解决,若降低 Step CeilingValue,提高分析时间的分辨率,则显示波形变得圆滑,误差也减小了。当然,若提高分辨率,则 PROBE. DAT 文卷变大,使用的存储器也多了。超出存储器容量时,降低分辨率对长时间的图像进行分析,这样,短时间的详细分析结果使分析开始时间与结束时间的间隔变窄,从而提高了时间分辨率。

▶ 用 PROBE 对已经分析的结果进行快速图形显示的方法

用成批文卷可简单地进行这种方法,请参考上述的成批文卷的编制。这时 PROBE.DAT 需要有与 CIR 文卷相同的文卷名。

▶ PROBE 使用时的暂停对策

用 PROBE 在显示波形里有进行各种运算的方便功能,然而,由运算式会引起暂停故障。尤其是进行复数值的乘法运算时这种情况较多。运算式越多越容易出现这种故障。这时,只是一部分键受理,除了复位以外没有其他方法。解决这种问题的方法是,对于乘法运算的变量值,如电压,在其加上 $1\mu V$ 那样误差范围以下的极小值,然后进行乘法运算,这个问题即可解决。

▶ 效率的评价

用 PSPICE 可以像 AVG(X)那样进行平均化处理,因此,为了对效率进行评价,在输入与输出电路中串联电流检测电阻 RSI 和 RSO,其阻值非常小,若输入部分的串联电阻为 RSI,输出部分的串联电阻为 RSO,输入和输出电压各自为 V(IN)和 V(OUT),则效率 η 为:

$$\eta = V(OUT) * AVG(I(RSO)) * 100/((V(IN) \\ * AVG(I(RSI)))$$

据此可以求出效率。因此,若将上式的右边记载在 CMD 文卷里,则可以用图形显示效率。然而,由于电源接通产生的过渡过程,因此,效率到达稳定状态需要时间,为了减小误差,需要经过足够长的时间。这时,先可以预测输出电压的大概值,将输出电压的预测值作为输出滤波电容的初始条件,通过 CIR 文卷的记载方法来缩短分析时间,也可以提高精度。其实例如下:

.TRAN 1U 300U 250U .1U UIC

⬆——初始条件, 强制使用宣言

在 .TRAN 的最后项附上 UIC 初始值的使用宣言。

其次,输出电容的电路标记部分为

CO OUT O 100U IC=10V

⎿—— 在节点OUT与0之间接入100μF电容
CO的初始电压值设定为10V

用这种方法省略了输出电容的充电时间,可以在更短的时间内得到接近稳定状态的结果。同样的使用方法也可以用于电感 L,这时也与电容一样,.TRAN 的最后项附上 UIC,照原样记载电感的电路条件后,如像 IC=5A 实例那样记载,用类似工作的语句

设定任意节点电压的初始条件。有 . NODESET 时上述的记载优
先。

▶ 打印机的设定

在由 PROBE 产生的图形画面拷贝中,使用的打印机设定为
标准 NEC 的 PC-PR 系列,用 PSPICE V4.05 通过 SETUPDEV
可以设定打印机的机种,不仅有 NEC 标准打印机的 PC-PR 系列,
还有 Epson 的 ESC/P 系列的打印机,可将 PROBE 的结果打印输
出。通过这种选择可以改变打印尺寸与提高打印速度;相反,速度
变慢而提高分辨率等,可以根据打印机型号进行自由选择。

为了改变相应以前方案的打印机的设定,可由编辑程序改变
PROBE. DEV 中的内容。

相应打印机的改变方法,由编辑程序改变位于系统磁盘中
PROBE. DEV 的内容即可。例如,相应 Epson 打印机命令的
ESC/P,为了得到高分辨率的输出,将 PROBE. DEV
的内容修改如下:

Display＝NECNrmClr;显示的指定照样

Hard-copy＝PRN:, epsolq; Hard-copy＝PRN:,改 为 NEC
(也可以大写)

这种方法可以与非常多的打印机相对应,确定相应打印机型号的
方法如下:将 PROBE. DEV 中的内容选为 Hard-copy ＝
PRN:,?? 那样,有意不选实际的打印机,若指定打印机后,
PROBE 动作(成批文卷编制中使用的实例,进行操作而得到具体
电路结果),则显示屏幕上在显示很多错误信息后出现相应的打印
机名称(对于 V4.03

有 44 种)。按下 CTRL 键之后,再按 P 键进行操作,也可以
使用清单,从中选择适宜的打印机。若对照打印机名称,改变
PROBE. DEV 中的内容,则一定能得到所选择的打印机。这里,
打印机名称后面有 80,132 等数字,这表示所对应打印机的位数。

另外,若使用富永和也氏编制的 HIFTY-Serve 自由软件提供
的超强拷贝工具 H-COPY,则不用改变 PROBE. DEV 中的内容,
就能用 Epson 系列打印机进行硬拷贝。

▶ 分析途中停止而使磁盘受到损伤

PSPICE 在分析途中不进行分析,STOP 键也失效时,比较多
的方法是强制开关断开或按下复位键。分析途中遇到停电时,有
时也用复位键等强制在启动中的 MIFES 等编辑软件结束,由于磁

盘是在打开或存取途中停止的,因此,磁盘中存在很多磁道不是全
不良的扇区。若通常为这样的状态,分析中的数据遭到损坏,但不
影响其他的数据与程序。对于这种不良扇区,若不用磁盘维护软
件进行检测,用户是不会发现的。然而,磁盘中仅是这不良扇区的
容量减少了。在硬盘的空容量少而使用软盘时,第一次就能发现
这种剩余容量的减少。这时,使用在 MS-DOS 下添加标准的 CH-
KDSK 就能解决此问题。若设定

CHKDSK/F

则在不良扇区附加上 FILE＊＊＊＊.CHK(＊＊＊＊为 4 位数字
的连号)的名称,这就产生相当于磁道缺损数量的文卷,因此,如果
这种文卷消除了,磁盘的容量就能复原(即使不附加/F,若表示不
良扇区是否再出现的信息为"Yes",则不良扇区也就不会再出现
了)。

8.6 PSPICE 在开关电源中的应用实例

▶ 扼流圈输入型全波整流电路的过渡过程响应的分析

在对开关稳压电源进行分析之前,最简单的实例,就是要求出
输出电压对于扼流圈输入型全波整流电路的负载电流的过渡过程
响应特性。若整流部分为恒定直流电源,则如第 1 章图 1.7 所说
明的那样,很容易求出这种过渡过程响应的大概值。然而,求出正
确的解是不容易的。例如,若用 CIR 文卷表示图 8.1 的电路,则得
到如图 8.2 所示的清单。对于这种清单,不用开关而使用脉冲电
流源,对负载电流的变化也能得到同等效果,同时还减少了分析时
间。其输出波形如图 8.3 所示。由图 8.3 可知,波形的峰值约为
80V。这里使用的值是根据图 1.7 的值,这种值接近本章求出的近

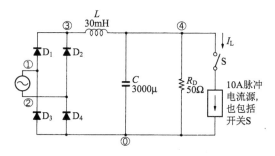

图 8.1　整流电路的过渡过程响应

(a) CIR文卷

```
Full  Bridge LC Rectfier          ;电路名称(这行不能输入命令与电路信息)
.TRAN 1us 2200ms 1900ms           ;过渡过程分析，输出1900ms到2200ms的分析结果
.OPT ITL4=100                     ;瞬时分析反复的次数=100
.OPT ITL5=0                       ;反复计算的总点数(0=无限大)
.MODEL DORG1 D(IS=1mf RS=1m )      ;二极管简化模型
VI 1 2 SIN(0 82.8V 50Hz)           ;输入电压  (DC OFFSET=0 SIN 82.8Vp 50Hz  相位 0)
D1 1 3 DORG1
D2 2 3 DORG1
D3 0 1 DORG1
D4 0 2 DORG1
L  3 4 30mH                       ;滤波扼流圈
C  4 0 3000U                      ;滤波电容
RD 4 0 50                         ;假负载电阻
*          初始值  波峰值 Td  Tr  Tf  Pw     Per
IL 4 0 PULSE( 0   10A   0   0   0  1950m  2200m) ;过渡过程变化用电流源
.PROBE
.END
```

(b) CMD文卷

```
*整流电路的过渡过程的分析
A                                 ; Add Trace
V(4,0),I(IL)+30                   ;输出电压与过渡过程电流(30A移动)
                                  ; 使用CMD文卷，不需要END
```

图 8.2 求出全波整流电路中过渡过程对于负载电流变化响应的文卷

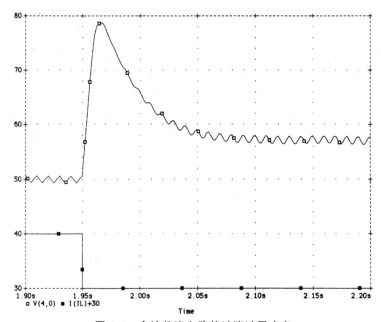

图 8.3 全波整流电路的过渡过程响应

似值。这个电路的评价时间由内有标准硬盘的 PC-9801NS/T(带 387 协同处理器)进行显示,到过渡过程结束的时间约 3′10″。

这种 CIR 文卷的关键是整流器模型简略化,接近理想二极管的值。对于实际模型,整流二极管的结电容与滤波扼流圈的电感在高频时要产生谐振,分析时间变得很长,但对于这个模型,由于忽略了结电容,因此,就能减少分析时间(对效率与温度特性进行仿真时,这个模型不适宜)。另外,为了消除电源接通时过渡过程引起的振荡,因此,输出的是 1.9s 以后的结果。根据选择指定 .ITL4(Lteration4)的最佳设定需要一定经验,这个设定不适当时会出现问题,设定过少,途中分析停止;设定过多,途中不进行分析。另外,.ITL5 的值即使为零(瞬态分析时,反复计算方法的重复上限次数为无限大),不出现问题的情况也很多。

▶ 升压型直流-直流变换器

图 8.4 所示的升压型直流-直流变换器,在开关元件截止状态,不仅是电感中能量还有电源为负载供电,这种电路形成图像也比降压型斩波电路难。SPICE 对这种电路分析也没有问题,根据图 8.5 所示清单,其输出的分析结果如图 8.6 所示。由于这个电路的分析时间也很快,因此,二极管是接近理想二极管的模型。再有,输出电压也很快达到稳定值,因此,可以输入预定的初始值。根据这个结果,通过探头的画面操作,可以方便求出输入电流、电容的平均电流与有效电流等。手动输入这个命令,或在图 8.5 所示清单的 CMD 文卷后面增设这个命令,若接在 PAUSE 后面写入,则每按键一次可以用图形显示顺序值。

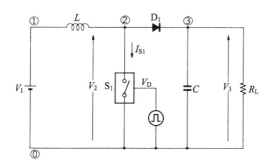

图 8.4 升压型直流-直流变换器电路

(a) CIR文卷

```
Boost Type DC-DC Converter
.OPT ITL4=100
.OPT ITL5=0
.TRAN 1u 2500u 2400u UIC
.MODEL DSC30A D(Is=1u Rs=3m)          ;二极管简化模型
VI   1   0   50V                      ;输入电源
L    1   2   100U                     ;滤波扼流圈
D1   2   3   DSC30A                   ;二极管简化模型
C    3   0   10U IC=109V              ;滤波电容、初始值109V
RL   3   0   50                       ;负载电阻
S1   2   0   VD 0 PSWITCH             ;开关元件的简化模型
*              初始值  波峰值  Td Tr Tf  Pw  Per
VS VD  0  PULSE(0      10V    0U .2U .2U  5U 10U)
.MODEL PSWITCH VSWITCH(RON=0.001 ROFF=1MEG VON=0.7 VOFF=0.3u)
.PROBE
.END
```

(b) CMD文卷

```
*Boost Type DC-DC
A
V(2),V(3),I(S1)*10
```

图 8.5 升压型直流-直流变换器的文卷

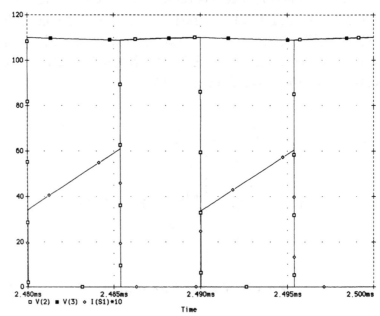

图 8.6 升压型直流-直流变换器的分析结果

输入电流的有效值为

A

RMS(I(IL))

输入电流的平均值为

A

AVG(I(IL))

同样,也可以求出滤波电容的电流与开关元件的电流。

▶ 正向激励式开关稳压电源

图 8.7 是正向激励式开关稳压电源,开关元件使用电压控制型开关所示的元件。这个电路的输出电容是根据图 3.8 的等效形式(为了迅速得到稳定状态的分析,可降低输出电容的容量)。这个 CIR 文卷如图 8.8 所示,输出结果如图 8.9～图 8.11 所示。图 8.10 是图 8.9 的时间轴放大的情况,开关电流放大到 300A,观察起来非常方便。

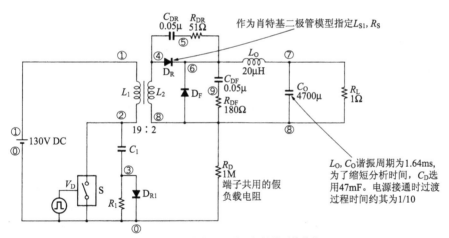

加快分析时间的关键是变压器的耦合系数接近1,使二极管模型简单化,
(不能对漏感进行有关评价)

图 8.7 正向激励变换器的 SPICE 分析用电路

根据这个结果,若开关元件的截止时间变快,则由于与开关元件并联的输入电容 C_1 的作用,在开关截止瞬间加在元件上电压为零时进行开关工作,由此可知,这样可以降低开关元件的功率损耗。然而,开关元件导通时,加在 C_1 上的电压等于电源电压,由于该电荷的放电,因此,开关元件的峰值电流增加,功率损耗也增加。图 8.11 示出了实际电路中难以测量的吸收电路的功率损耗。

```
FORWARDTYPE DC-DC CONVERTER
.OPT ITL5=0
.TRAN 1us 700us 500us .2us UIC    ;从500μs到700μs的输出分辨率的上限为0.2μs
.model DSC30A    D(Is=1u Rs=3m)    ;肖特基二极管
V1    1    0    130V
C1    2    3    .001u             ;C=1/(W*W*L1)
R1    3    0    100               ;RCC=SQR(4L/C)
DSD   3    0    DSC30A
S1    2    0    VD 0 PSW
.MODEL PSW VSWITCH(RON=0.2 ROFF=1MEG VON=0.8 VOFF=0.3)
DF    0    2    DSC30A
*              初始值   波峰值   Td  Tr   Tf   Pw   Per
VD    VD   0    PULSE(0    1V    5u  .05u .05u 10u  25u) ;占空比=10/25=0.8 F=40KHz
L1    1    2    15MH
L2    4    8    0.166MH           ;L2=15mH*(2/19)*(2/19)
K12 L1 L2 .9999                   ;根据实际可知，耦合系数大，则分析时间快
DR    4    6    DSC30A
CDR   4    5    .05u
RDR   5    6    51
DF    8    6    DSC30A
RDF   8    9    180
CDF   9    6    .05u
LO    6    7    20u
CO    7    8    47u IC=5V         ;电压的初始值 = 5 V
RL    7    8    1
RD    8    0    1MEG              ;占空比
.PROBE
.END
```

图 8.8 正向激励变换器的 CIR 文卷

该值为参考值,为了输出正确值,开关元件也需要输入实际的 FET 模型。另外,2 次侧吸收电路的功率损耗随整流二极管的特性与变压器漏感而变化。这个电路中,若使用包含有实际结电容的二极管模型,由于结电容与漏感产生谐振而产生高频振荡,分析时间变长。因此,缩短分析时间的关键是,采用与二极管并联接入的 R 与 C 可有效地抑制这种振荡。实际上,这样考虑的电路输出和辐射噪声都能降低。在分析途中分析速度急剧变化之点处,产生这种不需要的振荡的情况较多,这就表明对噪声也要采取措施。

图 8.7 中的 R_D 是避免输出电路浮置而接入的假负载电阻。这样,对于 PSPICE,电路为浮置状态时,确实有不能与其他电路连接的节点,在 OUT 文卷中就会出现错误信息而停止分析。

▶ **反馈环路的评价方法**

开关稳压电源的控制电路一般是反馈环路,这种电路的分析非常麻烦。由控制理论可简单了解到这种环路有可能发生振荡,

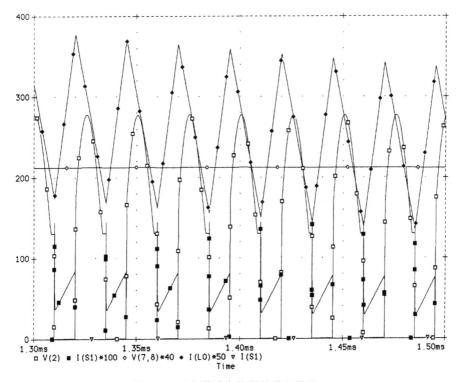

图 8.9 正向激励变换器的分析结果

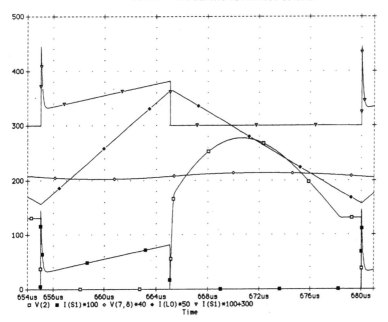

图 8.10 图 8.9 中电压与电流放大情况

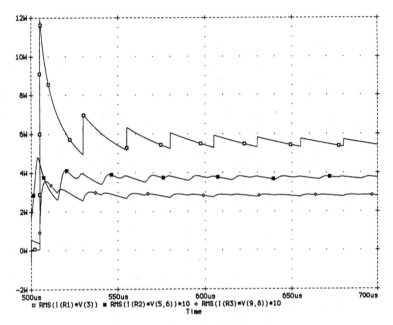

图 8.11 吸收电路中电阻的功率损耗

然而,要了解电源的上升特性以及对于输入或负载变化的响应特性是个难题,用简单的自动控制理论是不可能得到最佳条件的。

使用 PSPICE 评价这种环路的稳定性时,若环路原封不动,则要花费评价时间,这样非常不实用。再有,对于这样的电路,由于 PC-98 系列的 640K 字节存储器的限制,仅将显示时间间隔变窄而进行分析也要花费时间,这种分析非常不方便。参数是变化的,因此,实际上不可能得到最佳值(PSPICE 的最新方案 V5.1 与扩充存储器相对应)。

由于这个原因,试考察一下反馈环路分析的高速化方法。这里,将开关部分换成线性,分析时间可大幅度缩短,并能对稳定性进行评价。现对这种方法进行说明。

首先,假设评价反馈环路稳定性电路的原形如图 8.12 所示,为了将这个电路的原形编制为 PSPICE 的 CIR 文卷,需要组建 PWM 电路的模型。PWM 电路的专用 IC 随厂家的不同而异,IC 内有保护电路、基准电压与启动电路等,构造非常复杂,将其整体模型化非常不容易。然而,单管变换器用不包含触发器的 PWM 电路如图 8.13 中 AMP_3 电路所示那样,可以将三角波发生器与比较器构成非常简单的电路使其模型化。在情况良好时,作为 AMP_3 辅助电路使用的电压控制的电压源,其输出阻抗为零,无论如何,也可能有电流流通,其输出原样进行整流,可以作为电源的输出。这种输出峰值电压(相当于变压器的 2 次电压)可以通过辅助电路(在图 8.16 所示的辅助电路中,可由电源电压 V_{CC} 对输出电压进行钳位,从而限制其大小)的电源电压 V_{CC} 进行自由调节。另外,变压器漏感 L_S 以及 FET 与变压器绕组的等效串联电阻 R_S 也作为变压器 2 次侧的换算值,将其串联相加可得到准确的等效电路。

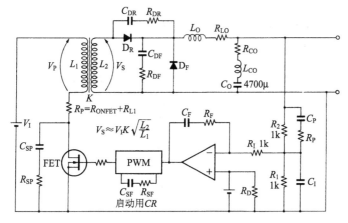

图 8.12 PSPICE 对正向激励直流-直流变换器的评价

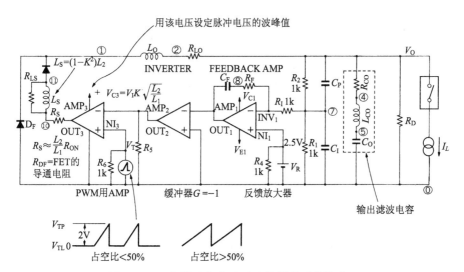

图 8.13 正向激励直流-直流变换器的开关模型

图 8.13 中，AMP$_1$ 作为误差放大器工作，AMP$_2$ 是增益为 1 的理想放大器，它将 AMP$_1$ 的输出反相。AMP$_3$ 将三角波电压与 AMP$_2$ 的输出进行比较，若 AMP$_2$ 输出电平下降，则输出脉宽趋向增大。这时，VE$_1$＝0，AMP$_2$ 输出变负，并下降到比 PWM 用三角波的最低电平还低，防止 AMP$_3$ 输出变为直流。AMP$_3$ 的最大电压受 VC$_3$ 的限制，VC$_3$ 等于变压器 2 次电压波峰的平均值。采用

(a) CIR文卷

```
FORWARD TYPE DD-CONVERTER (Closed Loop)
*正向激励变换器的模拟仿真(开关方式)
.OPTION ITL4=100                    ;对瞬态反复分析上限次数
.OPTION RELTOL=.05                  ;电压电流的相对精度为5%
.OPTION ITL5=0                      ;瞬态分析反复计算法点数的上限
.TRAN 10U 3ms 0us UIC               ;0~3ms期间分析，初始值设定
.MODEL DSC30A D(IS=1u RS=3m)        ;肖特基二极管简化模型(额定电流30A)
LO    1    2    20u                 ;滤波扼流圈
RLO   2    VO   1m                  ;电感串联电阻
R2    VO   7    1K                  ;分压器
R1    7    0    1K                  ;分压器
*CP   VO   7    .22u                ;防振电容
*CI   7    0    100p                ;OPAMP输入电容RP=0
*RI   7 INV1    1K                  ;OPAMP输入电阻(分母)
*---------- 相位补偿 ------------
*RF   8 INV1    40K                 ;响应补偿串联电阻
CF  OUT1    8    .05u               ;响应补偿电容
*----------------------------
RS  OUT3   10    1m                 ;等效串联电阻(变压器、FET的2次换算值)
LS   10   11    .0001u              ;漏感(2次换算值)
RLS  10   11    1n                  ;Ls短路
DR   11    1    DSC30A              ;整流二极管
DF    0    1    DSC30A              ;续流二极管
VR  NI1    0    2.5V                ;基准电压
R4    0  NI1    1K                  ;基准电源 Dummy
RD    0   VO    1                   ;Dummy 负载
*----------------------------
*输出电容
RCO  VO    4    10m                 ;等效串联电阻
LCO   4    5    .01u                ;等效串联电感
CO    5    0    4700u   IC=0        ;有效电容量
*----------------------------
*     Out   Non   Inv   VCC   VEE   Name
XAMP1 OUT1  NI1   INV1  V1+   V1-   AMP1  ;反馈放大器 A1
*     Out   Com   Inv   Non   Gain
EAMP2 OUT2  0     0     OUT1  1            ;A2 Gain=-1
R5    OUT2  0     10K
*     Out   Non   Inv   VCC   VEE   Name
XAMP3 OUT3  NI3   OUT2  V3+   V3-   AMP3 :PWM用 A3
```

```
*-----------------------------
*ＰＷＭ电路用三角波
*     电路用三角波      初始值   波峰值  Td    Tr     Tf   Pw  Per
VT    NI3    0  PULSE(   0V    2V    0   12.49u  9p   1p  25u)
R6    NI3    0   1K
*-----------------------------
*过渡过程测试用响应脉冲负载
*                    初始值   波峰值  Td  Tr   Tf   Pw   Per
IL    VO     0  PULSE(0     5A   2.4m  0    0   0.4m  20m)
*-----------------------------
*放大器用电源
VC1   V1+    0   -.3V              ;
VE1   V1-    0    -4V              ;
VC3   V3+    0    12V              ;VC3=相当于变压器2次电压的峰值
VE3   V3-    0     0V              ;
*-----------------------------
.SUBCKT AMP1 Out   Non   Inv VCC VEE
*     OUT  COM  NI    INV  Gain
E1    21     0  NON   INV    3K       ;70dB
E2   OUT     0   22    0     1
RC    21    22  3MEG
DC+   22   VCC  DSC30A
DC-  VEE    22  DSC30A
.ENDS
*-----------------------------
.SUBCKT AMP3 Out Non Inv VCC VEE
*     OUT  COM  NI    INV  Gain
E1    21     0  NON   INV  1000K  ;120dB
E2   OUT     0   22    0     1
RC    21    22  100MEG          :
DC+   22   VCC  DSC30A          :
DC-  VEE    22  DSC30A          :
.ENDS
*-----------------------------
.PROBE
.END
```

(b) CMD文卷

Α
V(VO),I(IL)/2

图 8.14 正向激励直流-直流变换器开关模型的 CIR/CMD 文卷

这种方法,可使变压器与 PWM 电路变为简单由一个放大器构成的容易理解的电路。在图 8.13 中,带电压限制的理想放大器 AMP_1 和极性反转用理想放大器 AMP_3 构成反馈放大器,这样,可以将图 8.12 的电路变为一个简单模型。

这个简单化开关模型的 CIR 文卷和 CMD 文卷如图 8.14 所示,这里,为了节省分析时间,采用 R_{LS} 将 L_S 短接。对于这个简单

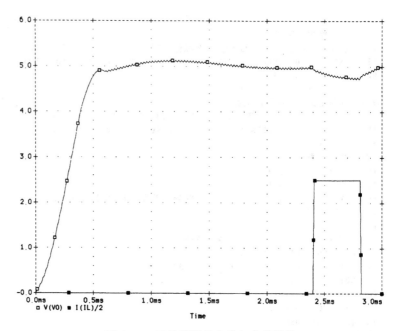

图 8.15 开关模型的上升与负载特性

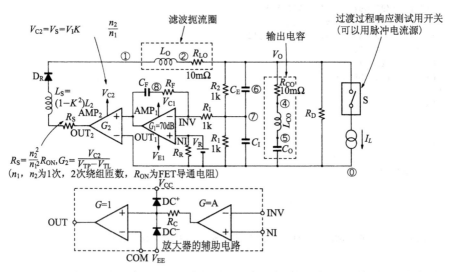

图 8.16 假设开关部分为线性的环路模型

化模型,电源接通时上升特性与阶跃负载特性如图 8.15 所示。由于这样的模型化,等待十几秒时间就可得到电源的响应特性。然而,这比初始模型快,为了求出防振电容与电阻的适当值,参数为阶梯式变化时,这种分析速度绝对不是快速度。

再有,为了高速化,作为将放大器的输出替代脉冲电压,可采取用平均化电压替换脉冲电压的方法。图 8.16 是其等效电路,图中反馈放大器与图 8.13 一样,输入级采用 AMP_1。AMP_1 的输出电平最大值由 V_{C1} 和 V_{E1} 进行限制。AMP_2 对变压器与脉冲电压平均化起着重要作用,其工作原理简述如下:AMP_2 如上述那样,可以通过改变电源电压 V_{C2} 来调节其输出最大电平。因此,在图

(a) CIR文卷

```
FORWARD TYPE DD-CONVERTER (Closed Loop)
*正向激励变换器的模拟仿真(平均化)
.OPTION ITL5=0              ;瞬态分析反复计算法的总点数上限

.TRAN 10u 3ms 0us UIC       ; 0～3ms期间的分析、初始条件的设定
.MODEL DSC30A D(IS=1u RS=3m) ;肖特基二极管简化模型(额定电流30A)
LO    1    2    20u         ;滤波器扼流圈
RLO   2    VO   1m          ;电感串联电阻
R2    VO   7    1K          ;分压器
R1    7    0    1K          ;分压器
CP    VO   7    .22u        ;防振电容RP=0
*CP   VO   6    CMOD 1      ;CP随模型而改变
*.MODEL CMOD CAP(C=1)       ;由×1改变电容量
*.STEP CAP CMOD(C).02u,0.4u,.05u ;C由0.02μ到0.4μ以0.05μ步进变化
CI    7    0    100p        ; OPAMP输入电容
RI    7    INV  1K          ; OPAMP输入电阻(分母)
*--------- 相位补偿 -----------
*RF   8    INV  40K         ;响应补偿串联电阻
CF    OUT1 8    .05u        ;响应补偿电容

RF    8    INV  RMOD 1      ;响应补偿串联电阻RF随模型而变化
.MODEL RMOD RES(R=1)        ;由×1改变电阻值
.STEP RES RMOD(R) 10K,40K,10K ;R从10K到40K以10K步进而变化
*----------------------------
RS    9    10   1m          ;等效串联电阻(主FET导通电阻的2次换算值)
LS    OUT2 9    .01u        ;漏感(2次换算值)
DR    10   1    DSC30A      ;整流二极管
DF    0    1    DSC30A      ;续流二极管
VR    NI   0    2.5V        ;基准电压
RR    0    NI   1K          ;虚拟基准电源
RD    0    VO   1           ;负载电阻
*----------------------------
*输出电容
RCO   VO   4    10m         ;等效串联电阻
LCO   4    5    .01u        ;等效串联电感
CO    5    0    4700u       ;有效电容
*----------------------------
*带电压控制的理想放大器
*
XAMP1 OUT1 NI  INV  V1+ V1- AMP1;反馈放大器
XAMP2 OUT2 OUT1 0   V2+ V2- AMP2;脉冲输出的平均化
*----------------------------
```

```
*放大器用电源
VC1  V1+  0   5V                      ;AMP1的正电压最大值,脉宽MAX的平均电压
VE1  V1-  0   0V      放大器用电源 ;AMP1的最低电压值
VC2  V2+  0  5.8V                     ;AMP2的正电压最大值
VE2  V2-  0   0V                      ;AMP2的最低电压值
*-------------------------------
*增益为10 000,带电压控制放大器的辅助电路
.SUBCKT AMP1 OUT NON INV VCC VEE
*    OUT  COM  NI   INV  Gain
E1    21   0  NON  INV  10K
E2   OUT   0   22   0   1
R1    21  22  10MEG
D1    22  VCC  DSC30A
D2   VEE  22  DSC30A
.ENDS
*-------------------------------
*增益为5.5/2,带电压控制放大器的辅助电路
.SUBCKT AMP2 OUT NON INV VCC VEE
*    OUT  COM  NI   INV  Gain
E2   OUT   0   22   0   1
E1    21   0  NON  INV  5.5/2    ;PWM电路+变压器电压增益
R1    21  22  10MEG
D1    22  VCC
DSC30A
D2   VEE  22  DSC30A
.ENDS
*-------------------------------
*过渡过程测试用响应脉冲负载
*                   初始值  波峰值  Td   Tr    Tf   Pw  Per
IL  V0  0   PULSE(0    5A   2.4m   0    0   .4m  20m)
*-------------------------------
.PROBE
.END
```

(b) CMD文卷

```
All_transient_analysis
A
V(V0),I(IL)/2
```

图 8.17 正向激励直流-直流变换器平均化模型的 CIR/CMD 文卷

8.16 中,由 AMP_2 的电源电压 V_{C2} 可以得到相当于变压器 2 次的电压。这里,若相当于最大脉宽的三角波最低值为 V_L,相当于脉宽为零之点的三角波电压的最大值为 V_P,变压器 2 次绕组输出电压的最大值(平均值)为 V_{SAVG},则变压器 2 次输出电压平均值相对于 PWM 电路输入电压的增益 G_{PWM} 为:

$$G_{PWM} = \frac{V_{SAVG}}{V_P - V_L}$$

图 8.13 中,若 $V_P = 2V$,$V_L = 0V$,$V_{SAVG} = 5.5V$,则有

$$G_{PWM} = 5.5/2$$

因此,在图 8.16 中,若放大器的增益为 G_{PWM},用平均化的电压可以将 PWM 电路与变压器模型化。

这个等效电路的 CIR 和 CMD 文卷清单如图 8.17 所示,电路的分析结果如图 8.18 所示,可以得到与开关模型非常相似的结果。图 8.19 示出这种模型分析的特性,即反馈电阻 R_F 阻值在 10kΩ 到 40kΩ 变化,其步进阻值为 10kΩ 时,电压上升与负载变化特性(图 8.17 中,RF 里添加 ＊ 变为 ＊RF,消除 ＊.MODEL---,＊.STEP---中的 ＊)。这样,在短时间内可以得到相对于环路元件参数变化的特性。在图 8.17(a)的清单中,有关 CP 值也是除 ＊ 以外进行评价。这就是,电阻与电容参数自动改变时,照样不能读出 CMD 文卷的原因。这时,如图 8.17(b)的 CMD 文卷所示,在 CMD 文卷的开始行中需要输入

AII_Transient_analysis

像其他命令一样,这个记载不能省略,出现拼写错误也不会工作。

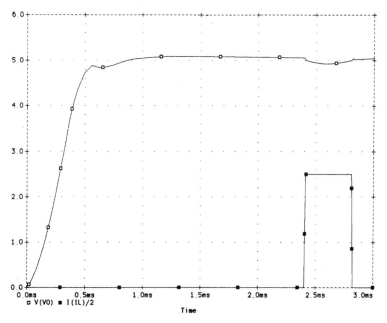

图 8.18 平均化模型的上升与负载特性

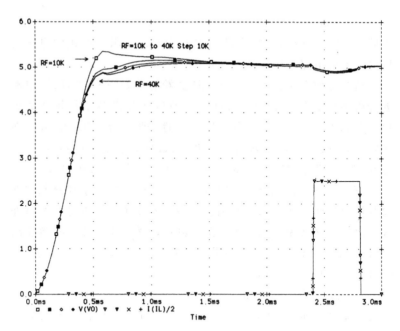

图 8.19 由平均化模型改变 RF 的特性

 **专 栏**

参考图的说明

图 8.2～图 8.4 示出开关电源中经常使用的简单电压源实例,这种电压波形也可以各自串联起来,用这种方法进行组合,也可以得到多种形式的波形。

图 8.5 是对 FET 源极电流进行仿真的结果,也可以对由 FET 漏-源间电容与 2 次侧整流二极管的反向恢复时间引起导通时的峰值电流进行仿真。乍一看波形很复杂,但它都是由方波与上升时间不同的三角波组合而成。

图 8.6 示出评价由这个电流波形得到的电压降与 RC 滤波器中抑制噪声的 RC 值的实例。由这个结果表示,RC 时间常数接近噪声脉冲宽度时,滞后最小也能有效抑制噪声。

图 8.7 示出扫频特性,这是电解电容(具有寄生电阻与电感)的阻抗特性,与 LC 滤波器的输入输出频率特性。

图 8.8 示出占空比为 1：1 的脉冲输入时的输出纹波电压,由这种方法可以简单了解具有寄生常数滤波器的输出电压纹波。再通过 RMS(I(L)) 等方法也可以求出线圈电感与电容的有效电流。

图 8.9 示出对整流电路输入电流的高次谐波分量进行仿真的情况,用这种方法可以求出对于防浪涌电阻与电容的高次谐波分量(以步进 0.1ms 对

FET 进行分析时,并不意味具有 0.2ms 以下周期的频率分量)。

图 8.10(a)是 FET 栅极电路的电压产生振荡的实例,这样,在原本栅极电压截止期间还产生电压。这里,$R_G = \sqrt{4L_G/C_G}$ 时,栅极电压波形如图 8.10(b)所示。这样,使用简单的 CIR 文卷,可以得到开关稳压电源设计所需要的很多参考数据。

附　　录

```
10 '    ****************************************************
20 '    *                                                  *
30 '    *         变压器设计程序          V.4              *
40 '    *       TDK PQ-CORE  PC40 Material                 *
50 '    *            1992 2.5 BY A.H                       *
60 '    *  Reference                                       *
70 '    *   TDK Data Book No. DLJ853-008B  ,   BAE-030B    *
80 '    ****************************************************
90 CLS
100 LPRINT ""
110 PRINT ""
120 LPRINT "变压器设计程序          ＴＤＫ ＰＱ－ＣＯＲＥ ＰＣ４０材料Ｖ．４"
130 PRINT "变压器设计程序          ＴＤＫ ＰＱ－ＣＯＲＥ ＰＣ４０材料Ｖ．４"
140 PRINT "":PRINT "":
150 LPRINT ""
160 PRINT "  1.请选择直流-直流变换器方式 "
170 INPUT "在正向选择        F,在桥式电路选择 B ";K$
180 IF K$="B" OR K$="b" THEN H=0:KEYF=1
190 IF K$="F" OR K$="f" THEN H=1:KEYF=1
200 IF KEYF <>1 THEN PRINT "请正确输入 。":GOTO 170
210 INPUT "  2.变压器过热点的温升 i n  C˚  ";DT
220 IF DT<=0 OR DT=>100 THEN PRINT "请正确输入 。":GOTO 200

230 INPUT "频率 i n  K H Z   ";F
240 IF F=0 THEN PRINT "请正确输入 。":GOTO 230
250 INPUT "  3.输出功率,包括损耗 i n  W       ";POUT
260 IF POUT=0 THEN PRINT "请正确输入 。":GOTO 250
270 IF H=0 THEN TYP$="全桥电路"
280 PRINT ""
290 IF H=1 THEN TYP$="单管正向激励电路"
300 PRINT "  4.占空比  ?由正向激励电路0.5桥式电路,最大值为1 。"
310 INPUT "              K e y = 0 . 4 5（F）o r 0 . 9（B）>  ";D$
320 PRINT ""
330 D=VAL(D$)
340 IF D>1 OR D<0 THEN PRINT "请正确输入 。":GOTO 310
350 IF D=0 AND H=0 THEN D=.45*2          '桥式电路的占空比的典型值
360 IF D=0 AND H=1 THEN D=.45            '正向激励电路的占空比的典型值
370 PRINT "  5.D u t y";D;"中的直流输入电压 i n  V        ";:INPU
T VIN
380 IF VIN=0 THEN PRINT "请正确输入 。":GOTO 370
390 PRINT ""
400 INPUT "  6.变压器绕组的利用率 <Ret> K e y = 1     ";SPF$
410 SPF=VAL(SPF$):IF SPF=0 THEN SPF=1
420 IF 1<SPF THEN :PRINT "请正确输入 。":GOTO 400
430 PRINT ""
440 PRINT TAB(10);"在计算中";
450 FOR J=1 TO 9
460 SF=0
470 ON J GOSUB *PQ2016,*PQ2020,*PQ2620,*PQ2625,*PQ3220,*PQ3230,*PQ3535,*PQ4040,*
PQ5050
```

```
480 '---------------------- Comment ----------------------------------
490 'S=中间柱截面积、L=平均绕组长度、ACW=可绕线窗口截面积、KO=1/2绕组占有率、RT=热阻
500 'K**=损耗比例项(W/Gauss)、M**=-损耗累积项、N**=损耗磁通密度累积项(at ***Hz)
520 '---------------------------------------------------------------------
540 SWND=ACW*KO*SPF                        'SWND= 1次绕组有效窗口面积
550 FOR LOOP=0 TO 5                        ·
560 IF H=1 THEN KFC=.393*EXP(-.00173*F)    'KFC频率特性的近似
570 IF H=0 THEN KFC=1
580 PL=DT/(2*RT)                           '由温升与热阻决定允许损耗
590 PM=PL/KFC                              '由KFC补偿允许磁芯损耗
600 PCU=PL                                 '铜损=PL
610 IF F<100 THEN   K=K25 :M=M25 :N=N25 :FB=25
620 IF F>=100  THEN K=K100:M=M100:N=N100:FB=100
630 IF F>=200  THEN K=K200:M=M200:N=N200:FB=200
640 IF F>=300  THEN K=K300:M=M300:N=N300:FB=300
650 IF F>=500  THEN K=K500:M=M500:N=N500:FB=500
660 BM=(PM/(K*(10^-M)/(FB^KF)*F^KF))^(1/N) 'PL=K*10^-M*B^N*Af*(F^KF) 的变形
670                                        'Af=PLf/(FB^KF)
680 MESSAGE$=""                            '表示对磁芯饱和的限制
690 IF BM=>2280 THEN DB=1959:BM=2280:MESSAGE$="(  有饱和限制    )"
700   PL25=KFC*K25*10^(-M25)*BM^N25        'PL25 =Core Loss at 25KHZ,100C°
710 PL100=KFC*K100*10^(-M100)*BM^N100      'PL100=Core Loss at 100KHZ,100C°
720 PL200=KFC*K200*10^(-M200)*BM^N200      'PL200=Core Loss at 200KHZ,100C°
730 PL300=KFC*K300*10^(-M300)*BM^N300      'PL300=Core Loss at 300KHZ,100C°
740 PL500=KFC*K500*10^(-M500)*BM^N500      'PL500=Core Loss at 500KHZ,100C°
750 KF25=LOG(PL100/PL25)/LOG(4)            'PL=kf^对KF频率累积项的近似
760 PLF25=(PL25/(25^KF25))*F^KF25          '对于25-100kHz磁芯损耗的近似
770 KF100=LOG(PL200/PL100)/LOG(2)          '对PL=kf^KF频率累积系数的近似
780 PLF100=PL100/(100^KF100)*F^KF100       '对100-200KHz磁芯损耗的近似
790 KF200=LOG(PL300/PL200)/LOG(3/2)        '对PL=kf^KF频率累积系数的近似
800 PLF200=PL200/(200^KF200)*F^KF200       '对200-300kHz磁芯损耗的近似
810 KF300=LOG(PL500/PL300)/LOG(5/3)        '对PL=kf^KF频率累积系数的近似
820 PLF300=PL300/(300^KF300)*F^KF300       '对300-400kHz磁芯损耗的近似
830 IF F<100 THEN   PLF=PLF25 :KF=KF25
840 IF F>=100  THEN PLF=PLF100:KF=KF100
850 IF F>=200  THEN PLF=PLF200:KF=KF200
860 IF F>=300  THEN PLF=PLF300:KF=KF300
870 PM=PLF/KFC                             'CORE LOSS
880 NEXT LOOP                              '重复计算，损耗的近似高精度
890 IF H=1 THEN DB=.816*BM+91.8            '对于最大磁通密度DB的近似at100C°

900 IF H=0 THEN DB=2*BM                    'BM为正负对称
910 SON=1000/F*D/10^6                      '由占空比与频率计算导通时间
920 IF H=0 THEN SON=SON/2                  'SON=半周期
930 R1T=2.26/(10^5)*L/(ACW*KO)*1.15        '每1匝绕组的电阻值 at100C°
940 N1T=SON/(DB*S)*10^10                   '每1V电压的绕组匝数
950 PT=S*DB*(10^-10)/SON*SQR(PCU*D/(2*R1T))'变压器的最大传递功率
960 PRINT " · ";
970 IF PT<POUT AND SF=0 THEN NEXT
980 IF SF=1 THEN *DISP1
```

```
990  PRINT "最大";PT;"W 处理到W的功率 。"
1000 PRINT ""
1010 IF PT<POUT THEN BEEP:PRINT " 输出过大时不能选用磁芯
         降低功率或改变温升值        。":GOTO 90
1020 PRINT TAB(15);" 磁芯型号  ";CS$;" 最佳。"
1030 PRINT ""
1040 PRINT TAB(15); "O K？ <Ret> 表示用键计算的结果。"
1050 PRINT ""
1060 PRINT TAB(15); "<N> 由键选择任意型号。     ";:INPUT K$
1070 IF K$<>"N" OR K$<>"n" THEN *DISP1
1080 *MENU
1090 CLS:PRINT ""
1100 PRINT TAB(24);"1 ─────PＱ２０／１６"
1110 PRINT TAB(24);"2 ─────PＱ２０／２０"
1120 PRINT TAB(24);"3 ─────PＱ２６／２０"
1130 PRINT TAB(24);"4 ─────PＱ２６／２５"
1140 PRINT TAB(24);"5 ─────PＱ３２／２０"
1150 PRINT TAB(24);"6 ─────PＱ３２／３０"
1160 PRINT TAB(24);"7 ─────PＱ３５／３５"
1170 PRINT TAB(24);"8 ─────PＱ４０／４０"
1180 PRINT TAB(24);"9 ─────PＱ５０／５０"
1190 '
1200 PRINT""
1210 SF=1                                   'SF=自由选择标志
1220 INPUT" 请输入相当于期望磁芯型号的号码 ";J
1230 GOTO 470
1240 '--------- Core Data  ------------
1250 *PQ2016
1260 CS$="PQ20/16"
1270 S=58.1: L=44 :ACW=47.4 :KO=.17:RT=41.7
1280  K25=2.888: M25=10:N25=2.65
1290 K100=1.13:M100=9:N100=2.691
1300 K200=1.673:M200=9:N200=2.78
1310 K300=1.091:M300=8:N300=2.62
1320 K500=6.621:M500=8:N500=2.526
1330 ALVH=5220 :ALVL=3880
1340 RETURN
1350 *PQ2020
1360 CS$="PQ20/20"
1370 S=58.1: L=44  :ACW=65.8 :KO=.19:RT=36.3
1380  K25=3.057:  M25=10: N25=2.679
1390 K100=2.577: M100=9: N100=2.624
1400 K200=9.198: M200=9: N200=2.608
1410 K300=4.883: M300=8: N300=2.475
1420 K500=4.393: M500=7: N500=2.348
1430 ALVH=5220 :ALVL=3880
1440 RETURN
1450 *PQ2620
1460 CS$="PQ26/20":
1470 S=109.4:L=56.2:ACW=60.4 :KO=.18:RT=24.4
```

```
1480  K25=1.772: M25=10:N25=2.827
1490 K100=1.385:M100=9:N100=2.777
1500 K200=3.181:M200=9:N200=2.805
1510 K300=1.93: M300=8:N300=2.66
1520 K500=9.485:M500=8:N500=2.59
1530 ALVH=5220 :ALVL=3880
1540 RETURN
1550 *PQ2625
1560 CS$="PQ26/25"
1570 S=109.4:L=56.2:ACW=84.5 :KO=.19:RT=24.4
1580  K25=2.729: M25=10:N25=2.797
1590 K100=2.531:M100=9:N100=2.727
1600 K200=1.131:M200=8:N200=2.679
1610 K300=4.876:M300=8:N300=2.572
1620 K500=1.717:M500=7:N500=2.557
1630 ALVH=5220 :ALVL=3880
1640 RETURN
1650 *PQ3220
1660 CS$="PQ32/20"
1670 S=136.8:L=67.1:ACW=80.8 :KO=.2 :RT=22.2
1680  K25=4.777: M25=10:N25=2.749
1690 K100=1.573:M100=9:N100=2.806
1700 K200=4.673:M200=9:N200=2.819
1710 K300=2.752:M300=8:N300=2.671
1720 K500=2.305:M500=7:N500=2.526
1730 ALVH=5220 :ALVL=3880
1740 RETURN
1750 *PQ3230
1760 CS$="PQ32/30"
1770 S=136.8:L=67.1:ACW=149.6:KO=.23:RT=18.4
1780  K25=6.455: M25=10:N25=2.75
1790 K100=1.098:M100=8:N100=2.591
1800 K200=5.471:M200=8:N200=2.5
1810 K300=1.073:M300=7:N300=2.527
1820 K500=7.181:M500=7:N500=2.418
1830 ALVH=5220 :ALVL=3880
1840 RETURN
1850 *PQ3535
1860 CS$="PQ35/35"
1870 S=156.1:L=75.2:ACW=220.6:KO=.26:RT=15.6
1880  K25=6.086: M25=10:N25=2.8
1890 K100=1.97:M100=8:N100=2.57
1900 K200=2.843:M200=8:N200=2.67
1910 K300=1.291:M300=7:N300=2.564
1920 K500=7.869:M500=7:N500=2.462
1930 ALVH=5220 :ALVL=3880
1940 RETURN
1950 *PQ4040
1960 CS$="PQ40/40"
1970 S=167.4:L=83.9:ACW=326  :KO=.28:RT=12!
```

```
1980  K25=7.243: M25=10:N25=2.8
1990  K100=3.932:M200=9:N200=2.805
2000  K200=3.525:M200=8:N200=2.657
2010  K300=1.41: M300=7:N300=2.575
2020  K500=3.416:M500=6:N500=2.263
2030  ALVH=5220 :ALVL=3880
2040  RETURN
2050  *PQ5050
2060  CS$="PQ50/50"
2070  S=303:L=104 :ACW=433  :KO=.27:RT=8.8
2080   K25=3.985: M25=9: N25=2.67
2090  K100=1.234:M100=8:N100=2.764
2100  K200=3.509:M200=8:N200=2.755
2110  K300=1.105:M300=7:N300=2.704
2120  K500=10.93:M500=7:N500=2.526
2130  ALVH=5220 :ALVL=3880
2140  RETURN
2150  '------------------------------------------------
2160  *DISP1
2170  CLS
2180  PRINT ""
2190  LPRINT TAB(10)"  1．磁芯型号              = ";CS$;" P C 4 0 "
2200  PRINT TAB(10)"  1．磁芯型号               = ";CS$;" P C 4 0 "
2210  LPRINT TAB(10);"  2．输出功率             =";POUT;"W  (";SON*10^6;" μ S
)"
2220  PRINT TAB(10)"  2．输出功率              =";POUT;"W"
2230  LPRINT TAB(10)"  3．变压器最大功率       =";PT;"W  (  温升  ";DT;"C°)"
2240  PRINT TAB(10)"  3．变压器最大功率        =";PT;"W  (  温升  ";DT;"C°)"
2250  LPRINT TAB(10)"  4．变换器方式           = ";TYP$
2260  PRINT TAB(10)"  4．变换器方式            = ";TYP$
2270  LPRINT TAB(10)"  5．频率                 =";F;"K H z "
2280  PRINT TAB(10)"  5．频率                  =";F;"K H z "
2290  LPRINT TAB(10)"  6．最大占空比           =";D;"(";SON*10^6;" μ S )"
2300  PRINT TAB(10)"  6．最大占空比            =";D;"(";SON*10^6;" μ S )"
2310  PRINT TAB(10)"  7．输入电压最低值        =";VIN;"V "
2320  LPRINT TAB(10)"  7．输入电压最低值       =";VIN;"V "
2330  LPRINT TAB(10)"  8．最大磁通密度         =";BM*10^-4;"T (";BM;"Gauss)"
2340  PRINT TAB(10)"  8．最大磁通密度          =";BM*10^-4;"T (";BM;"Gauss)"
2350  LPRINT TAB(10)"  9．磁通密度变化         =";DB*10^-4;"T (";DB;"Gauss)"
2360  PRINT TAB(10)"  9．磁通密度变化          =";DB*10^-4;"T (";DB;"Gauss)"
2370  LPRINT TAB(10)" 1 0．每1V输入电压的绕组匝数 =";N1T;"匝／V "
2380  PRINT TAB(10)" 1 0．每1V输入电压的绕组匝数 =";N1T;"匝／V "
2390  LPRINT TAB(10)" 1 1．每1匝绕组的电阻值   =";R1T;"Ω／匝"
2400  PRINT TAB(10)" 1 1．每1匝绕组的电阻值    =";R1T;"Ω／匝"
2410  LPRINT TAB(10)" 1 2．每1匝绕组的电压     =";1/N1T;"V／匝"
2420  PRINT TAB(10)" 1 2．每1匝绕组的电压      =";1/N1T;"V／匝"
2430  PRINT TAB(10)" 1 3．1次绕组匝数          =";VIN*N1T;"匝"
2440  LPRINT TAB(10)" 1 3．1次绕组匝数         =";VIN*N1T;"匝"
2450  RS=SQR(SWND/(N1T*VIN))
2460  PRINT TAB(10)" 1 4．1次绕组的线径        =";RS;"m m "
```

```
2470 LPRINT TAB(10)"１４．１次绕组的线径              =";RS;"ｍｍ"
2480 LPRINT TAB(10)"１５．1次、2次绕组的总铜损        =";PCU;"Ｗ"
2490 PRINT TAB(10)"１５．1次、2次绕组的总铜损         =";PCU;"Ｗ"
2500 LPRINT TAB(10)"１６．磁芯损耗                     =";PLF;"Ｗ";" at100C°";MESSAGE
$
2510 PRINT TAB(10)"１６．磁芯损耗                      =";PLF;"Ｗ";" at100C°";MESSAGE
$
2520 LPRINT TAB(10)"１７．变压器总损耗                 =";PCU+PLF;"Ｗ";" (";RT*(PCU+P
LF);"C°up)"
2530 PRINT TAB(10)"１７．变压器总损耗                  =";PCU+PLF;"Ｗ";" (";RT*(PCU+P
LF);"C°up)"
2540 LPRINT TAB(10)"１８．1次绕组的有效截面积          =";SWND;"平方ｍｍ";SWND/(VIN*
N1T);"平方ｍｍ/Ｔ"
2550 PRINT TAB(10)"１８．1次绕组的有效截面积           =";SWND;"平方ｍｍ";SWND/(VIN*
N1T);"平方ｍｍ/Ｔ"
2560 LPRINT TAB(10)"１８．1次绕组的有效截面积          =";SWND;"平方ｍｍ";SWND/(VIN*
N1T);"平方ｍｍ/Ｔ"
2570 LPRINT TAB(10)"１９．        1次电感        ";(ALVH*(VIN*N1T)^2)/10^6;"mH(25KHz
,200mT)";(ALVL*(VIN*N1T)^2)/10^6;"mH(1KHz0.5mA)"
2580 PRINT TAB(10)"----------------------------------------------------"
2590 LPRINT TAB(10)"----------------------------------------------------"
2600 INPUT "用其他磁芯也可以进行计算吗？ Y=<Ret>  or  No= <N>";K$
2610 IF K$<>"N" AND K$<>"n" THEN *MENU
2620 PRINT"程序结束。"
2630 GOTO 90
```

参 考 文 献

[1] 長谷川彰；電源回路のトラブル対策，pp.13〜14，昭和 53 年 9 月初版，CQ 出版㈱

[2] 平松利平 他；1983 All New Powercon 資料，Using Saturable Reactor Control in 500 kHz Converter Design

[3] 東芝アモルファスコアカタログ，pp.2〜3

[4] 日本ケミコン；Engeneering Bulletin Tentative No.514A，P.4，p.5，p.11，p.12

[5] 日本ケミコン；Capacitors Electronic Conponents & Device Cat91C pp.42〜43，pp.58〜59

[6] TDK Data Book No.DLJ853-008B

[7] TDK Ferrite Cores for Power Supply and EMI/RFI Filter BAE-030B 1990

[8] 三井石油化学；アモルファス・チョークコイルカタログ

[9] テキサスインスツルメンツ；The Linear Circuits Data Book，1983 pp.6-9〜6-10，p.6-64

[10] テキサスインスツルメンツ；TL494 アプリケーションノート

[11] NEC デバイステクノロジー No.36 '92，p.70

[12] CQ 出版㈱，'92 最新電源用 IC 規格表

[13] Unitrode Linear Integrated Circuits Data And Application Handbook April，1990

[14] 富士電機技術資料 RH802，p.17

[15] TDK Fax ホットライン資料，PC-50 材

[16] 富士電機データブック，B1-119

[17] 東芝 FET 規格表

[18] NEC デバイステクノロジー No.35 '91，p.51

[19] US Patent 4415959；Foward Converter at Zero Current

[20] Frederic E.Sykes；Resonant Mode power supplies IEEE Spectrum Vol.26 No.5 May 1989

[21] 長谷川彰；新方式電解着色用電源，アルトピア No.6，1992 年，pp.23〜28

[22] 岡村廸夫；これからは回路シミュレーション，トランジスタ技術，July 1990 年，pp.388〜458，CQ 出版㈱

[23] PSPICE 説明書，Microsim Corporation/サイバネット・システム㈱